U0059896

內燃機

吳志勇、陳坤禾、許天秋、張學斌、陳志源、趙怡欽　編著

全華圖書股份有限公司

國家圖書館出版品預行編目資料

內燃機 / 吳志勇等編著. -- 初版. -- 新北
市：全華. 2016.1
　　參考書目：面
　　ISBN 978-986-463-073-8(平裝)

1. CST:內燃引擎
446.4　　　　　　　　　　　　104021674

內燃機

作者／吳志勇、陳坤禾、許天秋、張學斌、陳志源、趙怡欽
發行人／陳本源
執行編輯／蔣德亮
封面設計／楊昭琅
出版者／全華圖書股份有限公司
郵政帳號／0100836-1 號
印刷者／宏懋打字印刷股份有限公司
圖書編號／06285
初版三刷／2022 年 09 月
定價／新台幣 390 元
ISBN／978-986-463-073-8(平裝)
全華圖書／www.chwa.com.tw
全華網路書店 Open Tech／www.opentech.com.tw
若您對本書有任何問題，歡迎來信指導 book@chwa.com.tw

臺北總公司(北區營業處)
地址：23671 新北市土城區忠義路 21 號
電話：(02) 2262-5666
傳真：(02) 6637-3695、6637-3696

南區營業處
地址：80769 高雄市三民區應安街 12 號
電話：(07) 381-1377
傳真：(07) 862-5562

中區營業處
地址：40256 臺中市南區樹義一巷 26 號
電話：(04) 2261-8485
傳真：(04) 3600-9806(高中職)
　　　(04) 3601-8600(大專)

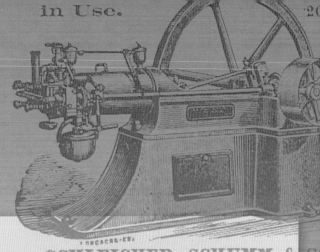

作者群簡介

吳志勇 高苑科技大學 機械與自動化系副教授 先進潔淨節能引擎研發與測試服務中心主任	
陳坤禾 高苑科技大學 先進潔淨節能引擎研發與測試服務中心 工程師	
許天秋 高苑科技大學 先進潔淨節能引擎研發與測試服務中心 工程師	

PREFACE

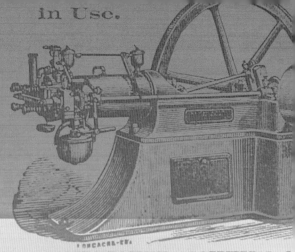

SCHLEICHER, SCHUMM &

33d & Walnut Sts., Phila.   214 Randolph

張學斌	
高苑科技大學	
機械與自動化系教授	
機電學院院長	

陳志源	
美國加州大學柏克萊分校機械系教授	

趙怡欽	
國立成功大學	
航空太空工程系特聘教授	

作者序

　　目前全球有近 440 億美元的經濟刺激資金和其他獎勵計畫投向新能源汽車開發項目，美國的新能源汽車刺激計畫領先其他國家，預計將投入 274 億美元資金於包含潔淨內燃引擎、複合動力或電動汽車等替代燃料技術。美國國家科學研究委員會 (National Research Concil, NRC) 在 2008 年的研究報告指出：內燃引擎在未來仍然會主導交通運輸的主要角色，而主要的研究將著重於讓內燃引擎可以符合污染排放基準與效率目標。在 2010 年美國能源部的資料中指出：在短中期來看，最有效率的改善交通工具的油耗應該是提升內燃引擎的效率，內燃引擎在相對低價、高性能而且適用許多可再生燃料的優勢下，搭配各種複合電力系統達到最高省能狀態，內燃引擎將可以再主導交通工具至 2040 年左右，在 2015 年時美國將提升內燃引擎效率 25-40%。從以上的資料來看，內燃機的學問仍然是我們這一世代必須要認真學習，承先啓後，爲了高效率低污染的內燃機而努力。

　　在教學內容中，本書將內燃機的系統從燃料與空氣供應系統、點火系統、燃料與燃燒、潤滑與冷卻，以及廢氣後處理器等重要系統分章進行解說，搭配熱力學學理與各種與內燃機有關的實驗豐富本書的內容；更重要的是在本書中介紹了當前應用於內燃機開發與研究中重要且先進的雷射診測光學、數值模擬分析與內燃機試驗。

　　本書使用 QR Code 連結網路伺服器以呈現多媒體特色，尤其是內燃機的電腦輔助工程 (CAE) 展現，以動畫的方式呈現更能充分地學生明白相關物理現象，對於學習的效果有卓越的幫助；不僅如此，透過網路也可以呈現彩色的圖片來豐富本書的內容，使教科書再也不是一本黑白的書籍。本書的內容適用於大學、科技大學之『內燃機』課程用書，也適合高職進階課程的參考用書。

CONTENTS

推薦序

　　七年前，在時空背景與人才的匯聚機會下成立了先進潔淨節能引擎研發與測試服務中心，開始了內燃機科學的工業基礎技術研究，這本教科書的誕生也代表著團隊所有人努力奮鬥的結晶。本人過去是航太工業背景，曾經擔任國內航空發動機總工程師，在過去經歷中深知國內基礎工業深耕之不易，尤其是內燃機科技、燃燒與燃料科學相關領域更是台灣車輛工業不可或缺的一環。在經濟部技術處的指導下，執行與潔淨內燃機技術有關的學界科專計畫，累積許多先進技術與經驗的研發，也在科技人才的世代交替中積極培育年輕學者。在計畫執行過程中，能夠有一本在未來可以教育下一代年輕人的書籍，是令人振奮且鼓舞的事情，也述說著科技的研發以及實務與教育連結的重要使命。

高苑科技大學　機電學院院長
張學斌

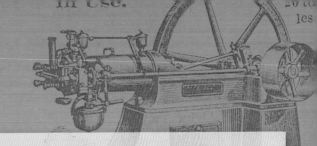

致謝

　　本書得以完成首先必須感謝經濟部技術處，七年前在高苑科技大學張學斌院長的帶領下開始執行爲期三年的在地型學界科專，緊接著執行四年期的一般型學界科專計畫，在這一段期間累積許多先進內燃機的工業基礎技術並且深耕熱流、燃燒與燃料科學等範疇。雖然由本人主筆，若沒有全體研究團隊的支持與奮鬥，本書將無法順利完成。

　　七年多來，在這艱苦經營的過程中，要感謝財團法人車輛研究測試中心與財團法人工業技術研究院，在內燃機相關軟硬體的協助與指導，也要感謝國家中山科學研究院、財團法人國家實驗研究院國家太空中心與財團法人精密機械研究發展中心的共同合作，將相關技術衍生應用於國防、太空與太陽能光電相關產業。感謝裕隆集團 (華創車電技術中心股份有限公司與華擎機械工業股份有限公司)、光陽工業股份有限公司、摩特動力股份有限公司與哈特佛工業股份有限公司的共同研究與資金協助。

　　最後更要感謝高苑科技大學提供最佳的軟硬體設施，使先進內燃機工業技術研發能夠在此成長茁壯，基於來自各方的協助與幫忙，本人代表全體作者與一同奮鬥的人們向所有的幫助者致謝，爲了體現科技發展與教育並重的理念，因此與全華圖書公司合作，以現有的內燃機科學知識爲基礎搭配各種新研發的技術進而完成一本適用於大專與高職進修用書，落實研發與教育並重的目標。

CONTENTS

編輯部序

「系統編輯」是我們的編輯方針，我們所提供給您的，絕不只是一本書，而是關於這門學問的所有知識，它們由淺入深，循序漸進。

在電動車技術現階段難以普及的情況下，內燃機無疑仍是當前交通運輸舉足輕重的角色，且會持續稱霸近 30 年左右。從中短期來看，改善交通工具油耗最有效率的方法還是以提升內燃引擎的效率和降低污染為主。本著科技展望與環保意識的雙重顧及，內燃機的學問依舊是我們這世代必須認真學習，且付出努力的目標。

同時，為了使您能有系統且循序漸進研習相關方面的叢書，我們以流程圖方式，列出各有關圖書的閱讀順序，以減少您研習此門學問的摸索時間，並能對這門學問有完整的知識。若您在這方面有任何問題，歡迎來函連繫，我們將竭誠為您服務。

相關叢書介紹

書號：0567701
書名：現代柴油引擎新科技裝置
　　　(第二版)
編著：黃靖雄.賴瑞海
16K/216 頁/320 元

書號：0618002
書名：車輛感測器原理與檢測
　　　(第三版)
編著：蕭順清
16K/224 頁/300 元

書號：0587301
書名：汽車材料學(第二版)
編著：吳和桔
16K/552 頁/580 元

書號：0591703
書名：自動變速箱(第四版)
編著：黃靖雄.賴瑞海
16K/424 頁/470 元

書號：0507401
書名：混合動力車的理論與實際
　　　(修訂版)
編著：林振江.施保重
20K/288 頁/350 元

書號：0330074
書名：工程材料學(第五版)(精裝本)
編著：楊榮顯
16K/576 頁/630 元

◎上列書價若有變動，請以
　最新定價為準。

流程圖

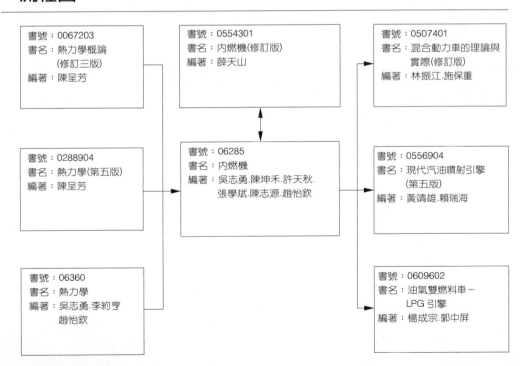

CONTENTS

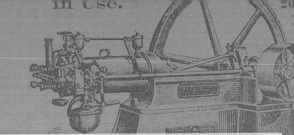

1

簡介

CONTENTS

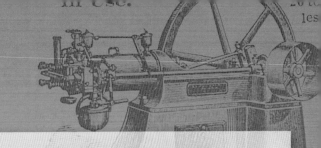

CONTENTS

6 廢氣後處理器

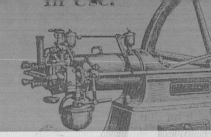

7

潤滑系統與冷
卻系統

CONTENTS

10

內燃機性能測試

CONTENTS

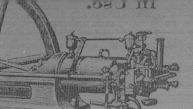

CONTENTS

附錄

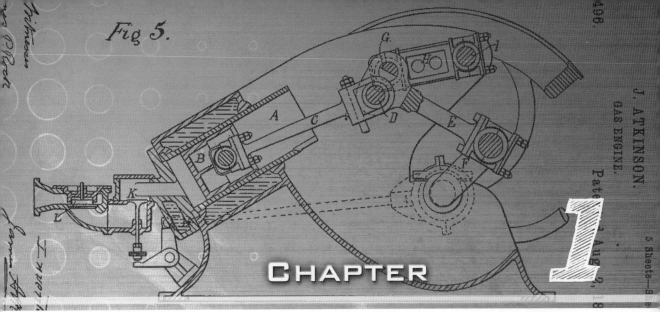

簡介

1.0 導讀與學習重點

　　每天我們都有機會接觸到車輛，究竟是什麼樣的器械可以使燃料化做移動的動力？我們在嘴邊講的引擎到底是什麼樣子的東西？本章所論述的內容是要讓讀者對於我們口中所說的引擎 - 內燃機有基本的概念，透過內燃機的發展、內燃機原理、內燃機種類的說明以及其與生活之應用，帶領讀者領略這一個馳騁人類文明超過百年的精巧工藝；時至今日，美國能源部的資訊告訴我們內燃機依然將主導人類動力系統至少三十年以上的時間，因此學習內燃機科學並且通盤地認識相關學理也是日後開創潔淨節能動力系統的重要基礎。

學習重點

1. 認識內燃機以及其發展歷程
2. 可以輕易地分辨目前廣受人們所使用的內燃機種類
3. 敘述內燃機的基本原理以及構造

1.1 熱機

1.1.1 熱機的定義

熱機 (heat engine) 是一種可以將熱能 (thermal energy) 轉變為機械功 (mechanical work) 的一種系統，在運作的過程中將工作流體 (working substance) 從位居高溫狀態的熱儲 (Hot reservoir) 中移到較低溫狀態的冷儲中 (Cold reservoir)，就如圖 1-2 所示一樣，在這裡所指的工作流體 (working substance) 係指在熱力系統中，可以藉著吸收或釋放熱能進而作功的氣體或液體。

圖 1-1　馳騁於道路的家庭房車

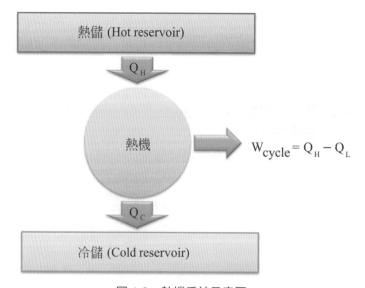

圖 1-2　熱機系統示意圖

1.1.2 熱機的種類

　　熱機的實現多以透過燃燒將能量轉換為動能，熱機的種類可以依照燃燒所發生的區域與工作流體 (working substance) 的關係進行區分：利用燃料燃燒加熱系統中的循環工作流體 (working substance) 並將能量轉換為機械能的熱機稱之為外燃機，如圖 1-3 所示的蒸汽火車就是典型的外燃機，在蒸氣火車中燃燒煤炭取得熱能，水受熱蒸發後驅動蒸汽活塞而驅動車輪，實現了將燃料中的能量轉變為機械能的目的；除了蒸汽機之外，就屬史特靈引擎 (Stirling Engine) 為比較有名的外燃機，如圖 1-4 所示為 α 型史特靈引擎之基本架構示意圖。相對地，如果燃燒後的氣體同時也是工作流體 (working substance)，例如：汽油在引擎室中燃燒，燃燒後的廢氣直接推動活塞做功的屬於內燃機，常見的內燃機有汽油引擎、柴油引擎、氣渦輪引擎…等，如圖 1-5 所示為典型汽車用四行程內燃機。

圖 1-3　1829 年史帝芬森的火箭號

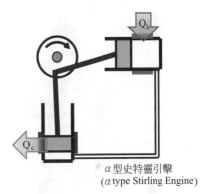

α 型史特靈引擎
(α type Stirling Engine)

圖 1-4　α 型史特靈引擎 (Stirling Engine) 示意圖

圖 1-5　典型應用於車輛之四行程內燃機 (納智捷汽車 2.2L MEFI Turbo)

1.2　引擎的發展趨勢

1.2.1　內燃機的歷史

　　今日發達的交通都要歸功於機車、汽車與飛機等交通工具的動力核心：內燃機，所以內燃機的發明直接影響人類文明長達三百多年，茲將內燃機的重要發展歷程敘述於下：

(一) 荷蘭人科學家海更斯 (Christiaan Huygens) 於 1678 年發表了一款使用火藥 (gunpowder) 作為動力來源的引擎，如圖 1-6(a) 所示，其架構含有氣缸 (A)、活塞 (B)、洩漏閥 (C) 等架構，當炸藥爆炸時，氣體由洩漏閥 (C) 溢出，當氣體冷卻後產生真空，使得活塞 (B) 往下移動，透過滑輪 (G) 使得重物 (F) 被抬起。根據海更斯的發表指出其設計可以抬起 7-8 個男孩的重量，如圖 1-6(b) 所示。

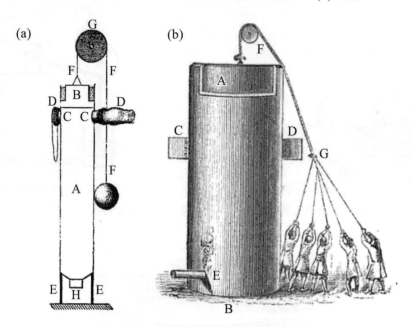

圖 1-6　海根斯所發明之火藥引擎 (gunpowder engine)

(二) 英國人約翰巴柏 (John Barber) 於 1791 年申請了氣渦輪機的專利，該發明成為應用於飛機、輪船以及氣渦輪發電廠所用現代氣渦輪機的濫觴。

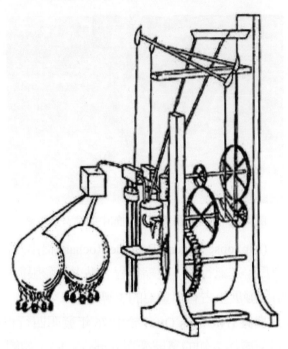

圖 1-7　約翰巴柏所註冊發明之氣渦輪引擎專利

(三) 法國軍事工程與物理學家尼可拉斯‧卡諾 (Nicolas Léonard Sadi Carnot) 於 1824 年發展出卡諾循環 (Carnot cycle) 理論，卡諾循環是一個描述熱力狀態的理想循環，依照卡諾循環運作的熱機稱之為卡諾熱機 (Carnot heat engine)，其理論可以計算出理想熱機的最大效率。

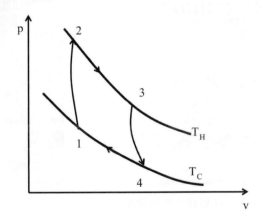

圖 1-8　卡諾循環之壓力 - 比容圖 (p-v diagram)

（四）比利時工程師勒努瓦 (Étienne Lenoir) 於 1859 年成功開發出一部二行程使用煤氣作為燃料並且使用電子點火的單缸內燃引擎，如圖 1-9 所示。

圖 1-9　法國工藝美術博物館中的勒努瓦引擎

（五）法國工程師羅查斯 (Alphonse Eugène Beau de Rochas) 提出四行程引擎的概念，並且定義所謂四個行程為：進氣行程、壓縮行程、點火及膨脹與排氣行程，四行程引擎的概念在後來的引擎發展上占有很重要的主導地位。

（六）德國人尼可拉斯‧奧圖 (Nicolaus Otto) 於 1876 年發明四行程引擎，該四行程引擎之熱力循環就是目前廣為人知的奧圖循環 (Otto cycle)，如圖 1-10 所示為早期製造奧圖引擎廠商的商業廣告。

（七）德國人魯道夫‧狄賽爾 (Rudolf Diesel) 於 1892 年發明柴油引擎 (Diesel Engine)，如圖 1-11 所示，其運作可以用狄賽爾循環 (diesel cycle) 進行描述。

圖 1-10　早期以奧圖循環為基礎所建構的奧圖引擎

圖 1-11　第一部柴油引擎引擎

（八）德國人菲利斯‧溫克爾 (Felix Wankel) 於 1951 年發明溫克爾引擎 (Wankel Engine)，如圖 1-12 所示為轉子引擎中的盾形轉子，燃料與空氣的壓縮與排氣均依靠此盾型轉子進行進氣、壓縮、點火與動力以及排氣等行程，日本馬自達汽車曾經是全球唯一生產轉子引擎並成功商業化的車廠，目前轉子引擎也被應用在無人飛行機(UAV)上。

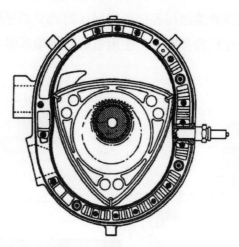

圖 1-12　轉子引擎之轉子

🔩 1.2.2　內燃機的發展趨勢

近年來人類面臨著石化燃料枯竭以及環境污染加劇的雙重壓力，內燃機的使用卻是未來 30 年時間裡很難被取代的車輛動力來源，目前全球將近有 440 億美元的資金和其他獎勵計畫投向新能源汽車開發項目，美國的新能源汽車刺激計畫也投入 274 億美元資金於包含潔淨內燃引擎、複合動力、替代燃料技術或電動汽車。美國國家科學研究委員會指出：內燃引擎在未來仍然會主導交通運輸的主要角色，除此之外，根據美國能源部的資料中指出：內燃引擎將可以再主導交通工具至 2035 年甚至更久 (全球能源概況，2012)。

目前全球車輛工業對於內燃機開發的趨勢可以用圖 1-13 來表示，開發的目標則是朝向增加整體效率並且在未來取代石油的使用，目前技術較為成熟的就屬現有內燃機與傳動技術提升以及油電混合車系統。在近程中，世界各國主要是以二氧化碳與污染排放量進行控管，比較常見的技術有配合增壓並縮小排氣量 (downsize and boosting)、熱管理技術 (thermal management)、先進燃燒技術 (Advaned combustion technique)、先進電子診測系統 (Advanced cylinder sensor system)、低污染 (Low-emissions) 與電子操控化 (electrification)。在遠程中主要是以開發電動車以及燃料電池車為主，電動車的部分牽涉到電池的壽命與品質而在燃料電池車中則是與燃料電池的壽命與妥善度以及燃料攜帶技術有關，無論是近程與遠程發展的相關細節都會在本書各篇章中加以介紹與討論。

除了內燃機本質上的技術發展，在能源供應上則是朝著石油多樣性來源、替代能源、新一代電能系統以及氫能發展。石油多樣性來源主要是除了傳統油田之外的其他石油來源，例如美國的頁岩油 (shale oil)、頁岩氣 (shale gas)，以及使用煤炭或者生質物氣化產生合成氣 (syngas) 進一步使用費託製程 (Fischer–Tropsch process) 產生石油；除此之外，尚有天然氣以及生質能製作液態燃料等技術發展。對於交通運輸來說,最終的發展可能是使用氫燃料電池,因此在技術發展上,使用氫能的各項基礎設施也迫切地需要專家學者的研究與開發。

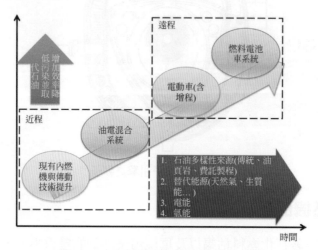

圖 1-13　內燃機研究發展路程示意圖

1.3　常見內燃機的種類

在本節所敘述的內容主要是闡述目前實質在市場上銷售的內燃機種類,其中包含火星塞點火內燃機、壓燃式內燃機以及溫克爾內燃機。

1.3.1　內燃機名詞解釋

為了在後面敘述內燃機之特徵方便起見,在本節中先針對幾個與引擎燃燒室及動力有關的重要名詞進行彙整與說明,相關幾何的敘述如圖 1-14 所示。

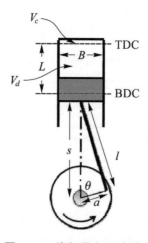

圖 1-14　汽缸幾何示意圖

(一) 上死點 (Top dead center) 與下死點 (Bottom dead center)

當活塞頂(piston crown)到達汽缸內的最高頂稱之為上死點(TDC)，而當活塞頂(piston crown)下降到汽缸內的最低點稱之為下死點 (BDC)，無論是上死點還是下死點，曲軸臂與連桿會呈一直線。

(二) 行程或稱之為衝程 (stroke)

上死點與下死點的距離 L。

(三) 汽缸餘隙容積 (clearance volume)

當活塞上升至上死點時，活塞頂到汽缸頭之間的餘隙所存留的容積稱之為汽缸餘隙容積 (V_c)。

(四) 排氣量 (piston displacement)

活塞在下死點與上死點時的汽缸容積差，也就是最大容積 (V_d) 與最小容積 (汽缸餘隙容積)(V_c) 的差，也就是汽缸截面積與行程的乘積。

範例 1-1

有一具 V6 內燃機，每個缸徑為 87.5 mm，衝程為 69.2 mm，請問其排氣量為何？

解 排氣量 $= \dfrac{8.75^2 \times \pi}{4} \times 6.92 \times 6 = 2496.7\text{cm}^3$

(五) 汽缸容積 (cylinder volume)

汽缸容積係指汽缸內的空間總體積，引擎內部的汽缸容積會隨著時間改變，而汽缸容積可以由汽缸餘隙容積以及引擎內部幾何加以描述，如方程式 (1-1) 所示。

$$V = V_c + \frac{\pi B^2}{4}(l + a - s) \tag{1-1}$$

(六) 壓縮比

壓縮比為汽缸最大容積除以氣缸餘隙容積，如方程式 (1-2) 所表示：

$$CR = \frac{V_c + V_d}{V_c} = 1 + \frac{V_d}{V_c} \tag{1-2}$$

(七) 缸徑衝程比

缸徑與衝程比值如 (1-3) 所示：

$$R_{BS} = \frac{B}{L} \tag{1-3}$$

(八) 連桿長與曲軸半徑比

連桿長與曲軸半徑值如 (1-4) 所示：

$$R_{rc} = \frac{l}{a} \tag{1-4}$$

(九) 平均與瞬時活塞速度

內燃機中活塞運動速度也是描述內燃機很重要的參數之一，活塞運動速度與轉速有關且隨時隨著時間改變而變化，當活塞在上下死點時，其瞬時活塞速度為零，若取其平均值則可以用 (1-5) 來表示；另外一方面，我們也可以將活塞運動速度以其平均值進行正規化 (normalization)，如 (1-6) 表示。

$$\overline{S}_{\text{piston}} = 2L\omega \tag{1-5}$$

$$\frac{S_{\text{piston}}}{\overline{S}_{\text{piston}}} = \frac{\pi}{2} \sin\theta \left(1 + \frac{\cos\theta}{\sqrt{R_{rc}^2 - \sin^2\theta}} \right) \tag{1-6}$$

(十) 容積效率 (Volumetric efficiency)

當內燃機在進行進氣行程時，活塞會從上死點下降到下死點，真實從大氣所吸進空氣的體積除以汽缸容積所得的比值稱之為容積效率，一部引擎的容積效率越高則代表其性能越佳。

(十一) 平均有效壓力 (Mean effective pressure)

平均有效壓力是往復式引擎中描述引擎性能的參數之一，其定義如 (1-7) 所示

$$\text{mep} = \frac{W_{\text{cycle}}}{\text{displacement}} \tag{1-7}$$

(十二) 汽缸配置

當內燃機的功率需求比較大時，單一汽缸將無法應付，因此需要多汽缸進行整合方能達到較大功率與扭力的要求，當汽缸數變多時，其排列方式就有許多幾何構型，常見的有直列式 (I, inline)、V 型、W 型以及水平對臥等型態。以直列式來說，汽缸排列與曲軸垂直並且成一直線，最常見的有 I3、I4 以及 I6 等，當汽缸數較多時，動力輸出的連續性會越好。當多汽缸內燃機的汽缸分成兩組 (bank) 對齊，使得汽缸排列與曲軸未呈現垂直狀態而兩組之間有一特定夾角時稱之為 V 型引擎，常見的有 V2、V6、V8 甚至 V12 等配置，若是呈現三組共用一隻曲軸時則稱之為 W 型，例如 W12 引擎；另外一方面尚有水平對臥型，以曲軸為中心呈 180 度夾角而分列於左右，因而得名「水平對臥」，其活塞的運動過程又類似拳擊手之手部動作，因此又稱之為拳擊手引擎 (boxer engine)。水平對臥與 V 型引擎夾角 180 度仍有所差異，其主要的差異在於曲柄銷。無論是何種型式，內燃機均可以增加缸數來增加輸出馬力與扭力，但是當缸數增多時，其軸平衡以及體積的考量則會越加重要。

1.3.2　火星塞點火內燃機

火星塞點火 (Spark-ignition, SI) 內燃機使用一火星塞 (plug) 引燃被壓縮的燃料空氣混合氣體，使其發生爆炸膨脹並且推動活塞作功的裝置，它是目前大部分在路上行駛車輛的動力型式之一，其運作係依循著奧圖循環 (Otto Cycle) 的原理進行熱力循環，不只應用於車輛也應用於船艇、飛機以及各種農業機械等裝置，作為動力供應單元，如圖 1-15 所示。

一般來說，標準火星塞點火內燃機含有四個行程，以往復式引擎作為範例來說明，如圖 1-16 所示：

(一) 進氣行程

在進氣行程中呈現進氣門開啟而排氣門關閉的狀態，空氣與燃料混合器會藉由活塞往下行所產生的真空而吸入氣缸內，如圖 1-16(a) 所示。

(二) 壓縮行程

在壓縮行程中，進排氣門均關閉，活塞往上行，將燃料與空氣的混合氣體進行壓縮，如圖 1-16(b) 所示。

(三) 點火與動力行程

當活塞上移至上死點附近時，火星塞點火將被壓縮的高壓空氣與燃料混合氣引燃，火焰傳播並且使產物快速膨脹而驅動活塞往下移動而作功，如圖 1-16(d) 所示，要注意的是，內燃機的火星塞點火時機是內燃機操控並且達到高效率與優異性能的重要參數之一。

(四) 排氣行程

在排氣行程中，活塞往上移動，此時排氣門打開，汽缸內的燃燒廢氣隨著活塞往上推而排出汽缸，如圖 1-16(d) 所示。

(a)   (b)

圖 1-15　應用於 (a) 飛機與 (b) 農業用火星塞點火內燃機

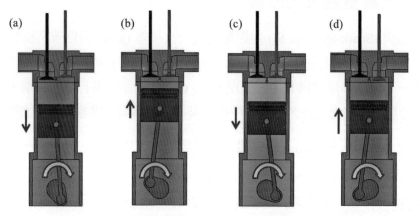

圖 1-16　往復式火星塞點火內燃機：(a) 進氣、(b) 壓縮、(c) 膨脹、(d) 排氣

從上文的敘述可以理解到所謂的行程係指活塞的直線運動，在前述的四行程火星塞點火內燃機中，活塞的四個行程剛好完成引擎中進氣、壓縮、動力與排氣功能，當曲軸旋轉兩圈之間只有一個動力行程存在。相較於四行程引擎，二行程引擎是使用兩個活塞的直線運動即達到前述的進氣、壓縮、動力與排氣四項功能。如圖 1-17 所示，在二行程

──→ QR導覽 ────────────────────────

圖 1-16

動

引擎中，當活塞從下死點上升到上死點時就已經完成進氣與壓縮；活塞到達上死點引燃後，火塞從上死點移動到下死點的過程就完成了動力與排氣，因此可以在曲軸旋轉一圈之間，就有一個動力行程。

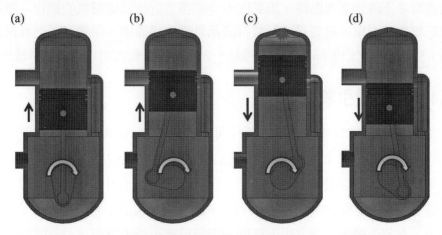

圖 1-17 往復式火星塞點火二行程內燃機：
(a) 進氣與掃氣、(b) 壓縮、(c) 點火與動力、(d) 排氣

1.3.3 壓燃式內燃機

壓燃式內燃機也就是我們常見的柴油引擎，柴油引擎可以應用於發電機、汽車、大客車、卡車、各種農耕機械、重負荷工程用機械以及船舶等；柴油引擎具有轉速較低時即有扭力大的特點，為了符合高壓縮比以及高爆炸壓力的需求，柴油引擎的本體結構相當堅固，因此其重量會比較重也是柴油引擎的缺點之一。柴油內燃機與火星塞點火內燃機一樣可以區分成四行程以及二行程引擎，四行程壓燃式內燃機與四行程火星塞點火引擎一樣具有含有四個行程：進氣、壓縮、動力、與排氣行程，在進氣與壓縮行程中，只有空氣被導入汽缸並且被壓縮，等活塞接近上死點時，燃料直接油噴嘴噴入汽缸中，由於空氣被壓縮時溫度會上升，當燃料進入燃燒室後會被高溫高壓空氣所引燃，因此壓燃式內燃機不需要在空氣進氣時與燃料混合也不需要火星塞以及點火線圈進行點火的工作，因此壓燃式四行程內燃機的燃燒時機係油噴油時機所決定。壓燃式四行程內燃機與火星塞點火四行程引擎一樣，其運作也如同圖 1-16 所示，不同之處在於利用柴油的噴射控制燃燒的時機，當曲軸選轉兩圈之中才有一個動力行程。

── QR導覽 ─────────────────────────────

圖 1-17

動

　　壓燃式引擎也有二行程的型式，它與火星塞點火二行程內燃機類似，也是在曲軸旋轉一圈中完成一個動力行程，壓燃式二行程引擎需要鼓風機輔助增壓，當活塞上升到上死點時，噴油嘴將柴油噴入汽缸中引燃而開始動力行程，大型壓燃式二行程引擎具備排氣，當活塞尚未下降到下死點時，排氣門即會開啟進行排氣與掃氣的動作。無論是火星塞點火或是壓燃式引擎，只要是二行程行式都具備機構簡單、保養容易而且扭力輸出穩定的優點；相同地，它們也都具備了燃燒較不完全、污染較大而且容積效率較小的問題。

🔩 1.3.4 溫克爾引擎

　　溫克爾引擎是在 1951 年由德國人菲利斯·溫克爾 (Felix Wankel) 所發明，雖然該引擎授權給許多知名的汽機車大廠，然而經過日本馬自達 (MAZDA) 汽車多年的投入與研發，因此馬自達公司可以說是全球目前唯一生產汽車用轉子引擎並成功商業化的車廠。近年來，隨著無人飛型機 (UAV) 的龐大需求，許多引擎製造上開始供應轉子引擎給無人飛行機使用，在國內來說，國家中山科學研究院目前也投入資源致力於開發國內溫克爾引擎技術並應用於無人飛行機上 (中廣新聞，2014/12/9)。該內燃機的進氣、壓縮、動力與排氣行程均由引擎中的盾型活塞來達成，由於其基本構造與往復式引擎大為不同，茲就針對一個標準型溫克爾引擎各部份零組件進行簡要說明，如圖 1-18 所示為溫克爾引擎內部構造示意圖並有連結可以觀察其作動動畫，相關說明如表 1-1 所列。

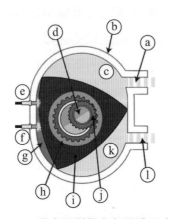

圖 1-18　溫克爾引擎內部構造示意圖

── QR導覽 ──

圖 1-18

動

⊗ 表 1-1　溫克爾引擎基本構造說明表

編號	零件	用途	編號	零件	用途
a	進氣口	使燃料與空氣進入之口	g	燃燒	燃料爆炸與火焰傳播
b	外殼	引擎外殼	h	轉子內圈齒輪	與中心齒輪配合轉動轉子
c	新鮮燃氣	尚未燃燒的空氣與燃料混合氣	i	轉子	將引擎內隔成三個獨立空間，三個空間具有獨立進氣、壓縮、燃燒與排氣的行程
d	偏心軸	動力輸出軸	j	中心齒輪	
e	火星塞	點火用火星塞，通常可以安裝 2 支或四支同時點火	k	廢氣	燃燒後廢氣
f			l	排氣口	將燃燒後廢氣排出

　　與往復式四行程引擎相比較，溫克爾引擎主軸每轉一圈就有三個動力行程，除此之外，溫克爾引擎尚有運轉震動小、動件少且故障率低的優點，不僅如此，轉子引擎機械損耗低，具有小排氣量卻擁有較大馬力的好處；然而溫克爾引擎的燃燒時間很短，因此燃燒污染問題較為嚴重且比較耗油。

1.4 　認識內燃引擎 - 以一具 V6 汽油引擎為例

🔧 1.4.1　總覽

　　為了讓讀者可以很明確的了解一部內燃引擎的重要零部件，在本節中以一部在 1996 年獲得華德10大最佳引擎(Ward's 10 Best Engine)之 TOYOTA 1MZ-FE引擎族之示範教學台進行各子系統之說明，其本體如圖 1-19 所示。該引擎是一個 V6 歧管噴射引擎，排氣量為 2,994 cc，每缸缸徑為 87.5 mm，衝程為 83 mm，該教學台已經針對內燃機重要零部件進行解剖，而且使用馬達驅動，使學生可以了解各個重要零部件的內部構造，因此在此節中將以該引擎作概略性的系統介紹，詳細的各子系統說明將在後續幾章中進行解說。

圖 1-19　TOYOTA MZ 引擎族之示範教學台

🔩 1.4.2　進氣系統

　　本引擎為自然進氣引擎，空氣藉著活塞從上死點往下死點移動時所產生的真空而將空氣吸入，進氣系統主要由節氣門閥體與進氣歧管所構成，如圖 1-20 所示，空氣的吸入量係由節氣門閥體所控制圖 1-20(a)，而空氣的流量則由進氣管道上游的電子流量計所監測，在進氣管道中尚有空氣過濾棉以過濾空氣中的粉塵；節氣門閥體的開度可以使用傳統拉金屬索的方式驅動，也可以使用電子氣門 (圖 1-21)，電子氣門的原理是利用車室內油門踏板的訊號來控制伺服馬達，節氣門閥的開度依照電子訊號來開啟，並由節氣門位置感知器所監控 (圖 1-22)。在傳統節氣門閥體上尚有怠速馬達總成，當車子在怠速狀態下，空氣是藉由怠速馬達控制空氣進入，並且搭配適當汽油來維持汽車引擎穩定於怠速狀態。通過節流閥體後，空氣由進氣歧管分配進入汽缸中，進氣歧管剖面如圖 1-20(b) 所示。進氣歧管的設計是一門相當深奧的學問，為了讓每一汽缸的燃燒狀態一樣，每個歧管長度與彎曲曲率會盡可能相同以取得接近的壓損。當進氣歧管較長時對於低速引擎較為有利；相反地，進氣歧管較短時對於高速狀態較為有利，本引擎為可變進氣歧管，如圖 1-20(c) 所示為一個可以改變進氣歧管長度的瓣門，使引擎在高低轉速域都能發揮極佳的性能。自然進氣的歧管中經常保持負壓，歧管真空度不只可用來供給判定引擎負荷，真空倍力煞車也需要利用引擎的真空度來輔助煞車。

圖 1-20　引擎進氣系統：(a) 節氣門；(b) 進氣歧管；(c) 可變歧管長度系統

圖 1-21　電子油門之致動器

圖 1-22　節氣門位置感知器

1.4.3 燃料噴射系統

　　當空氣來到進氣汽門前會與燃料進行混合，本引擎為歧管噴射 (Port fuel injection, PFI) 引擎，其基本構造如圖 1-23 所示，燃料藉由油箱中的油泵加壓泵送到引擎處，燃料的壓力大約為 2.5-3.5 bar 之間，本引擎是在每缸的進氣歧管中進行噴射，或稱之為多點噴射 (Multiport fuel injection)，其實際系統配置如圖 1-24 所示。在圖 1-24(a) 所示為燃料泵送至引擎時，在油路中用來控制燃料壓力的調壓閥以及多點噴射的配置如圖 1-24(b) 所示，本引擎為 V6 引擎因此在圖片中只有單側 3 缸的共通油軌與 3 支歧管噴射噴油嘴，噴油嘴上有接電端子，電子訊號由引擎控制電腦送出以驅動噴油嘴，做出適當噴射時間與噴射時機以準確地控制引擎內部空燃比，使引擎可以穩定運作並且達到節能低污染的目的。

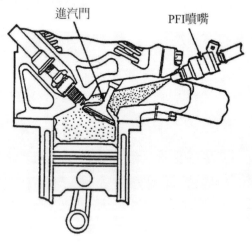

圖 1-23　汽門與歧管噴射 (PFI) 噴嘴位置示意圖

圖 1-24　(a) 歧管噴射 (PFI) 之燃料壓力調整與 (b) 多點噴射配置

🔧 1.4.4 汽門、活塞、連桿、曲軸與凸輪汽門系統

在往復式引擎中,活塞 (piston) 扮演著非常重要的角色,活塞、連桿與曲軸的連續動作使活塞在汽缸 (cylinder) 中完成進氣、壓縮、動力輸出與排氣的各項動作。本引擎每缸缸徑為 87.5 mm,衝程為 83 mm,共有 6 缸,因此提供的排氣量可以用 (1-8) 表示:

$$8.75^2 \times \frac{\pi}{4} \times 8.3 \times 6 = 2994.6 \text{ c.c.} \tag{1-8}$$

實際系統之相關配置如圖 1-25 所示;另外一方面,如圖 1-26 所示為活塞的側視圖,從圖中可以看到活塞的幾個重要的架構包含活塞頂、活塞環、滑油環、活塞裙部、活塞銷與連桿等裝置。以本引擎來說,6 個 V 型排列的汽缸共用一支曲軸,曲軸的一端連接貫性平衡盤 (飛輪),讓動能能夠儲存在此機件中,另外一端則是配有正時皮帶以及綜合皮帶以分別驅動凸輪軸以及其他周邊裝置,其結構如圖 1-27 所示。

圖 1-25　引擎中活塞、汽門、連桿與曲軸之安裝

圖 1-26　活塞之重要幾何架構

圖 1-27　(a) 飛輪；(b) 正時皮帶與綜合皮帶模組；(c) 正時皮帶之凸輪軸端

　　內燃機的進排氣均依靠汽門開啟關閉而達成，通常將進氣與排氣部分分別稱之為進氣閥門與排氣閥門，本引擎的汽門開啟與關閉均依靠凸輪推壓汽門頂桿而使其作動，當凸輪的凸起處推動汽門時則會打開，當凸輪的凸起處離開時，汽門會被汽門彈簧推至原處而關閉。控制汽門開關的凸輪軸油曲軸帶動，帶動的方式有分成皮帶式 (本引擎為皮帶式，如圖 1-27(c) 所示) 與鍊條式，凸輪軸齒盤與曲軸齒盤比例為 2 比 1，因此凸輪軸的轉速為曲軸的一半。從曲軸經由正時鏈條 (或皮帶) 帶動凸輪軸，皮帶式的正時皮帶需要定期更換，而鏈條式的則需要在適當時間進行調整，倘若疏於保養導致正時皮帶斷裂時，通常會造成汽門損壞甚至會造成引擎外殼破裂。為了準確控制引擎的噴油與點火，曲軸與凸輪軸都配有位置感知器 (如圖 1-28 所示)，該電磁式感應器感測轉角 (或位置) 後提供行車電腦判定各缸行程。為了有效控制進排氣的時機，本引擎亦配有 VVT-i 系統，本裝置藉由油壓控制凸輪軸與凸輪的關係以調整排氣閥門與進氣閥門的重疊時間以改善引擎的效率，其結構如圖 1-29 所示。

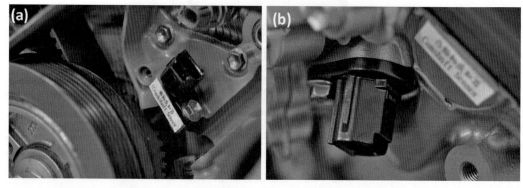

圖 1-28　(a) 曲軸位置感知器；(b) 凸輪軸位置感知器

圖 1-29　VVT-i 系統裝置

1.4.5　點火系統

當燃料與空氣混合並且在進氣行程進入汽缸後緊接著就進入壓縮行程，當活塞被壓縮接近上死點時點火系統被驅動產生火花而引燃燃料與空氣的混合氣，燃燒反應使得汽缸中的氣體快速膨脹而對活塞作功，此行程則稱之為動力行程；火星塞點火引擎的燃料引燃全靠火花塞進行引燃，而火花塞產生火花則是端靠直接點火器 (如圖 1-30 所示)，此裝置直接由行車電腦提供訊號直接產生高壓電供給火星塞點火。

圖 1-30　直接點火器

1.4.6　排氣系統

燃料在汽缸中燃燒產生動力行程後會進入排氣行程，在排氣行程中，燃燒後的廢氣會進入排氣歧管匯集 (如圖 1-31 所示)，並進入三元觸媒 (three way catalyst) 轉化器 (圖 1-32) 以去除廢氣中未燃燒完全的碳氫化合物、一氧化碳與氮氧化物，這些未燃碳氫化合物與一氧化碳除了藉由觸媒氧化之外尚要扮演將氮氧化物還原的重要角色，而這些化學反應都是在排氣系統的觸媒反應器中進行。為了精準控制排氣中的含氧量，在排氣管中尚有含氧感知器 (圖 1-33) 來探測廢氣中的含氧量，以準確地控制燃料的噴注量。廢氣中含過多氧氣時，會使觸媒無法將氮氧化物還原。

圖 1-31　排氣歧管

圖 1-32　觸媒轉化器

圖 1-33　含氧感知器

1.4.7　引擎控制單元

　　為了使內燃機可以操作在極佳的狀態，內燃機的運作需要依靠微電腦裝置，也就是所謂的引擎控制單元 (Engine Control Unit, ECU) 進行控制，如圖 1-34 所示為常見 ECU 的接線線路圖，在 ECU 中擁有引擎操作的策略圖 (Map)，雖然稱之為圖，在電腦中都是以二位元數字加以儲存；為了控制引擎，ECU 需要收集車上引擎許多的資訊，現代化的內燃機擁有許多致動器 (actuator) 與感測器 (sensor)，包含曲軸角、凸輪軸位置、含氧感測器、空氣流量計、爆震感知器、節氣門位置感知器…等訊號，並且輸出控制訊號至噴油嘴、火花塞等裝置，不僅如此針對車上各系統的控制與燈號顯示也由 ECU 進行整合操控。

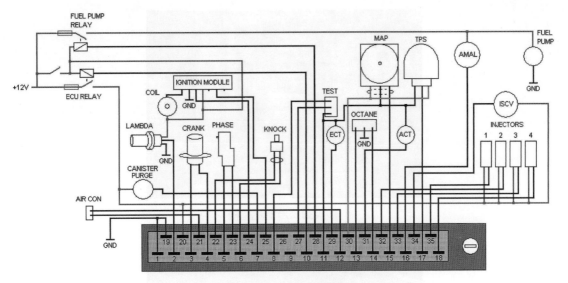

圖 1-34　ECU 接線圖

📌 1.4.8　其他周邊功能

　　內燃引擎是一部車子的心臟，所有的動力與能源均來自於它，車上控制一切自動化、照明，空調風扇…等所需要的電力也是由引擎帶動發電機 (如圖 1-35 所示) 來產生電能，多餘的電能則是儲存在電瓶之中，空調所需要的冷氣壓縮機 (如圖 1-36 所示) 的冷凍循環也是由內燃引擎所驅動，要注意的是車輛所需要的暖氣則是由冷卻液來供應。不僅前文所敘述的週邊功能需要引擎驅動，車輛操控所需要的動力方向盤 (如圖 1-37 所示)(部分新車種並非使用引擎驅動) 以及真空倍力煞車也都需要藉由引擎的輔助而作動，而引擎本身所需要的冷卻液與機油循環也是藉由主軸帶動其泵浦而達成其功能。

圖 1-35　發電機

圖 1-36　冷氣壓縮機

圖 1-37　動力方向泵浦

本章小結

　　本章從熱機的發展介紹起，讓讀者可以輕易地分辨內燃機的種類以及其作動基本原理，並且使用一部內燃機構造教學台進行各重要零部件之解說，使用大量的圖片增加讀者的印象，期能從本章開始在後面各章節中帶領讀者進入各子系統的解說與學習。

作業

1. 說明內燃機與外燃機的差別？
2. 轉子引擎的優勢為何？說明轉子引擎的缺點有哪些？
3. 想想看，當內燃機排氣量逐漸加大時會有什麼問題會發生，相同排氣量，如果汽缸數較多，其引擎的操作特性有哪些優點？

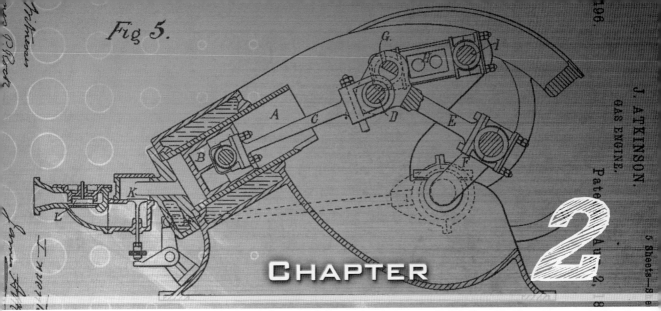

內燃機熱力學與循環

CHAPTER 2

2.0　導讀與學習重點

　　本章的目的在於複習與內燃機有關的熱力學相關理論，未學過熱力學者建議可以閱讀熱力學專書來加強學理的認知。熱力學是物理學的一個分支，是一個研究熱、溫度、能量以及功的轉移關係。本章的內容將只討論物體與系統的巨觀描述，針對內燃機常見的熱力問題進行介紹，至於統計熱力學的部分則不在本章討論之列。

學習重點

1. 理解並且認知熱力學四大定律
2. 認識熱力學狀態與熱力學過程
3. 認知與內燃機有關的熱力循環

2.1 熱力學重要觀念彙整

2.1.1 熱力系統與狀態函數

　　所謂熱力學系統 (thermodynamic system) 係指在一個有限尺度的巨觀區域，使用熱力學的理論進行研究與分析，而處在此系統之外的空間則稱之為系統環境 (surroundings)，在熱力學系統中又可以區分成封閉系統 (close system)、開放系統 (open system) 以及孤立系統 (isolated system)。在封閉系統中，透過系統邊界可以傳遞功與熱，由於物質無法穿透所以又可稱之為控制質量 (mass control)；在開放系統中，不只可以透過邊界傳遞功與熱也可以傳遞物質，進行分析時會使用體積控制 (volume control) 來進行，而控制體積的表面則稱之為表面控制 (surface control)，由於邊界可以是實際存在或者是為了方便分析而所作的虛擬設定，為了方便起見，進行熱力分析時可以讓物質進出能垂直表面進行；至於孤立系統則不允許有任何物質、功與熱的傳遞。以圖 2-1 所示來敘述封閉系統與開放系統較容易使讀者了解其中的差別，圖 2-1(a) 所示為一封閉系統，假設邊界設定在活塞內部空間 (虛線)，當此活塞受熱而內部空氣膨脹時則會推動活塞而作功，但是氣缸內的氣體則不會離開邊界；另外一方面，圖 2-1(b) 所示為一開放系統，假設系統邊界包含一整個內燃引擎，在邊界上有燃料與空氣進器輸入而且有廢氣排出邊界，不僅如此，軸亦有功輸出。

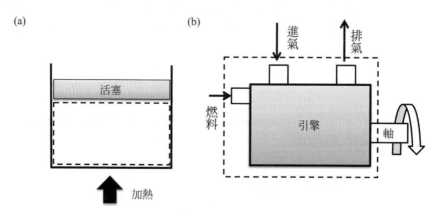

圖 2-1　(a) 封閉系統與 (b) 開放系統示意圖

　　在熱力學系統中使用狀態 (state) 來描述其性質 (properties)，性質是巨觀的特徵，其中包含：質量、體積、能量、壓力與溫度等，當系統的性質改變時，也就意味著狀態在改變，此種現象又稱之為系統正在進行熱力過程 (process)，熱力過程就是代表狀態的轉換，如果系統的性質不隨著時間改變時就稱之為穩態 (steady state)。當系統進行狀態改變時，如果熱力過程的開始與結束都在同一個狀態時則此過程又稱之為熱力循環 (cycle)。

　　當一個系統孤立於外界時，其系統的性質不隨時間變化時稱之為平衡 (equilibrium)，熱力學的平衡相當嚴謹，無論是力學、熱力、相變化與化學都要達到平衡不變。在熱力過程中，如果狀態的改變為無窮慢，如此的過程可以稱之為準平衡過程 (quasi-equilibrium process)，在準平衡過程中通常可以代表系統經過一個連續無窮接近熱力學平衡的狀態，如果中間沒有能量損耗時此過程將成為可逆過程 (reversible)，在此所提到的可逆將在熱力學第二定律中再行討論。

🔧 2.1.2 熱力學第零定律

　　熱力學第零定律主旨在描述熱平衡的現象，如圖 2-2 所示，當 *A* 系統與 *B* 系統呈熱平衡而且 *A* 系統也與 *C* 系統呈現熱平衡時，*B* 系統與 *C* 系統也必互相處於熱平衡的狀態。根據熱力學第零定律的定義，可以使我們進一步定義溫度並且用以製作出溫度計來量測物體的溫度。

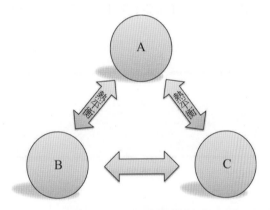

圖 2-2　第零定律示意圖

　　所謂的溫度是一種描述物體或系統冷與熱的量度，目前較廣為被生活與科學所使用的溫度單位與溫標計有：攝氏溫標 (°C)、華氏溫標 (°F) 與熱力學溫標 (K)，茲就針對此三個溫標做簡要的描述：

(一) 攝氏溫標

　　攝氏溫標是一個生活用的公制溫度單位，該溫標是由安德斯‧攝氏 (Anders Celsius) 所發明，在過去的規範中，以水的冰點與沸點分別為 0°C 與 100°C，實際上依照現行的定義，水在 101.325 kPa(1 大氣壓) 下，水的三相點 (triple point) 與沸點分別為 0.01°C 與 99.98°C。

(二) 華氏溫標

華氏溫標由丹尼爾·華倫海特 (Daniel G. Fahrenheit) 所發明，當時他將水、冰與氯化銨混合製造出當時人類所可以創造出來的最低溫當作 0°F、水的三相點爲 32°F 而人體的體溫爲 96°F。爲了方便起見，後來將華氏溫標中水的三相點到沸騰畫分成 180 等份，180 是一個高合成數 (Highly composite number)，可以使後來的數字等分有比較大的便利性，因此人體的體溫就變成 98.2。目前世界上大部分國家使用攝氏溫標做爲日常生活的溫度描述，只有少數國家在日常生活中使用該溫標，例如：美國。

(三) 熱力學溫標

熱力學溫標係由凱爾文男爵一世 - 威廉湯姆森 (William Thomson, 1st Baron Kelvin) 所發明，也是國際公制基本單位之一，1954 年國際度量衡大會決定，以水的三相點作爲標準點，並將數字定義爲 237.16 K。

上述的三個溫標可以藉由以下的 Eq. 2-1 與 Eq. 2-2 關係進行單位轉換：

$$K = °C + 273.15 \tag{2-1}$$

$$°F = °C \times \frac{9}{5} + 32 \tag{2-2}$$

範例 2-1

華氏 100 度時，攝氏溫標爲幾度，而熱力學溫標爲幾度？

解 根據 (2-2)

$$°C = (°F - 32) \times \frac{5}{9} = (100 - 32) \times \frac{5}{9} = 37.8$$

$$K = °C + 273.15 = 37.8 + 273.15 = 310.93$$

2.1.3 熱力學第一定律

熱力學第一定律描述一個非孤立系統中能量守恆定律的關係，並且擘畫了一個系統內能的變化與熱能傳遞以及輸出入功的關係，對於一個控制質量 (control mass) 的系統來說，熱力學第一定律可以使用微分方程式形式表示成：

$$dE_s = dQ - dW \tag{2-3}$$

　　其中 Q 的正負值代表熱傳入與熱傳出系統而功 (W) 的正負值係代表系統對外輸出與輸入功,而微分通常表示成對時間的微分,因此其意義就是系統內能隨時間的變化率為熱傳以及功輸出入隨時間變動率之關係。至於內能可以用微觀的角度來描述,當工作流體吸收或釋放能量時會在其分子的動能、旋轉與震動上展現其變化。

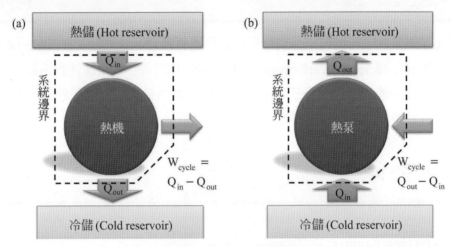

圖 2-3　第一定律示意圖

　　在此分別以熱機 (heat engine) 與熱泵 (heat pump) 為例進行說明,熱機是一種將熱能 (thermal energy) 轉變為機械功 (mechanical work) 的一種系統,常見的有內燃機,其中系統邊界內並不累積內能,因此其輸出功可使用以下方程式表示 (2-4):

$$W_{cycle} = Q_{in} - Q_{out} \tag{2-4}$$

如果定義該熱機的效率則可以使用方程式 (2-5) 加以表示

$$\eta = \frac{W_{cycle}}{Q_{in}} = \frac{Q_{in} - Q_{out}}{Q_{in}} = 1 - \frac{Q_{out}}{Q_{in}} \tag{2-5}$$

範例 2-2

請參照圖 2-3(a),如果 Q_{in} 為 400 MJ,效率為 20%,則該熱機可以產生多少功?

解 根據 (2-5)

$$\eta = \frac{W_{cycle}}{Q_{in}} = \frac{Q_{in} - Q_{out}}{Q_{in}} = 1 - \frac{Q_{out}}{Q_{in}}$$

$$\Rightarrow 0.2 = 1 - \frac{Q_{out}}{Q_{in}} = 1 - \frac{500}{Q_{in}} \Rightarrow Q_{in} = 625$$

$$\Rightarrow W_{cycle} = Q_{in} - Q_{out} = 625 - 500 = 125MJ$$

另外一方面熱泵 (heat pump) 是一種機械，藉由功的輸入，將熱能 (thermal energy) 從低溫處往高溫處泵的一種系統，常見的有冷氣 (凍) 機或者熱泵熱水器等，其所需之功可使用以下方程式表示 (2-6)：

$$W_{cycle} = Q_{out} - Q_{in} \qquad (2\text{-}6)$$

如果定義熱泵的效能則可以分別使用冷凍性能係數 (Performance of refrigeration)(2-7) 或者功能係數 (Coefficient of Performance, COP)(2-8) 加以表示，冷凍性能係數用來描述可以達成多大的製冷能力，因此分子為從低溫處所取走熱量，而功能係數則用來描述可以達到多大的製熱能力，因此分子為系統可以在高溫處輸入之熱能：

$$COP(\text{Retrigeration}) = \frac{Q_{in}}{W_{cycle}} = \frac{Q_{in}}{Q_{out} - Q_{in}} \qquad (2\text{-}7)$$

$$COP(\text{Heat pump}) = \frac{Q_{out}}{W_{cycle}} = \frac{Q_{out}}{Q_{out} - Q_{in}} \qquad (2\text{-}8)$$

範例 2-3

請參照圖 2-3(b)，COP 為 3，輸入功為 5000 kJ，則 Q_{in} 與 Q_{out} 分別為何？

解 根據 (2-5)

$$\gamma = \frac{Q_{out}}{W_{cycle}} = \frac{Q_{out}}{Q_{out} - Q_{in}}$$

$$\Rightarrow 3 = \frac{Q_{out}}{5000} \Rightarrow Q_{out} = 15000 \text{kJ}$$

$$\Rightarrow 3 = \frac{15000}{15000 - Q_{in}} \Rightarrow Q_{in} = 10000 \text{kJ}$$

另外一方面，對應控制體積系統來說必須考慮到物質之輸出入以及物質前後之能量差異，熱力學第一定律可以表示成方程式 (2-9)：

$$\frac{dE_{cv}}{dt} = \dot{Q}_{cv} - \dot{W}_{cv} + \sum_i \dot{m}_i \left(h_i + \frac{V_i^2}{2} + gz_i \right) - \sum_e \dot{m}_e \left(h_e + \frac{V_e^2}{2} + gz_e \right) \quad (2\text{-}9)$$

其中 $\dfrac{dE_{cv}}{dt}$、$\dot{Q}_{cv}$ 與 $\dot{W}_{cv}$ 分別代表系統內能隨時間的變化量、通過系統邊界的熱能與功,而 $\dot{m}$、h、V、g 與 Z 分別代表質量流率、工作流體的焓 (enthalpy)、速度、所在萬有引力與高度,gZ 的乘積為位能 (potential energy),至於下標符號 i 與 e 分別代表工作流體進入與離開系統邊界。對應穩態系統 (steady state),系統邊界內的內能與質量不隨時間改變而改變,因此方程式 (2-7) 可以改寫成:

$$\dot{Q}_{cv} - \dot{W}_{cv} + \dot{m}_i \left[h_i - h_e + \frac{V_i^2 - V_e^2}{2} + g\left(z_i - z_o\right) \right] = 0 \qquad (2\text{-}10)$$

在內燃機所使用增壓配件中的流道喉口 (nozzle) 或流道擴散段 (diffuser) 分析時,由於該系統沒有對內或外作功而且位能變化可以忽略的情況下,方程式 (2-10) 可以進一步簡化為

$$\frac{\dot{Q}_{cv}}{\dot{m}} + h_i - h_e + \frac{V_i^2 - V_e^2}{2} 0 \qquad (2\text{-}11)$$

前述工作流體的焓 (enthalpy) 係指工作流體本身的內能加上壓力與體積之乘積:

$$H = u + pv \qquad (2\text{-}12)$$

當工作流體吸收熱之後除了增加內能之外也會由壓力引起體積變化而作功,空氣的內能與焓可以查附錄 A 表取得。

範例 2-4

空氣為 1 大氣壓 25°C，進入一個入口面積為 0.1 m² 壓縮器且入口速度為 6 m/s，在出口處為 6 大氣壓溫度為 200°C 且速度降為 2 m/s，壓縮機傳導至外界的熱傳為 150 kJ/min，假設為理想氣體，求該壓縮機所需要的功。

解 首先計算空氣質量流率，假設空氣為理想氣體

$$\dot{m} = \frac{A_{in}V_{in}\rho_{in}}{\left(\dfrac{\bar{R}}{M}\right)T_{in}} = \frac{0.1\,\text{m}^2 \times 6\,\text{m/s} \times 10^5\,\text{N/m}^2}{\left(\dfrac{8314}{28.97}\dfrac{Nm}{kgK}\right)298K} = 0.702\,\text{kg}$$

由附錄 A 可得當空氣在 25°C 與 200°C 時的焓分別為 299.03 與 476.32 kJ/kg

$$W_{cycle} = \left(-150\,\frac{kJ}{min}\right)\left(\frac{1}{60}\frac{min}{s}\right)$$

$$+ 0.702\,\frac{kg}{s}\left[(299.03 - 476.32)\frac{kJ}{kg} + \left(\frac{6^2 - 2^2}{2}\right)\frac{m^2}{s^2}\frac{1N}{1\,kgm/s^2}\frac{1kJ}{10^3Nm}\right]$$

$$= -2.5\,\frac{kJ}{s} + 0.702\,\frac{kg}{s}(-177.29 + 0.016)\frac{kJ}{kg}$$

$$= -126.95\,\text{kW}$$

要注意單位的換算，使用附錄 A 時，如果特定溫度之空氣性質無法直接讀取時，應使用內差法求得。

2.1.4 熱力學第二定律

熱力學第二定律可以用兩個定義加以表述：(1) 克勞修斯定義 (Clausius Statement) 與 (2) 凱爾文・普郎克定義 (Kelvin-Planck Statement)。如圖 2-4(a) 所示，根據克勞修斯的定義，把熱量從低溫物體傳遞到高溫物體而不需要任何外加因素是不可能的；如圖 2-4(b) 所示，根據凱爾文・普郎克的定義，不可能從單一熱源吸收能量並且使之完全變為功，換句話說，在圖 2-4 所表示的熱機均不可能發生。

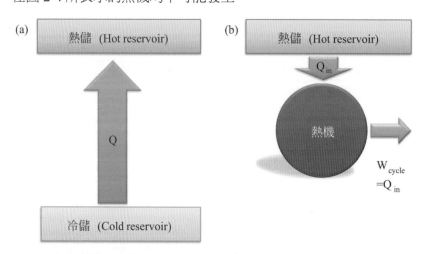

圖 2-4 熱力學第二定律示意圖：(a) 克勞修斯定義；(b) 凱爾文・普郎克定義

　　由於熱力學第二定律觀念相當困難，一開始我們用較為日常生活的現象來描述以加強前述的兩個定義：(a) 以克勞修斯定義來說，就如同水往低處流的道理一樣，如果沒有外力水是不會從低處往高處流，除非使用水泵並且從外部給功方能將水往高處泵；(b) 依照我們的生活經驗，當內燃機散熱不良時會造成內燃機的損壞，倘若根據凱爾文・普郎克定義將整個內燃機的進行絕熱保溫，該內燃機還能做功？

　　熱力過程的可逆性是在描述當一個系統進行一個熱力過程之後是否能夠回到原始的原點狀態，也就是無形能量發散的狀態 (例如：後文會談到的熵增加)，如果可以就稱之為可逆過程 (reversible process)，可逆過程是一個完美理想熱力過程，在大自然界中不存在。回顧前一節所簡述的熱力學溫標，根據熱力學第二定律所敘述可以知道一個系統的熱效率應與熱儲 (Hot reservior) 與冷儲 (cold reservior) 的溫度有關係，因此可以將熱效率表示成方程式 (2-13)，其中 θ_C 與 θ_H 分別為尚未定義溫標的溫度：

$$\eta = \eta\left(\theta_C, \theta_H\right) = 1 - \frac{Q_C}{Q_H} \tag{2-13}$$

因此冷儲 (cold reservior) 溫度與熱儲 (Hot reservior) 的比值可以表示成：

$$\eta = \eta\left(\theta_C, \theta_H\right) = 1 - \frac{Q_C}{Q_H} \tag{2-14}$$

　　由於可以令 $\dfrac{Q_C}{Q_H} = \psi\left(\theta_C, \theta_H\right)$ 而且 $\psi(\theta_C, \theta_H)$ 可以有多重選擇，所以可以選擇最簡單形式，也就是如同 (2-15) 方程式所呈現的關係，這是熱力學溫標很重要的關係式。

$$\left.\frac{Q_C}{Q_H}\right)_r = \frac{T_C}{T_H} \tag{2-15}$$

　　另外一方面，熱力學第二定律可以界定出動力循環的最大效率，如 (2-16) 所列為動力循環的最大效率，任何熱機的效率絕對不會超過可逆動力循環 (reversible power cycle) 效率，其中 T_C 與 T_H 分別為冷儲 (cold reservior) 與熱儲 (Hot reservior) 的熱力學溫標 (K) 的溫度。

$$\eta_{\max} = 1 - \frac{T_C}{T_H} \tag{2-16}$$

範例 2-5

熱機在熱儲與冷儲溫度分別為 1000°C 與 50°C 的環境下操作,請問該熱計的最大可逆動力循環效率為何?

解 根據 (2-15)

$$\eta_{max} = 1 - \frac{T_C}{T_H} = 1 - \frac{50 + 273.15}{1000 + 273.15} = 0.746$$

本熱機的最大可逆動力循環效率為 **74.6%**,要注意的是在計算時必須要將溫度的溫標全部改成熱力學溫標 (K),任何宣稱效率高於最大可逆動力循環效率的機器是不存在的!

2.1.5 熵與可用能

熵 (entropy) 的意義可以說是一種系統紊亂 (disorder) 或是混沌 (chaos) 的量度,熵是一種狀態函數,不會因為熱力過程的差異有所改變,而熵被定義為物質的性質,它必須從克勞修斯不等式 (2-17) 談起,也可以說是一個熱力系統熱的變化與溫度之間的關係,其中等號的成立只有在可逆過程中,

$$\oint \frac{\delta Q}{T} \leq 0 \tag{2-17}$$

如果將方程式 (2-17) 寫成

$$\oint \frac{\delta Q}{T} = -\sigma \tag{2-18}$$

其中 σ 為熱力過程不可逆度 (irreversibilities) 的量度,其值為 0 時代表可逆過程,如果大於 0 則是代表系統中有不可逆度存在,而其值不會小於 0。一個質量控制與體積控制系統的熵分別可以使用方程式 (2-19) 與 (2-20) 加以描述:

$$\Delta S = \int_1^2 \left(\frac{\delta Q}{T} \right) + \sigma \tag{2-19}$$

$$\frac{dS_{CV}}{dt} = \sum_j \frac{\dot{Q}_j}{T_j} + \sum_i \dot{m}_i s_i - \sum_e \dot{m}_e s_e + \dot{\sigma}_{CV} \tag{2-20}$$

　　當一個封閉系統與環境接觸時,透過之間的交互作用可以使兩個系統達到平衡 (equilibrium),在此過程中可以取得的最大理論功就稱之為可用能 (energy 或 availability)。當一個系統與環境達到平衡而沒有任何可用能時,此狀態稱之為死態 (dead state),因此一個封閉系統的可用能可以用 (2-21) 表述,其中 U、V 與 S 為封閉系統的內能、體積與熵,而下標 o 則代表在系統死態下的值。

$$A = (E - U_0) + p_0(V - V_0) - T_0(S - S_0) \tag{2-21}$$

　　當一個封閉系統在狀態 1 演變至狀態 2 時以及當系統為體積控制系統,分別可以用 (2-22) 及 (2-23) 表述。

$$A_2 - A_1 = \int_1^2 \left(1 - \frac{T_0}{T_b}\right)\delta Q - \left[W - p_0\left(V_2 - V_1\right)\right] - I \quad、I = T_0\sigma \tag{2-22}$$

$$\frac{dA_{CV}}{dt} = \sum_j \left(1 - \frac{T_0}{T_j}\right)\dot{Q}_j - \left(\dot{W}_{CV} - p_0\frac{dV_{CV}}{dt}\right) + \sum_i \dot{m}_i a_{fi} - \sum_e \dot{m}_e a_{fe} - \dot{I}_{CV} \tag{2-23}$$

2.1.6　熱力學第三定律

　　熱力學第三定律基本定義為標準晶體在 0 K 的狀態下,其熵的值為零;在現實世界中,無論經過任何的操作也無法將溫度達到絕對零度,只會逐漸無窮趨近而已。2003 年麻省理工學院 (MIT) 在進行玻色 - 愛因斯坦凝聚實驗室已經可以將溫度降低到 500×10^{-12}K(Leanhardt et al., 2003)。

2.1.7　理想氣體與多變過程

　　理想氣體是一種假想的完美氣體,雖然不存在,但是大部分常見的氣體都接近理想氣體的特性,理想氣體遵循有名的理想氣體方程式 (2-24),其中 $v = V/M$ 而 $R = \bar{R}/M$,因此方程式 (2-21) 又可以改寫成 (2-25)。

$$Pv = RT \tag{2-24}$$

$$pV = \frac{m}{M}\bar{R}T = n\bar{R}T \tag{2-25}$$

其中 M 為分子量，而 $\bar{R}$ 為通用氣體常數 (universal gas constant)，其值為 8.314 kJ/kmol-K。

氣體在壓縮或者膨脹過程中依循著方程式 (2-25) 的關係進行熱力過程時稱之為多變過程 (polytropic process)，其中 n 為實數且 C 為常數 (constant)，如圖 2-5 所示為一個多變過程的壓縮：

$$pV^n = C \qquad\qquad (2\text{-}26)$$

在方程式 (2-25) 中 n 值會代表許多不同的熱力過程，其不同的意義如表 2-1 所列：

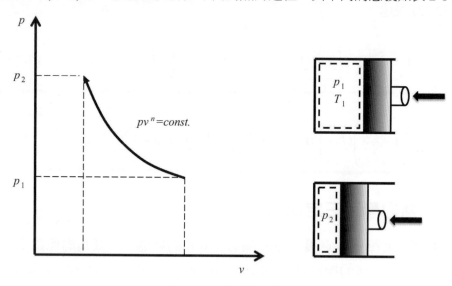

圖 2-5　多變過程之壓縮

● 表 2-1　多變過程分類表

n	物理意義
$n = 0$	定壓過程 (isobaric process)
$n = 1$	定溫過程 (isothermal process)
$1 < n < \gamma$	準絕熱過程 (quasi-adiabatic process)
$n = \gamma$	絕熱過程 (adiabatic process)
$\gamma < n < \infty$	離心壓縮增壓過程
$n = \infty$	等容過程 (isochoric procss)

對於理想氣體來說，等壓比熱以及等容比熱可以用 (2-27) 來表示，在等熵過程中，其多變過程的 n 會等於氣體之比熱比 (specific heat ratio, γ)，而 $\gamma = C_p/C_v$。

$$C_p = \frac{\gamma R}{\gamma - 1} \; ; \; C_v = \frac{R}{\gamma - 1} \tag{2-27}$$

不僅如此，在等熵過程中，狀態 2 與狀態 1 的溫度比可以表示成 (2-28)。

$$\frac{T_2}{T_1} = \left(\frac{p_2}{p_1}\right)^{\frac{\gamma - 1}{\gamma}} = \left(\frac{v_1}{v_2}\right)^{\gamma - 1} \tag{2-28}$$

由狀態 1 到狀態 2 進行多變過程時所需要的功如 (2-29) 所示。

$$\begin{cases} n \neq 1 : W = \dfrac{mR(T_2 - T_1)}{1 - n} \\ n = 1 : W = mRT \ln \dfrac{V_2}{V_1} \end{cases} \tag{2-29}$$

範例 2-6

假設空氣在狀態 1 的壓力為 1 bar 溫度 295 K，經過多變過程壓縮至 6 bar，假設 $n = 1.3$，求所需的功以及熱傳量。

解　先依據 (2-27) 計算溫度變化再使用 (2-28) 計算所需的功

$$\frac{T_2}{T_1} = \left(\frac{p_2}{p_1}\right)^{\frac{n-1}{n}} \Rightarrow T_2 = T_1\left(\frac{p_2}{p_1}\right)^{\frac{n-1}{n}} = 295K\left(\frac{6}{1}\right)^{\frac{1.3-1}{1.3}} = 446K$$

$$\frac{W}{m} = \frac{R(T_2 - T_1)}{1 - n} = \frac{8.314}{28.97}\frac{kJ}{kgK} \times \frac{446K - 295K}{1 - 1.3} = -144.45\frac{kJ}{kg}$$

熱傳量的計算可以使用 $\dfrac{Q}{m} = \dfrac{W}{m} + (u_2 - u_1)$，因此需要從附錄 A 中取得 u1 與 u2，由於 295K 與 446 均無法從表中直接讀得，因此需要使用內差法來計算

$$\begin{cases} T = 273K, u = 195.46\,kJ/kg \\ T = 298K, u = 213.40\,kJ/kg \end{cases} \Rightarrow \frac{295 - 273}{298 - 273} = \frac{u_1 - 195.46}{213.40 - 195.46}$$

$$\Rightarrow u_1 = 211.25\,kJ/kg$$

$$\begin{cases} T = 423K, u = 303.74\,kJ/kg \\ T = 473K, u = 340.42\,kJ/kg \end{cases} \Rightarrow \frac{446 - 423}{473 - 423} = \frac{u_2 - 303.74}{340.42 - 303.74}$$

$$\Rightarrow u_2 = 320.61\,kJ/kg$$

$$\frac{Q}{m} = -144.45 + (320.61 - 211.25) = -35.09\frac{kJ}{kg}$$

2.2 卡諾循環

1824 年尼古拉‧卡諾 (Nicolas Carnot) 提出卡諾循環的概念，這一個概念主要是用來分析熱機最大效率的熱力過程，卡諾循環是一個可逆 (reversible) 循環，並且可以用圖 2-6 所示之活塞作動與 *p-v* 圖進行說明。在圖中我們可以看到 4 個熱力狀態，從第 1 個狀態到第 2 個狀態為絕熱壓縮、第 2 個狀態到第 3 個狀態為等溫膨脹、第 3 個狀態到第 4 個狀態為絕熱膨脹，最後則是第 4 個狀態回到第 1 個狀態為等溫壓縮。卡諾熱機的最高效率就如方程式 (2-15) 所示，而卡諾循環不只可以用來描述氣缸內的氣體熱力行為，亦可以用來描述冷凍機也可以用來敘述蒸汽動力循環的理想可逆過程。

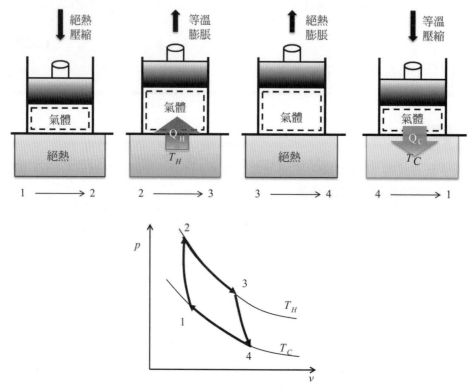

圖 2-6　活塞進行卡諾循環之示意圖與 *p-v* 關係圖

2.3 標準空氣循環

在開始說明奧圖循環之前，我們必須說明接下來的循環都是標準空氣循環分析 (air-standard analysis)，針對內燃引擎進行分析時，使用標準空氣循環分析可以簡化許多問題，而標準空氣循環分析有幾項重要的基本假設：

(a) 在系統邊界中以固定空氣的量作為工作流體並且假設這些空氣是理想氣體。

(b) 以與環境進行熱傳取代燃燒

(c) 不考慮進氣與排氣的問題

(d) 所有熱力過程均為可逆

以上述假設為前提，奧圖循環、狄賽爾循環的差別就僅在於熱傳的方式了。

2.3.1 奧圖循環

奧圖循環 (Otto cycle) 是一種描述四行程火星塞點火引擎的理想熱力循環，如圖 2-7 所示為奧圖循環的 p-v 與 T-s 圖，其中共有四個熱力過程：$1 \rightarrow 2$ 過程為標準空氣從活塞下死點至上死點的等熵壓縮、$2 \rightarrow 3$ 過程為標準空氣在活塞上死點時等容從外界環境吸收能量、$3 \rightarrow 4$ 過程為標準空氣從活塞上死點至下死點的等熵膨脹，$4 \rightarrow 1$ 過程為標準空氣在活塞下死點等容向外界環境釋放能量。在假設等容比熱的值為常數時，奧圖循環的效率可以用 (2-30) 表示。

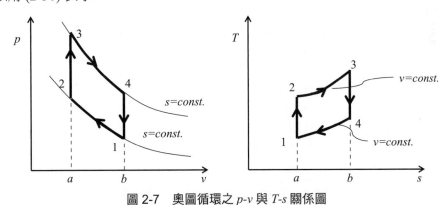

圖 2-7 奧圖循環之 p-v 與 T-s 關係圖

$$\eta = \frac{(u_3 - u_2) - (u_4 - u_1)}{u_3 - u_2} = 1 - \frac{u_4 - u_1}{u_3 - u_2} = 1 - \frac{c_v (T_4 - T_1)}{c_v (T_3 - T_2)} \tag{2-30}$$

由方程式 (2-2) 可以得到 (2-31)，其中 CR 為壓縮比 (compression ratio)：

$$\begin{cases} \dfrac{T_2}{T_1} = \left(\dfrac{V_1}{V_2} \right)^{\gamma - 1} = CR^{\gamma - 1} \\[4mm] \dfrac{T_4}{T_3} = \left(\dfrac{V_3}{V_4} \right)^{\gamma - 1} = CR^{-(\gamma - 1)} \end{cases} \tag{2-31}$$

將 (2-31) 的關係帶入 (2-30) 可以以得到

$$\eta = 1 - \frac{T_1 (T_4 / T_1 - 1)}{T_2 (T_3 / T_2 - 1)} = 1 - \frac{T_1}{T_2} = 1 - \frac{1}{CR^{\gamma - 1}} \tag{2-32}$$

　　將 (2-31) 繪製成圖可以得到如圖 2-8 所示奧圖循環壓縮比與熱效率的關係，當壓縮比越高時，奧圖循環四行程引擎的理論熱效率將會增加，但是增加幅度會越來越小，雖然壓縮比提高有助於提升熱效率，但是過高的熱效率將會引發燃燒的問題，例如：汽油引擎爆震。根據方程式 (2-31) 所敘述，內燃機的熱效率與比熱比 (specific heat ratio) 也有關係，大部份的氣體之比熱比在 1.3-1.4 之間，如果內燃機運作時的惰性氣體為氮氣或氬氣等單原子氣體時，其比熱比將可達到 1.6 之譜，當然該內燃機的效率將會有效地提升，然而該種內燃機僅能在地面上作為固定式動力系統所使用，並且需要回收惰性氣體重複利用；使用單原子氣體作為內燃機之惰性氣體取代氮氣的另外一個好處就是可以解決氮氧化物 (NOx) 的問題 (Killingsworth et al., 2010)。

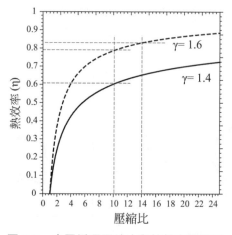

圖 2-8　奧圖循環壓縮比與熱效率關係圖

範例 2-7

一個標準空氣奧圖循環引擎，假設其排氣量為 560 CC，壓縮比為 8，從溫度 298 K 壓力 1 bar 開始運作，假設該引擎的最高溫度可以達到 2000 K，求熱效率。

解 依據 (2-30) 熱效率可以表示成 $\eta = 1 - \dfrac{u_4 - u_1}{u_3 - u_2}$，使用附錄 A 進行查表

$$T_1 = 298K \Rightarrow \begin{cases} u_1 = 213.4 \dfrac{kJ}{kg} \\ v_1 = 766.52 \end{cases}$$

$$v_2 = v_1 \frac{V_2}{V_1} = \frac{766.52}{8} = 95.815\text{，將 } v_2 \text{ 內插入附錄 A}$$

$$\frac{T_2 - 573}{623 - 573} = \frac{95.815 - 116.37}{93.152 - 116.37} = \frac{u_2 - 415.17}{453.36 - 415.17}$$

$$\Rightarrow T_2 = 617.3K, u_2 = 448.98$$

$$T_3 = 2000K，內差求 u_3$$

$$\frac{1727-1700}{1800-1700} = \frac{u_3-1652.9}{1749.3-1652.9} = \frac{v_3-2.8302}{2.3972-2.8302}$$

$$\Rightarrow u_3 = 1678.93\frac{kJ}{kg}, v_3 = 2.7133$$

$$v_4 = v_3\frac{V_4}{V_3} = 2.7133\times8 = 21.71，再內差求 T_4 與 u_4$$

$$\frac{T_4-1023}{1073-1023} = \frac{21.71-22.892}{19.883-22.892} = \frac{u_4-779.75}{822.89-779.75}$$

$$\Rightarrow T_4 = 1042.6K, u_4 = 796.70$$

$$\therefore \eta = 1-\frac{796.7-213.4}{1678.93-448.98} = 0.526(52.6\%)$$

🔧 2.3.2　狄賽爾循環

　　狄賽爾循環(Diesel cycle)有別於奧圖循環(Otto cycle)，如圖2-9所示為奧圖循環的 *p-v* 與 *T-s* 圖，其中共有四個熱力過程：$1 \rightarrow 2$ 過程為標準空氣從活塞下死點至上死點的等熵壓縮、$2 \rightarrow 3$ 過程為標準空氣在活塞上死點時等壓從外界環境吸收能量、$3 \rightarrow 4$ 過程為標準空氣從活塞上死點至下死點的等熵膨脹，$4 \rightarrow 1$ 過程為標準空氣在活塞下死點等容向外界環境釋放能量。

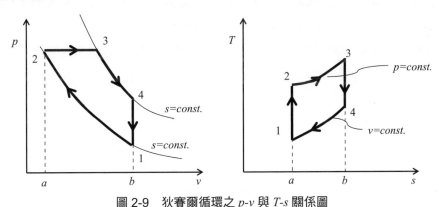

圖 2-9　狄賽爾循環之 *p-v* 與 *T-s* 關係圖

　　由於 $2 \rightarrow 3$ 過程是在等壓中發生，因此在此過程中除了熱傳之外尚有功發生，這個功可以用方程式 (2-33) 表示，因此在 $2 \rightarrow 3$ 過程中的熱傳量可以表示成 (2-34)；與奧圖循環類似的效率定義方式，該引擎的熱效率可以表示成 (2-35)。

$$\frac{W_{2\rightarrow3}}{m} = p_2(v_3-v_2) \tag{2-33}$$

$$Q_{2\rightarrow3} = (u_3-u_2) + p(v_3-v_2) = h_3-h_2 \tag{2-34}$$

$$\eta = 1 - \frac{u_4 - u_1}{h_3 - h_2} = 1 - \frac{c_v (T_4 - T_1)}{c_p (T_3 - T_2)} \qquad (2\text{-}35)$$

將理想氣體等熵過程的關係式 (2-36) 代入 (2-35) 進行整理可以得到熱效率關係式 (2-37)

$$\begin{cases} \dfrac{T_2}{T_1} = \left(\dfrac{V_1}{V_2}\right)^{\gamma-1} = CR^{\gamma-1} \\[4mm] \dfrac{T_4}{T_3} = \left(\dfrac{V_3}{V_4}\right)^{\gamma-1} = \left(\dfrac{V_2}{V_4}\dfrac{V_3}{V_2}\right)^{\gamma-1} = \left(\dfrac{V_2}{V_1}\dfrac{V_3}{V_2}\right)^{\gamma-1} = \left(\dfrac{CR_{off}}{CR}\right)^{\gamma-1} \end{cases} \qquad (2\text{-}36)$$

CR_{off} 為截斷比 (Cutoff ratio)，其實質意義代表著狄賽爾循環燃燒前後的容積比值，並且定義為 V_3/V_2。

$$\eta = 1 - \frac{1}{CR^{\gamma-1}} \left[\frac{CR_{off}^{\gamma} - 1}{\gamma (CR_{off} - 1)} \right] \qquad (2\text{-}37)$$

狄賽爾循環的熱效率除了壓縮比 (Compression ratio) 之外，尚有截斷比 (Cutoff ratio) 的參數在其中，奧圖循環的截斷比為 1，而狄賽爾循環的截斷比均會大於 1，如圖 2-10 所示，當壓縮比一樣時，狄賽爾循環的熱效率會比奧圖循環的熱效率為低。由於狄賽爾循環引擎的燃料與空氣並非預混 (premixed)，因此可以大幅度地提高壓縮比，不僅如此，在低功率狀態時柴油引擎不需要節流而減少進氣損失，因此才會有柴油引擎比器由引擎熱效率高的說法。

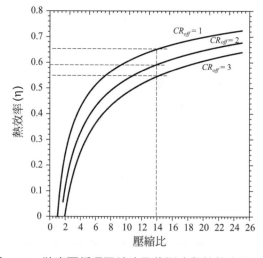

圖 2-10　狄賽爾循環壓縮比及截斷比與熱效率關係圖

🔩 2.3.3　艾金森循環 / 米勒循環

　　隨著近年來油電混合車的快速發展，艾金森循環技術開始在商業市場上實際應用，然而早在 19 世紀末的 1882 年，詹姆士‧艾金森 (James Atkinson) 就已經發明了艾金森循環引擎 (Atkinson, 1887)，早期的艾金森循環引擎係採用特殊的曲軸結構以達到動力衝程 (power stroke) 比壓縮行程還要來得大的效果，其專利架構如圖 2-11 所示；這樣的特殊關係使得艾金森循環引擎有較高的熱效率。艾金森循環的 p-v 關係如圖 2-12 所示：$1 \rightarrow 2$ 過程為標準空氣等熵壓縮、$2 \rightarrow 3$ 過程為標準空氣等容從外界環境吸收能量、$3 \rightarrow 4$ 過程為標準空氣等壓從外界環境吸收能量、$4 \rightarrow 5$ 過程為標準空氣等熵膨脹、$5 \rightarrow 6$ 過程為標準空氣等容向外界環境釋放能量、$6 \rightarrow 1$ 過程為標準空氣等壓向外界環境釋放能量。

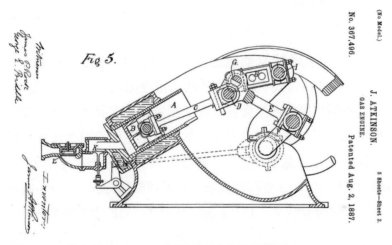

圖 2-11　艾金森 (Atkinson) 循環專利之曲軸架構圖 (Atkinson, 1887)

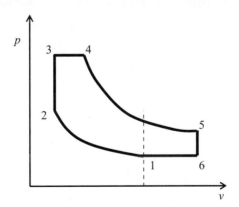

圖 2-12　艾金森 (Atkinson) 循環之 p-v 關係圖

　　現代的艾金森循環引擎並未使用當時特殊的曲軸架構，而多是以奧圖循環引擎搭配進氣閥門的時序控制來實現，在現代的引擎中多配備可變正時汽門技術來達到省油與提升性能的效果，當引擎使用艾金森循環技術時，進氣氣門會比較晚關閉，使得壓縮行程有部分時間是讓汽缸內的氣體被推回進氣歧管而保持等壓的狀態，使得壓縮比比膨脹比來得小而達到艾金森循環的效果。由於在壓縮行程會有壓縮較爲不足的問題而導致動力密度 (power density) 降低的缺點，因此使用艾金森循環引擎技術的內燃機其壓縮比設計會比較大以彌補前述的缺點。目前使用可變正時汽門達到艾金森循環技術已經被世界上大部分車廠所使用，例如 TOYOTA/LEXUS、HONDA、MAZDA、Ford 以及 Mecedes Benz 的油電混合車之內燃機。

除了提升壓縮比來彌補前述的缺點之外，上可以使用增壓的方式來進行動力的補償，例如使用增壓來使進氣歧管的壓力能夠維持較高的空氣壓力，也就是所謂的米勒循環 (Miller cycle)(Miller, 1957)。

🔩 2.3.4　布雷登循環

有別於前文所敘述的各種熱力循環，標準空氣布雷登循環 (Air-standard Brayton Cycle) 是目前用來描述氣渦輪發動機之熱力循環，在 1872 年喬治‧布雷登 (George Brayton) 開發了一具特殊往復式引擎並且依循布雷登循環的方式進行運作，目前布雷登循環所描述的氣渦輪機也屬於內燃機並且廣泛應用於航空與地面發電設施等處所。布雷登循環可以是封閉式系統，藉由熱交換器在常壓下使工作流體與外界進行熱交換，如圖 2-13 所示即爲封閉式布雷登循環示意圖。如圖 2-14 所示爲布雷登循環的 p-v 與 T-s 圖，其中共有四個熱力過程：$1 \rightarrow 2$ 過程爲標準空氣等熵壓縮行程、$2 \rightarrow 3$ 過程爲標準空氣在等壓狀態下從外界環境吸收能量、$3 \rightarrow 4$ 過程爲標準空氣的等熵膨脹，$4 \rightarrow 1$ 過程爲標準空氣在等壓下向外界環境釋放能量。；至於在現實中常見的氣渦輪機則屬於開放式系統，如圖 2-15 所示。關於布雷登循環的性能與效率，我們可以根據圖 2-13 開始討論。在布雷登循環的渦輪機 (turbine) 所產生的功以及壓縮機壓縮空氣所需要的功分別可以使用 (2-38) 與 (2-39) 來表示：

$$\frac{W_t}{\dot{m}} = h_3 - h_4 \tag{2-38}$$

$$\frac{W_c}{\dot{m}} = h_2 - h_1 \tag{2-39}$$

另外一方面，在布雷登循環中工作流體從外界所吸收與釋放的熱能分別可以使用 (2-40) 與 (2-41) 來表示：

$$\frac{\dot{Q}_{in}}{\dot{m}} = h_3 - h_2 \tag{2-40}$$

$$\frac{\dot{Q}_{out}}{\dot{m}} = h_4 - h_1 \qquad (2\text{-}41)$$

因此，布雷登循環的效率可以用 (2-41) 來表示，除此之外，氣渦輪機的參數中有一個稱之為回功比 (back work ratio, BWR)，其定義如 (2-43) 所示：

$$\eta = \frac{(h_3 - h_4) - (h_2 - h_1)}{(h_3 - h_2)} \qquad (2\text{-}42)$$

$$BWR = \frac{\dot{W}_c}{\dot{W}_t} = \frac{h_2 - h_1}{h_3 - h_4} \qquad (2\text{-}43)$$

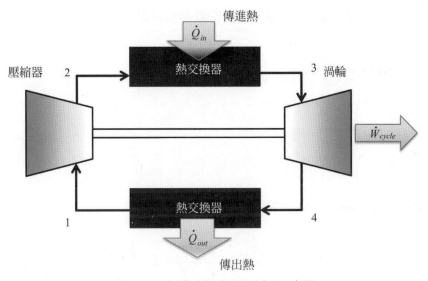

圖 2-13　標準空氣布雷登循環示意圖

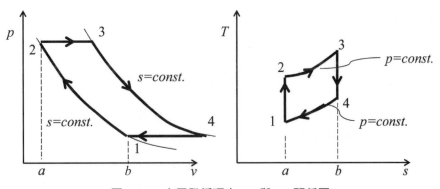

圖 2-14　布雷登循環之 p-v 與 T-s 關係圖

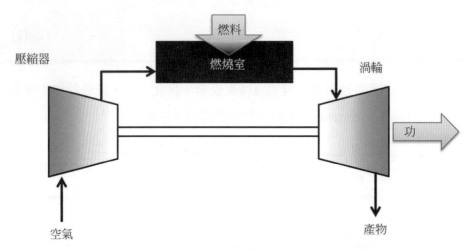

圖 2-15　布雷登循環之實際氣渦輪開放式系統示意圖

　　假設工作流體為理想氣體，並且假設比熱與比熱比均為常數，因此循環中溫度與壓力的關係可以表示成 (2-44)，而布雷登循環的效率可以進一步表示成 (2-45)，將 (2-44) 代入 (2-45) 中進行整理可以得 (2-46)。

$$\begin{cases} \dfrac{T_2}{T_1} = \left(\dfrac{p_2}{p_1} \right)^{\frac{\gamma-1}{\gamma}} \\[4mm] \dfrac{T_4}{T_3} = \left(\dfrac{p_4}{p_3} \right)^{\frac{\gamma-1}{\gamma}} = \left(\dfrac{p_2}{p_1} \right)^{\frac{\gamma-1}{\gamma}} \end{cases} \tag{2-44}$$

$$\eta = \frac{c_p\left(T_3 - T_4\right) - c_p\left(T_2 - T_1\right)}{c_p\left(T_3 - T_2\right)} = 1 - \frac{T_4 - T_1}{T_3 - T_2} = 1 - \frac{T_1}{T_2}\left(\frac{T_4/T_1 - 1}{T_3/T_2 - 1} \right) \tag{2-45}$$

$$\eta = 1 - \frac{1}{\left(p_2/p_1 \right)^{\frac{\gamma-1}{\gamma}}} \tag{2-46}$$

　　假設比熱比為 1.4，在布雷登循環中壓縮機內的壓縮比與熱效率關係如圖 2-16 所示，也就是說當壓縮機的設計壓縮比上升時，將有助於提升氣渦輪機的熱效率。

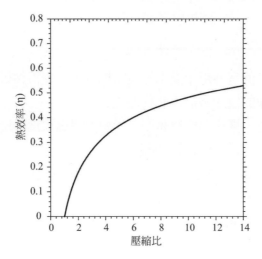

圖 2-16　布雷登循環壓縮機壓力比與熱效率關係圖

範例 2-8

一部氣渦輪機，假設其壓縮機壓縮比為 9，求其熱效率的理論值為何？

解 依據 (2-46)

$$\eta = 1 - \frac{1}{(p_2/p_1)^{\frac{\gamma-1}{\gamma}}} = 1 - \frac{1}{9^{\frac{1.4-1}{1.4}}} = 0.466(46.6\%)$$

本章小結

　　在本章中介紹了許多與學習內燃機有關的熱力學理論以及熱力循環，在本章所談的內容較一般熱力學課本來得簡易，但是可以透過本章進行相關理論的複習，尤其是各種內燃機的循環理論之敘述，充分地闡述影響各種不同循環內燃機的參數，在熱力循環的種類中包含了奧圖循環、狄賽爾循環、艾金森循環 / 米勒循環與布雷登循環，前述的這些熱力循環均為當前常用的內燃機循環。

作業

1. 當我們在冬天的室外用手摸木板與鐵板時，會覺得鐵板比較冷，能否用熱力學第零定律的概念來描述此物理現象。

2. 華氏 200 度時，攝氏溫標爲幾度，而熱力學溫標爲幾度？

3. 請參照圖 2-3，分別估算以下問題
   甲、 如果 Q_{in} 爲 400 MJ，效率爲 20%，則該熱機可以產生多少功？
   乙、 如果 COP 爲 3，輸入功爲 4000 kJ，則 Q_{in} 與 Q_{out} 分別爲何？

4. 依照範例 2-4 的作法演練一次，空氣爲 1 大氣壓 25°C，進入一個入口面積爲 0.1 m² 壓縮器且入口速度爲 5 m/s，在出口處爲 7 大氣壓溫度爲 200°C 且速度降爲 2 m/s，壓縮機傳導至外界的熱傳爲 100 kJ/min，假設爲理想氣體，求該壓縮機所需要的功。

5. 有一位科學家宣稱發明一具可以吸收 900 kJ 能量並且釋放出 420 kJ 功的熱機，該熱機可以在熱儲與冷儲溫度分別爲 500 K 與 300 K 的環境下操作，請問該發明的真實性爲何？

6. 請參閱圖 2-5，假設空氣在狀態 1 的壓力爲 1 bar 溫度 298 K，經過多變過程壓縮至 6 bar，假設 $n = 1.4$，求所需的功以及熱傳量。

7. 一個標準空氣奧圖循環引擎，假設其排氣量爲 500 CC，壓縮比爲 10，從溫度 300 K 壓力 1 bar 開始運作，假設該引擎的最高溫度可以達到 2000 K，求熱效率。

8. 當壓縮比越高時引擎的熱效率會越高，試討論爲何無法將壓縮比一直提高，可能面臨的問題有哪些？

9. 一部氣渦輪機，假設其壓縮機壓縮比爲 10，求其熱效率的理論值爲何？

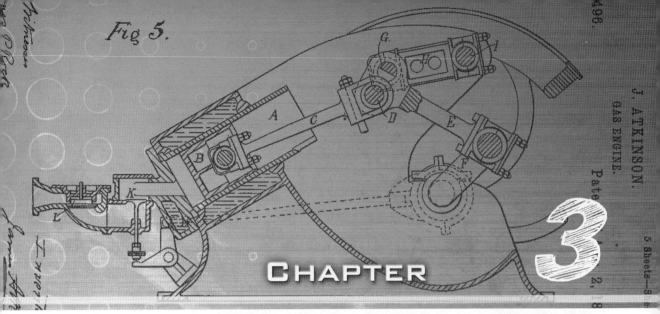

燃料與空氣供應系統

3.0 導讀與學習重點

在本章中將介紹燃料與空氣的供應系統,在內燃機中,燃料與空氣的供應比例會決定一部內燃機的性能與污染排放,必須在精準的控制之下方能達到潔淨節能的目的。

學習重點

1. 理解並且認知當今汽油與柴油的供應方法
2. 空氣供應的方式與種類
3. 空氣供應之增壓裝置

3.1 汽油供應系統

3.1.1 化油器

　　化油器 (carburetor) 是一種相當傳統應用於火花式點火內燃機的燃料與空氣混合裝置，如圖 3-1 所示為簡單化油器之基本構型。空氣經過空氣濾心後清除空氣中的灰塵，根據柏努力定理，當空氣流經過具有較小面積的喉部 (文氏管 Venturi tube) 時因流速變快而壓力降低，燃料就會因為壓力下降的關係而被吸入喉部中與空氣進行混合，燃料從燃料排放管進入化油器後會產生初步的霧化，隨著氣流移動而逐漸蒸發，最終進入進氣歧管與內燃機燃燒室內。汽油從油管進入浮筒室中，該浮筒室與化油器之間有一壓力等化管，使其壓力得到平衡，透過浮筒控制汽油液位，並且避免車輛在傾斜時溢出。由於許多的限制使得簡單化油器並不適合應用於交通車輛，例如：惰速控制空燃比太高、空燃比隨引擎轉速改變而變化、冷車啟動問題以及海拔補償等問題均無法克服。如圖 3-2 所示為一標準單喉車用化油器，車用化油必須具備以下幾個重要的功能：

(1) 加力文氏管 (Boost venturi)：加力文氏管是一種雙層同心管架構，經過加力文氏管可以使燃料注入口真空度更高，使得空燃比的控制可以更準確地調控。

(2) 空轉裝置 (idle system)：怠速狀態下的化油器喉口真空度不高，要引入燃料會有困難，然而在進氣歧管中的真空度較高，因此應用進氣歧管的真空度來供應燃料進入化油器中，而空轉時的空燃比則是使用一空燃比調整螺絲進行控制，另外在節流閥上也有一個節流閥怠速控制螺絲。

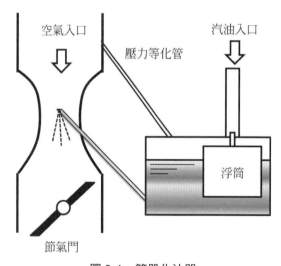

圖 3-1　簡單化油器

(3) 富油裝置 (enrichment system)：當車子以最大功率行駛時，使用富油裝置來增加燃料供應以降低空燃比。

(4) 加速泵 (accelerator pump)：當油門被快速踩下時，即能迅速地供應額外燃料，以維持空燃比與引擎的性能。

(5) 阻風門 (choke)：冷車時使用阻風門來提高燃料的比例，使發動更加順暢。

(6) 海拔補償裝置 (altitude compensation)：在海拔較高的地方空氣密度較低，透過海拔補償裝置來控制油量以維持適當的空然比燃比。

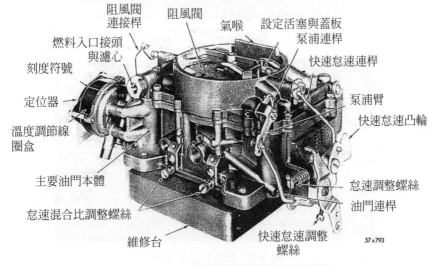

圖 3-2　1958 年克萊斯勒所使用化油器圖

　　為了應用化油器在更高排氣量的車種時，會將化油器設計為雙喉或者是更多的四喉化油器 (圖 3-3)，這種多喉化油器在怠速或低速時只會有一個化油器喉管開放使用，等到高速運轉時才會增加喉管以提供更足量的空氣與燃料供引擎使用。某些高性能車種甚至針對每個汽缸設立一個單喉化油器，雖然調校非常困難，但是調整後的性能會非常優異，例如：法拉利 Ferrari 250 TR 61 Spyder Fantuzzi，它配備一顆 3.0 L V12 引擎，因此配備有 12 個獨立的化油器，如圖 3-4 所示。化油器主導火花式內燃機超過百年的歷史，雖然說依照現今的環保法規以及油耗的限制，化油器已經不使用在汽車引擎上了，但是我們依然可以從許多文獻上看到工程師對於化油器之精密設計所下的功夫，以及在小型動力引擎應用上的簡便性，所以目前只剩下部分開發中國家的低成本汽機車、小型動力引擎 (農業、水泵、噴霧、高壓泵水、小型船用引擎⋯) 上還看得到其蹤跡。

圖 3-3　四喉化油器

圖 3-4　獨立化油器系統

3.1.2　汽油歧管噴射系統

　　為了使火花點火式內燃機的污染以及能源效率能夠獲得提升，車輛的燃料供應系統必須擁有很大的改變，其中最重要的就是精準的燃料噴射供應系統 (fuel injection system)，仰賴精準的空氣燃料比控制，觸媒轉換器方能順利運作以消除排氣中的各種污染物，燃料的噴注系統大約在 1950 年代開始發展；直到今天，所有市售的汽車都是使用燃料噴射系統。

　　使用噴嘴進行燃料噴射的可以分成單點式噴射系統 (single-point injection) 以及多點式歧管噴射系統 (Multiport fuel injection)；單點式噴射系統較為簡易，燃料在節氣門閥體處噴射，它的所在位置與化油器位置相當，燃料在噴射後必須沿著歧管而來到引擎燃燒室，因此也跟化油器一樣具有燃料輸送較慢的缺點。至於多點式歧管噴射系統，每個汽缸均配置一支噴嘴在進氣歧管上，所有的噴嘴油一根油軌進行供油，在油軌中的燃料使用燃油泵浦加壓至 3-3.5 bar，這些噴嘴的燃料噴霧可以準確地將汽油噴在進氣閥門上，因此具被控油精準而且反應快的優點，單點式噴射系統以及多點式歧管噴射系統的架構示意如圖 3-5 所示。

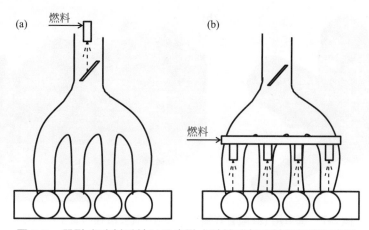

圖 3-5　單點式噴射系統以及多點式歧管噴射系統的架構示意圖

　　歧管噴射噴嘴的構造如圖 3-6 所示，它兼具開關閥以及噴霧器的功能，一個好的噴霧器才能造就一部性能優異的引擎，噴嘴的構造主要是由噴嘴本體外殼、汽油流道、柱塞、迴力彈簧、線圈以及噴嘴孔霧化機構所構成，所謂閥的功能是指噴嘴中間的柱塞在常態下因為迴力彈簧的關係將噴嘴孔緊緊塞住，當線圈通電後依靠磁力將柱塞拉起，此時燃料會經過流道來到噴嘴孔位置噴出而霧化。一般現代化機車引擎用的燃料噴嘴也是安裝在可以噴注在進氣道與進氣閥的位置上，如圖 3-7 與圖 3-8 分別所示為點型機車用噴嘴以及其安裝在歧管上以及車用系統的樣貌。

　　燃料的供應量是依靠噴嘴柱塞開啟時間長短來決定的，只要供給噴嘴唯持 12V 的電壓即可讓柱塞拉起而產生噴霧，噴嘴的噴霧策略則是由引擎控制單元 (ECU) 判定後所決定的，關於引擎控制單元的敘述在本書第一章中 1.4.7 節中有敘述，噴嘴的噴射時間大約從 1.5-10 ms 左右，噴越久則代表供應燃料量越多，關於引擎燃料噴嘴的性能檢測與分析方法可以在本書第 9 章查詢。

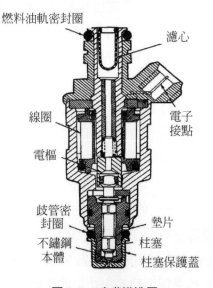

圖 3-6　噴嘴構造圖

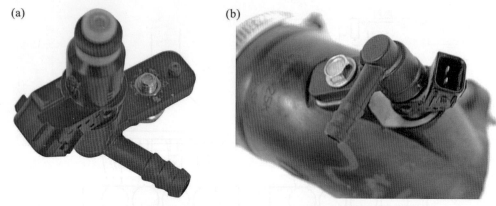

圖 3-7 機車用 (a) 歧管式噴嘴以及 (b) 其安裝在歧管上的狀態

圖 3-8 汽車用油軌以及歧管式噴嘴

🔩 3.1.3 汽油缸內直噴噴射系統

　　早在二次大戰期間，德國與蘇聯就已經出現缸內直噴引擎的概念而且運用在螺旋槳戰鬥機上以取代傳統的化油器，因為傳統的化油器在戰鬥翻滾時裏面的浮筒會受到重力影響而使供油出現問題。到了 1955 年戴姆勒賓士所發表的 300 SL 是第一部搭載缸內直噴引擎的車款，當時戴姆勒賓士的 300 SL 是一部相當時髦的雙人座跑車。1970 年代時福特汽車公司與 Texaco 公司合作開發 Proco 計畫，並且推出了一個 V 型 8 缸的分層燃油充填引擎 (Stratified-charge Engine)，在亞特蘭大的生產線上組裝了 100 部搭載此引擎的維多利亞皇冠 (Crown Victoria) 車型，這個生產計畫後來因為電控系統、昂貴的汽油泵浦與噴嘴系統，以及污染排放不佳等多重因素下而宣告失敗。為什麼時至今日 GDI 引擎會重新引起車廠的興趣？其主要原因在於它的節能與高效率特性。在油價節節高升的時代裡，一部車子的油耗不僅僅代表著車輛引擎製造技術，它更是顧客採購意願的一項重要的參考依據，車子的燃油消耗效率可以用一個參數來表示那就是 BSFC(Brake Specific Fuel Consumption)，它是燃料消耗重量與引擎輸出功率的比值，公制單位為公克 / 千瓦 - 小時。

目前現有四行程內燃引擎主要可以分成奧圖循環 (Otto-cycle) 之汽油引擎與狄賽爾循環 (Diesel cycle) 之柴油引擎，而目前汽油內燃引擎目前均以多點噴射 (Port Fuel Injection) 引擎為主。相較之下，因柴油引擎的壓縮比較高且不依靠節氣閥來調節負載，所以柴油引擎的油耗效率優於汽油引擎，但是柴油引擎的噪音高而且速度沒有辦法與汽油引擎競爭；在污染方面來說，柴油引擎則有較多的微粒污染與氮氧化物的排放。為了使較省油的柴油引擎可以在符合環保法規的情況下運轉，汽車製造商在柴油引擎系統的改良技術上下了很大的功夫，例如：燃油共軌高壓燃料噴注、微粒捕集器、觸媒後處理技術等，在增加各式各樣提升潔淨排氣功能的同時會增加車輛製造成本，所以相同的車款如果是配備柴油引擎的話則會有較高的車價。基於以上的理由，車輛工程師希望能夠製作出一特別的內燃引擎，此引擎必須擁有與柴油引擎相當的油耗效率 (BSFC) 且必須具備類似傳統噴射引擎的輸出功率，也就是說必須兼備兩種引擎的優點於一身。

顧名思義，缸內直噴引擎有別於傳統汽油 PFI 引擎，它是將汽油直接噴注進入汽缸內的一種引擎技術。由圖 3-9 就可以很清楚的表示這兩種供油技術的不同，圖 3-9(a) 為歧管噴射 (PFI) 引擎的示意圖 (Ohyama et al., 1992)；圖 3-9(b) 為汽缸內直噴 (GDI) 引擎示意圖 (Zhao et al., 1997)。

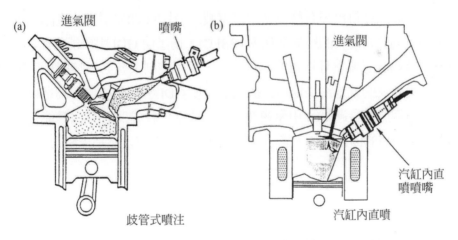

圖 3-9　PFI 與 GDI 引擎之比較

歧管噴射 (PFI) 引擎的燃料是噴注在進氣門前的歧管內，如此一來就會衍伸出許多的缺點，例如：冷車啟動時，燃料噴注後沒有辦法完全汽化而在汽門背面產生油膜，這些油膜進入汽缸後並不易燃燒，所以在冷車的狀態下，控制晶片會特意讓燃料噴注量稍微多一點，甚至比當量燃燒所需要的燃料量還要來得多。因此在引擎還沒有到達工作溫度前，燃油的供給量會比較難以控制，不僅僅浪費燃料也會因觸媒轉換器在冷車狀態下無法處理這些過多未燒完的燃氣而導致較多的未燃碳氫化合物 (UBHC) 排放。相反地，GDI 引擎就可以很準確的控制燃油供給量，所以在冷車狀態下 GDI 引擎會比 PFI 引擎來得省油。有

文獻報導 (Takagi, 1996) 在冷車情況下，GDI 引擎會比 PFI 引擎省油將近 30%! 其實省油本來就是 GDI 引擎訴求的項目之一，GDI 引擎省油的理由另有下列幾點可以說明，例如：GDI 引擎可以不需要使用節氣門 (throttle) 來控制負載，傳統的 PFI 引擎均利用節氣門來調節負載，如此一來就可以省去進氣時所需付出的負功，而且體積效率也會比較高；缸內直噴可以避免燃料與空氣提早自燃，引擎的壓縮比可以提高以提升熱效率且可以使用辛烷值 (octane rating) 較低的汽油；使用分層燃燒模式時，火焰不會直接接觸汽缸壁與活塞，所以可以有效降低熱損失；除此之外，在減速時 GDI 引擎還可以切換成斷油模式。

　　GDI 引擎最吸引人的地方在於省油，但是一顆優異的引擎不能夠只有單單省油的功能而已，得兼顧到車輛行駛狀況與負載改變時所需之功率輸出，另外駕駛者的駕駛樂趣也是必須考慮的重點。所以一個 GDI 引擎的運作必須包含四種運作模式 (圖 3-10)：其一是在低負載或者怠速情況下的分層貧油燃燒；其二為中等負載時的均相 (homogeneous) 貧油燃燒，此種狀態具備省油與低 NOx 排放的優點；其三是均相當量 (stoichiometric) 全負載模式；其四為冷啟動模式。為了使 GDI 引擎可以達到應有的設計水準，工程師必須克服多項困難 (Zhao, et al., 1999)，包括：分層 (stratified) 燃燒控制策略、引擎操作模式切換策略、高壓燃料系統之設計與系統耐用性之加強、引擎汽缸與活塞強度之加強、以及多種污染物 (UBHC、氮氧化物、微粒) 之控制與觸媒轉換器之運用。三菱汽車將 GDI 引擎重現於市場，時至今日已經有許多大型汽車製造廠均有 GDI 引擎的產品問世。GDI 引擎最大的優勢莫過於它優異的燃油消耗率 (BSFC)，為了使 GDI 引擎能夠順利上路，GDI 引擎系統必須能夠容忍多重且複雜的燃料品質，電子控制系統必須無礙且平順的切換不同運作模式，更重要的就是污染處理的機制必須使 GDI 引擎的排放污染量更潔淨。然而油耗的經濟性是否能夠勝過 GDI 引擎複雜系統的成本，就成為 GDI 引擎能否存在的最大關鍵，隨著石油價格的節節攀升，省油高效率且潔淨的系統自然是未來的趨勢。

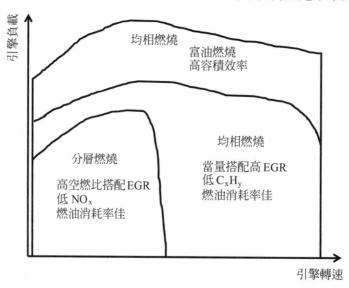

圖 3-10　典型缸內直噴操作域圖

　　缸內直噴噴嘴的構造大致上與歧管式噴嘴類似，其概略架構如圖 3-11 所示，與一般歧管噴射噴嘴一樣，具有進油油道、電磁線圈、迴力彈簧、針閥以及噴嘴孔，唯工作壓力為歧管噴射系統的 30 倍以上，一般來說至少是 100 bar 的汽油噴射壓力，所以在本體架構上會較為結實，而且所使用的迴力彈簧彈簧係數高且需要讓電磁線圈產生較強的電磁力，如圖 3-12 所示為 VW Passat FSI 用缸內直噴噴嘴，該噴嘴為單孔漩渦式噴嘴設計；一般來說，為了安裝策略的考量，缸內直噴噴嘴的噴霧軸與噴嘴的軸心會夾特定的角度，如圖 3-13 所示為前述噴嘴的噴孔，噴孔的位置並非在正中間，所以此噴嘴的噴霧將會與噴嘴主軸夾約 12 度。隨著環保以及動力引擎的需求，BOSCH 也推出一系列 HDEV5.1 系列的多孔式缸內直噴噴嘴，依照引擎的需求可以區分成 4-7 孔 (如圖 3-14 所示) 而工作壓力可達到 150 bar，壓力的大幅提高也可以有效地降低燃料液低粒徑的尺寸，液滴粒徑尺度越小則蒸發越快，對於高速運轉下有良好的燃料空氣混合以及均勻燃燒的狀態。

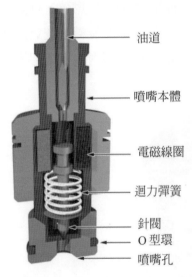

油道
噴嘴本體
電磁線圈
迴力彈簧
針閥
O 型環
噴嘴孔

圖 3-11　缸內直噴噴嘴之架構圖

圖 3-12　VW Passat FSI 用缸內直噴噴嘴

圖 3-13　單孔式缸內直噴噴嘴之噴孔位置

圖 3-14　7 孔缸內直噴噴嘴之噴孔位置

3.2 柴油供應系統

3.2.1 直接噴射與非直接噴射

　　壓燃式引擎的燃燒室依據性能需求有兩種設計：(一) 直接噴射引擎與 (二) 間接噴射引擎兩種，在直接噴射引擎中，噴嘴出口直接暴露在燃燒室中，活塞頂會有特殊的碗狀凹穴設計，讓燃料可以噴注在凹穴中，凹穴的設計又會與引擎的性能需求有關，如圖 3-15 所示；針對較小的柴油引擎來說，通常會借助進氣道的設計來使空氣進入後產生旋轉以增加空氣與燃料的混合。在小尺寸壓燃式引擎中亦可以使用間接噴射式設計，燃料在進入燃燒室之前會進入一個設置於燃燒室上方的預燃室中，在預燃室中通常安裝一個預熱塞 (glow pulg)(圖 3-16)，除此之外預燃室也會透過幾何形狀的設計而在內部產生激烈的空氣旋轉擾動。噴油嘴將柴油噴入預燃室中接觸到高溫而產生燃燒，剩餘之柴油經噴油嘴噴出後連同前述的燃燒產物進入主燃燒室中，與燃燒室中旋轉的空氣混合而完全燃燒，整個燃燒過程係分成兩個階段來完成；直接噴射與間接噴射的引擎架構比較如圖 3-17 所示。

圖 3-15　典型壓燃式引擎活塞

圖 3-16　預熱塞

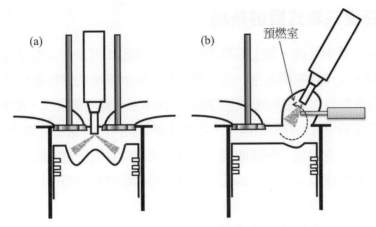

圖 3-17　(a) 直接噴射與 (b) 間接噴射之引擎架構圖

3.2.2　柱塞式噴射系統

　　過去中大型柴油車大多使用成本較便宜而且技術較成熟的柱塞式噴射系統，如圖 3-18 所示為柱塞式機械噴射系統的架構簡圖，使用供油泵將柴油從油箱中泵入噴射泵浦內，噴射泵浦由凸輪軸帶動，使得各個噴嘴都能夠獲得噴油的正時而建立燃料壓力，當燃料經過高壓油管泵送到噴嘴時，且當壓力到達臨界值時會使噴嘴柱塞頂起而噴注，當壓力瞬降時迴力彈簧會把柱塞壓回而使燃料噴注結束。噴射泵浦會根據引擎汽缸數的多寡而設置相同數目的高壓柱塞，每個柱塞會依據該汽缸的噴射時機而加壓。柱塞式噴射系統廣被各種大型柴油車所使用，但是因其驅動方式乃是依靠凸輪軸進行帶動，無法依據引擎的負荷而有所調整，不僅如此，當燃料壓力波到達噴嘴投柱塞頂起處時，噴嘴的開啟時間又會有相當程度的變動量，雖然該變動量不大，不過還是會影響到柴油引擎的點火時機與引擎運作的順暢度。如圖 3-19 所示為三菱 4D34 柴油引擎的機械式噴嘴總成，頂上紅蓋保護的地方是高壓油管連接處，而側邊的管道為回油管，噴嘴頭與柱塞。

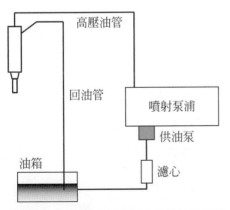

圖 3-18　柱塞式噴射泵浦系統架構簡圖

圖 3-19　三菱 4D34 柴油引擎用機械式噴嘴

🔧 3.2.3 高壓共軌式噴射系統

　　有別於柱塞式噴射系統，每支噴嘴都有各別的高壓管連接至高壓泵浦，所謂共軌式柴油噴射指的是多支柴油噴嘴共用一個高壓油軌，柴油噴嘴的開啓噴柱與否完全依靠引擎控制單元的指令而操作，在高壓共軌式噴射系統中會具備兩個泵浦，其中一個是供油低壓泵浦將燃料從油箱中泵入高壓泵浦中，再由高壓泵浦將燃料加壓最高至 1,000-2,000 bar 左右。在高壓油軌上會裝置一個洩油閥，當壓力過高時會開啓電磁閥將油軌中的壓力維持在特定值，每個噴嘴本身也有迴油孔，所有的迴油將回到油箱中再行利用，整個高壓共軌式噴射系統含控制單元的架構如圖 3-20 所示。傳統的高壓共軌式噴射系統噴嘴使用電磁彈簧式設計，如圖 3-21 所示爲典型電磁彈簧式，噴嘴尚未收到電流驅動時，柱塞會緊緊地壓在噴嘴孔上，通電後柱塞會因電磁力而被拉起，怠驅動電流停止驅動時，彈簧又會迅速地將噴嘴關閉；近年來，隨著壓電材料驅動噴嘴的開發，柴油的壓力可以泵送到 3,000 bar，而且可以在整個噴柱過程中進行多段噴射的高階燃燒控制。

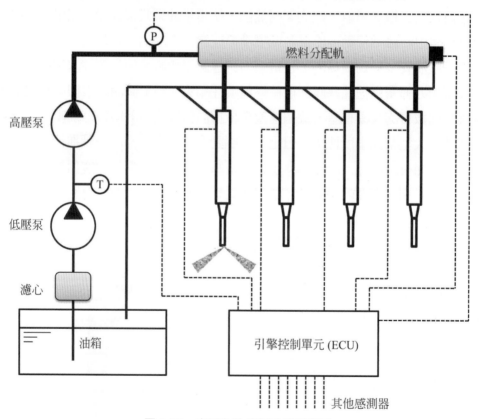

圖 3-20　高壓共軌噴射系統架構圖

圖 3-21　點型電磁彈簧式柴油共軌噴嘴

　　高壓共軌柴油引擎是目前柴油引擎的最新技術，多家車廠均有類似的電子控制噴射技術，例如國內常見的福特 TDCi、福斯集團的 TDI、賓士的 CDI…等都是使用高壓共軌噴射技術。

3.3 空氣供應系統

3.3.1 自然進氣與可變進氣系統

　　四行程內燃機的進氣行程中，活塞會從上死點往下死點移動，此時進氣汽門開啓，活塞運動時所產生的真空會將空氣引入汽缸內，如圖 3-22 所示；在自然進氣引擎中的容積效率均小於 100%，容積效率的定義爲汽缸實際進氣量與排氣量的比值。

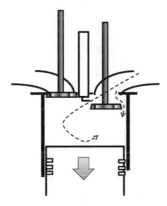

圖 3-22　自然進氣時空氣被活塞運動所產生的真空引入汽缸中

　　內燃機的空氣供應主要由節流閥所控制，空氣通過節流閥後會進入進氣歧管 (inlet manifold)(如圖 3-23 所示)，早期的化油器引擎或式單點噴射引擎的空氣在進入進氣歧管以前即與燃料互相混合，而多點歧管噴射則是到了進氣汽門前空氣才與燃料進行混合。進氣歧管的設計是一門相當深奧的學問，即使是以定速運轉的多缸內燃機，其各缸的進氣歧管空氣流量也不盡相同，其原因在於各汽缸的進氣道剖面性質、長度以及路徑都有所差異，不僅如此各汽缸的點火順序也會互相造成影響，所以在流道中存在 5% 左右的流量變化都是相當正常的現象。進氣歧管中的壓力是量度內燃機負荷的重要參數，節流閥開度小 (油門小) 時因空氣供應較為不足，所以真空度會比較高；相反地，當油門踩下節流閥打開時，空氣供給量較大，所以真空度會比較小。歧管內的真空還可以用來驅動煞車輔助機構，例如真空倍力煞車系統，在引擎發動時，煞車系統踩踏所需要的力道會比較小。歧管較長的引擎適合低速運轉，而歧管較短的引擎適合高速運轉，由於歧管的長度構造會影響到進氣效率，因此有些高階車種會裝配可變長度進氣歧管 (variable-length intake manifold) 或者是連續可變長度進氣歧管，使引擎在各個轉速區域都有較佳的性能表現，如本書圖 1-20(c) 中所顯示的就是使用瓣門來實現可變長度進氣歧管的效果。

圖 3-23　進氣歧管

控制空氣進出汽缸的另外一個重要的零件是進氣與排氣汽門，控制進排氣門所使用的機構目前多為頂置凸輪軸 (Overhead Camshaft, OHC)，其他尚有推桿式頂置汽門或是目前最新穎但尚未成熟的電子汽門或稱之為無凸輪軸汽門。根據凸輪軸的數目又可以分成單凸輪軸 (SOHC) 與雙凸輪軸 (DOHC)，如圖 3-24 所示為雙凸輪軸引擎的架構。驅動凸輪軸使汽門開關可以依照時序進行主要是依靠正時皮帶 (timing belt) 或者是正時鏈條 (timing chain) 來達成，少數車種使用齒輪正時 (Gear train) 或是傘齒輪 (Bevel shaft) 正時系統。如第 1 章圖 1-27 所示為 V6 引擎的正時皮帶系統，正時皮帶為齒輪式皮帶，透過皮帶上的凸齒可以避免滑位並且確保正時凸輪軸的正確性。正時鏈條的架構如圖 3-25 所示，部分車種的內燃機使用正時鏈條來驅動凸輪軸，使用正時鏈條有幾乎不需特別保養的優點，但是會有較大的噪音；相反地，使用正時皮帶擁有安靜運轉的優點，但是正時皮帶必須要按時更換，倘若疏於保養而造成正時皮帶斷裂或者是滑齒都會使凸輪軸控制失當，甚至會讓汽門開啟時被活塞擊中而造成汽門毀損甚至造成引擎破裂等嚴重後果。

圖 3-24　雙凸輪軸與雙可變正時汽門系統

圖 3-25　正時鏈條系統

　　傳統的凸輪軸無論轉速與引擎負載為何，汽門開啓與關閉的時機都會是固定在特定的曲軸角，如果可以針對內燃機的轉速與負載來改變氣門開啓與關閉的時機，這種功能對於內燃機來說可以擴展該內燃機的操作性能、提高效率並解降低污染。早在 1958 年保時捷 (Porsche) 已經發表其可變正時系統，時至今日，可變正時汽門可以說是火花式點火內燃機的標準配備了，在此以豐田 (TOYOTA) 汽車為例，豐田汽車在 1990 年代即以液壓控制系統發明 VVT(Variable Valve Timing) 系統，到了 1996 年發表了 VVT-i 系統以控制進氣汽門的開關，依照前述技術為基礎後續又開發了可變正時與揚程的 VVTL-i、可控制進氣與排氣汽門的 Dual VVT-i(圖 3-24)、電子驅動智慧型可變正時系統 VVT-iE 以及搭配渦輪增壓缸內直噴的改良型艾金森循環引擎系統用 VVT-iW。可變正時汽門的控制有主要狀態：

(一) 進汽門晚關

　　所謂進汽門晚關的意思就是比一般傳統引擎稍微晚一點關閉進氣汽門，如此一來在壓縮行程中會有少量空氣被推回進氣歧管中，根據研究指出，將少量空氣推回進氣歧管可以有效地降低進氣損失，不僅如此對於氮氧化物的減量也有幫助。進汽門晚關的策略也就是現今在不修改曲軸的條件下實現艾金森循環的方法，藉由進氣汽門晚關來達到壓縮比比膨脹比來得小，而達到高效率省油的條件，如此一來也帶來功率密度較低的缺點。

(二) 進汽門早關

　　進汽門早關在低負載情況下可以有效地降低進氣損失，氮氧化物的排放以及燃料的消耗均可獲得相當程度的改善，然而在進氣稍微不足的情況下，很容易成燃燒不完全而導致未燃碳氫化合物排放上升。

(三) 進汽門早開

在排氣行程中，如果進氣汽門早開而使其與排氣汽門重疊時，少量廢氣會被推入進氣歧管中，在下一次的循環時這些廢氣就會再度回到汽缸中燃燒，如此一來可以有效地降低燃燒室的溫度，使氮氧化物可以有效地減低，這也是一種廢氣迴流的技術。

(四) 排汽門控制

藉由排汽門的控置可以讓電腦選擇保留多少部分燃燒廢氣在燃燒室中，如果排汽門稍微比較晚關，此時廢氣會清除的比較乾淨，以提高空燃比；如果比較早關，殘留的廢氣可以調整燃燒溫度並且提高燃油效率，透過排氣的控制可以對應不同的內燃機負載以達到內燃機的最佳效果。

🔩 3.3.2 進氣增壓

相較於自然進氣系統中空氣藉由活塞往下移動時所產生的眞空而引入，增壓器是一種強制進氣裝置，其目的就是藉由增壓器讓有限空間的燃燒室中可以導入更多的空氣以提高內燃機的輸出功率。增壓器的架構主要可以分成正位移式 (positive displacement compressor) 壓縮器以及離心式壓縮器 (centrifugal compressor)，正位移式壓縮器的典型代表就是魯式 (Roots) 壓縮機，魯式壓縮機的架構如圖 3-26 所示，其中有兩個互相嚙合的轉子，其中一個由引擎帶動而旋轉，旋轉時兩個轉子之間會將空氣吸入並由出氣口流處累積在進氣岐轉中而形成正壓。應用相同原理尚有雙螺旋齒輪式壓縮器，利用兩個互相嚙合的齒輪來進行流體的壓縮，其架構如圖 3-27 所示。

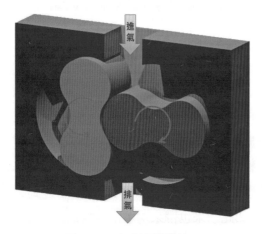

圖 3-26　魯式壓縮機轉子

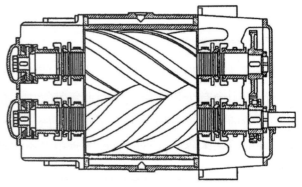

圖 3-27　雙螺旋齒輪式增壓器結構圖

目前較被廣爲使用的是離心式壓縮器，離心式壓縮器由轉子以高速旋轉將空氣從導管 (inlet casing) 吸入轉子 (impeller) 中，如圖 3-28 所示爲一機械增壓器的入口導管與轉子葉片。空氣隨著轉子以離心力向外擴散，進入擴壓器 (diffuser) 後，空氣會由高速低壓轉變成低速高壓的狀態；擴壓器的設計有無導片 (Vanless diffuser) 以及導片式擴散器 (Vaned diffuser)。使用離心式壓縮器是所有前述壓縮器中最高效率的，而且壓縮比 (compression ratio) 會比較高。離心式壓縮器的性能可以用圖 3-30 來表示。

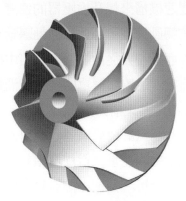

圖 3-28　離心式增壓轉子葉片
（克瑪里能源科技股份有限公司提供）

圖 3-29　一機械增壓器之入口導管與轉子葉片

　　在圖 3-30 之中所顯示的是壓縮比 (縱座標) 與流量參數 (橫座標) 關係圖，其中流量參數定義為質量流率與入口溫度 2 次方根乘積除以入口壓力、轉速參數為實際轉速除以入口溫度 2 次方根，而中間的小數則是效率等高線圖，前數的性能圖是增壓器重要的規格資訊，也是內燃機工程師設計增壓引擎需要參考的必要資料之一。使用增壓器時，其操作範圍應控制在圖中等高線圈中，圖中有一條曲線標註為滑脫線 (Surge line)，在相同的壓縮比情況下，如果流率越來越低時，氣體在邊界上迴流的狀況就會發生，如果流率進一步降低則會造成氣體完全迴流，如此一來便無法維持原定的壓縮比，此時的系統將會滑脫到新的壓縮比值下操作。

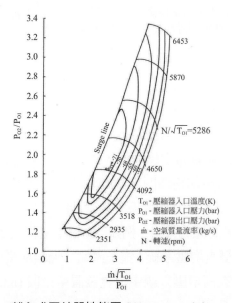

圖 3-30　離心式壓縮器性能圖 (Watson and Janota, 1982)

　　離心式增壓器驅動主要有兩種選擇，它可以與一機械架構驅動裝置也可以與一驅動渦輪連接，前者稱之為機械增壓器 (supercharger) 而後者稱之為渦輪增壓器 (turbocharger)。當車輛使用機械增壓器時，必須使用鏈條或是皮帶將動力從引擎中擷取部分動力來驅動，為了使增壓器可以在適當區間操作，在機械增壓中尚有變速機構來提升增壓器的速度，一般來說，以 40,000-60,000 rpm 的轉速是機械增壓常見的轉動速度，因此以曲軸驅動時必須要經過變速機構的提速。雖然說機械增壓的噪音較大而且需要從內燃機的輸出中擷取部分動力，不過它具有渦輪遲滯 (turbo lag) 問題而且排氣管道較為簡單的優點。渦輪增壓器是一種利用排氣動能來驅動渦輪而帶動增壓器的裝置，其架構如圖 3-31 所示。正當人類面臨環境衝擊與能源逐漸耗竭的同時，縮小引擎尺寸、汽缸內直噴並且使用渦輪增壓是目前內燃機發展的重要趨勢，渦輪增壓器回收排氣管中的能量來增加容積效率，對於新世代內燃機來說是一種提升燃料效率的策略之一，並且可以彌補小排氣量引擎的馬力與扭力不足的問題；另外一方面，使用渦輪增壓器也可以彌補使用艾金森循環引擎功率不足的問題，搭配渦輪增壓器之後的艾金森循環引擎也稱之為米勒循環。

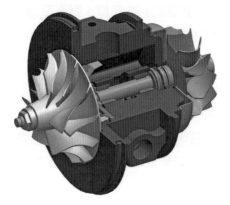

圖 3-31　渦輪增壓器架構圖：前端轉子為壓縮器而後端轉子為渦輪
（克瑪里能源科技股份有限公司提供）

　　由於渦輪增壓器是藉由廢氣所驅動，因此當內燃機轉速不足時，渦輪增壓器並無法作動。當油門被駕駛者踩下而轉速揚升過程中，引擎轉速尚未到達增壓器啟動轉速前，內燃機的進氣完全依靠進氣行程來吸氣。配備渦輪增壓器的內燃機壓縮通常比自然進氣引擎略低，避免高速行駛下過高的壓力損壞內燃機，所以渦輪增壓器尚未作動前的內燃機性能略差。待轉速超過渦輪啟動轉速候，動力就會源源不斷湧現，所以駕駛者會有感覺到渦輪增壓所提供動力與踩踏油門之間的時間差，此種現象稱之為渦輪遲滯 (turbo lag)。為了應用渦輪增壓來進行能量回收與熱能管理的目的，並且對應渦輪遲滯的問題，目前各大先進車廠推出許多對應的策略，例如：渦輪小型化、雙渦輪系統 (高低速渦輪)、可變幾何渦輪增壓器以及雙重增壓系統 (電子渦輪 / 渦輪增壓或機械增壓 / 渦輪增壓)，為了確保內燃機的性能，在高增壓系統中還會裝置中冷段 (inter-cooler) 來使空氣在進入內燃機機燃燒室前降溫。

本章小結

　　空氣與燃料的準確控制是實現潔淨內燃機過程中的重要關鍵技術，在本章中介紹了燃料供應系統與空氣供應系統，現代化的內燃機都會透過引擎控制單元 (ECU) 來準確掌握燃燒室內的空燃比以對應內燃機不同的負載，以最經濟的方式達到相同內燃機的效果，不僅如此，本章也針對目前車廠所應用內燃機小型化、直噴化與渦輪增壓的發展趨勢而介紹增壓器的原理。

作業

1. 為何化油器會被淘汰而使用噴射系統代替？
2. 比較單點噴射系統與多點噴射系統的差別？
3. 列表比較缸內直噴噴嘴與柴油共軌噴射系統的差異為何？
4. 提升柴油的壓力對於噴霧有何好處？以此觀點說明為何柴油共軌噴射的壓力為何設定在 1600 bar 甚至以上。
5. 為何現代化引擎要小型化，其原因為何？搭配引擎小型化與缸內直噴，為何使用渦輪增壓器而不是機械增壓器？

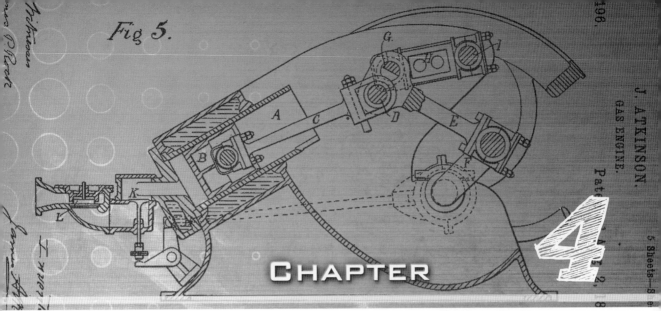

點火系統

CHAPTER 4

4.0　導讀與學習重點

在本章中將介紹引燃的基本理論、學理與觀念，引燃室內燃機中的燃料燃燒並且轉化成能量的起始點，內燃機的引燃攸關整部內燃機的性能與穩定性，偶發性的單次未點燃(熄火)都會影響到內燃機動力輸出的順暢度，因此在本章中將介紹基本的引燃理論，在本書中僅就引燃之基本概念進行簡單扼要地描述。除此之外，在本章中也將介紹火星塞原理與點火系統的種類與相關知識。

學習重點

1. 引燃過程、引燃條件與火焰傳播
2. 認識火星塞特性與分類
3. 認識點火系統以及其原理

4.1 引燃基本認知

　　火焰燃燒的三大要素為燃料、氧化劑與溫度，然而火焰的引燃 (ignition) 是很複雜的化學變化，因此要研究引燃過程就必須探討因溫度所產生的自由基 (radicals)，並且使這些自由基參與連鎖反應的持續過程，在過程中必須使自由基的量足以抗衡冷熄效應，使連鎖反應持續並且讓火核的成長可以進入火焰傳播的狀態，才算是達到成功引燃的目的。相關引燃概念與壓燃式內燃機與火花式點火內燃機有關，因此在本章節中僅討論自我引燃 (autoignition) 以及點火 (induced ignition) 兩個主題的基本學理進行簡述。

4.1.1 自我引燃

　　在自我引燃的議題中我們必須考慮到燃料與氧化劑的混合物在什麼壓力與溫度下可以自我引燃，如圖 4-1 所示為燃燒學常用來討論的氫 - 氧混合物的爆炸極限 (Maas and Warnatz, 1988)，這一張圖又稱之為點火極限反 S 圖，在圖中又可以區分出三個爆炸極限，在第一爆炸極限中會與容器的表面特性有關而產生差異，在固定溫度下，當壓力逐漸上升時壁面消耗自由基的速率會比氣相自由基產生率來得低而引發自我點燃爆炸。當壓力繼續上升時會遇到第 2 極限，在第 2 極限過後自我爆炸現象又會消失，其原因在於鏈鎖反應起始與鏈鎖反應中止反應步驟的競爭。當壓力進一步提升時會遇到爆炸第 3 極限，超越第 3 極限後的爆炸主導因子為熱傳，在爆炸區中化學反應所產生的熱將會超越熱損失的熱。

　　對於長鍵碳氫燃料而言，它們具有跟氫類似的自我引燃爆炸特性的極限圖，不同的碳氫燃料有不同的壓力溫度爆炸範圍極限，由於碳氫燃料的化學反應比氫燃料的化學反應來得複雜，由其是第 3 極限區中存在一個多層次自我引燃區 (multistage ignition) 所以又稱之為冷火焰區 (cool flame)(Warnatz, 1981)。

　　當燃料與氧化劑瞬間加熱並加壓至會引發自我引燃的條件時，燃料與氧化劑並不會同步引燃，而是會在一個特定時間後才會發生燃燒爆炸，這一段時間稱之為點火延遲 (ignition delay)。在點火延遲的這一段時間中，燃燒的鏈鎖起始反應 (chain-branching reaction) 開始運作並且產生自由基，待自由基的量足夠消耗更多燃料並且產生更多熱能時，全面性的點燃就會發生。

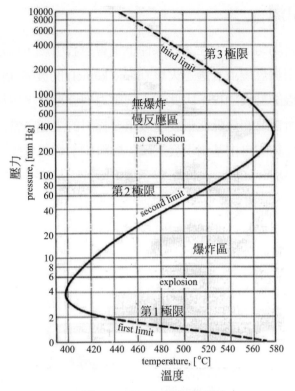

圖 4-1　氫 - 氧爆炸極限圖

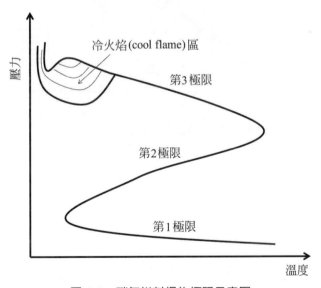

圖 4-2　碳氫燃料爆炸極限示意圖

4.1.2 點火引燃

　　當燃料與空氣混合均勻之後，在某些條件下不會自我引燃，但是會因空間中的引燃源 (ignition source) 而引發燃燒並且透過火核 (flame kernel) 的發展而傳播，最顯著的例子就是火花點火式內燃機的點火過程；因此在不同壓力與溫度下，引燃源必須提供多少能量才能高於點火引燃所需要的最低能量就變成須要探討的主題，當能量提供不足時就無法在局部空間內產生足夠的自由基來引發燃燒。燃料的引燃最低能量可以使用非介入式的雷射引燃技術進行研究，如此一來即可避免因電極或火星塞幾何形狀的介入因素，以純粹能量的觀點來探討相關課題，使用雷射進行最低引燃能量的設施如圖 4-3 所示，使用紅外線雷射的目的在於避免高能光子引發自由基的產生，並由紅外線直接轉變為熱能與物質的溫度 (Raffel et al., 1985)。

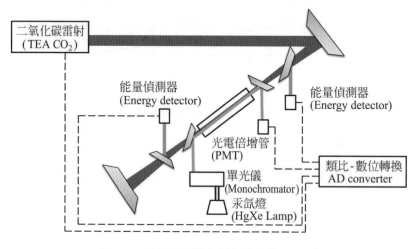

圖 4-3　使用雷射進行最低點火能量量測

4.2 火星塞原理與構造

　　火星塞是火花式點火引擎重要的零件之一 (如圖 4-4 所示)，它控制了點火時機使內燃機可以順暢地運轉，火星塞在加高壓電後在局部小區域中產生電壓擊穿的現象，電壓擊穿時會產生高溫與自由基，這些自由基與溫度會形成火核並且進一步引燃周邊的燃料空氣混合氣，其引火流程示意如圖 4-5 所示，當火星塞實際應用於內燃機的引燃與火焰傳播如圖 4-6 所示。

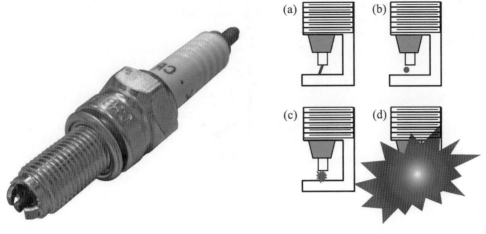

圖 4-4　火星塞

圖 4-5　火星塞引燃火焰過程圖：
(a) 跳火、(b) 產生火核、
(c) 火核成長、(d) 行程火焰波傳遞

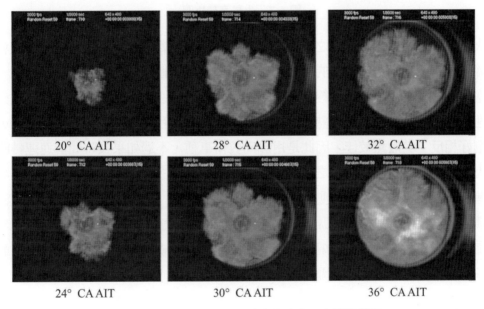

| 20° CA AIT | 28° CA AIT | 32° CA AIT |

| 24° CA AIT | 30° CA AIT | 36° CA AIT |

圖 4-6　火花式點火引擎燃燒室內由火星塞引燃狀況

　　火星塞的設計架構大同小異，其結構剖面圖如圖 4-7 所示，火星塞的金屬外殼與引擎本體接觸為共接地，高壓電接往接點後經由中央電極傳進燃燒室中，為了避免在火星塞本體內跳火，火星塞外殼與中央電極間使用高介電係數陶瓷進行絕緣，接地電極與中央電極間的間隙必須調整適當使跳火正常。火星塞的中央電極依照材料區分有：一般普通型、白金型與銥合金型，一般型火星塞的中央電極使用鎳與錳的合金，而白金型與銥合金型的火星塞特徵在於中央電極比較細，在電極跳火處分別使用鉑與銥進行處理，使之耐用性更高。至於接地電極部分有可以因其幾何形狀區分成：一般型、二爪型、四爪型與環型，其目的都是在於改善火核產生的效果。

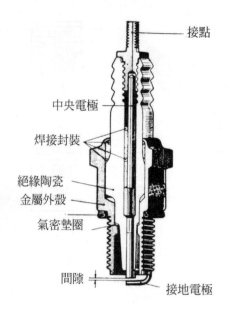

圖 4-7　火星塞架構圖

接點

中央電極

焊接封裝

絕緣陶瓷

金屬外殼

氣密墊圈

間隙

接地電極

　　火星塞本體的散熱能力稱之為火星塞的熱值，當內燃機燃燒時所產生的溫度會是火星塞溫度上升，如果是散熱快的火星塞屬於冷型而散熱較差的火星塞稱之為熱型，熱型火星塞具有自我清潔，是用於經常走走停停，長時間低速運轉的車種，但是熱型火星塞在高速行駛及高負載下容易過熱，過熱時會誘發燃料自我點火而產生爆震；冷型火星塞特性剛好相反，其散熱較佳，因此是用於高負荷車種，不過如果長時間低速運轉時比較容易因溫度低而積碳。總而言之，火星塞的選用必須考慮到天氣以及車輛負荷等相關因子，進行總合考慮。火星塞是種消耗品，在正常使用下，會使得電極間的間隙越來越大，當間隙變大後會使跳火電壓上升，如果間隙過大導致無法跳火時會造成單次熄火，此時不僅動力順暢度不佳，過多未燒油氣進入後處理器會造成溫度驟升而使後處理器觸媒毀損，各種火星塞的受損狀況如圖 4-8 所示。

QR導覽

圖 4-8

彩

正常使用
表面褐色或
淡灰色，無
明顯沉積物

乾性沉積
因燃料過濃
而產生積碳，
或是火星塞
過冷

結構破裂
物理性損壞、
碰撞或是因
熱震盪所產
生裂縫

嚴重沉積
表面累積物
可能來自機
油或品質不
佳燃料

濕性沉積
碳粒與焦油
的沉積，燃
燒不完全、
機油洩漏等
問題

表面熔融
溫度過高造
成電極周圍
熔融而成弧
狀

鉛熔損
燃料中的鉛
在高溫下與
電極反應產
生腐蝕熔損

正常壽命
使用時間越
久間隙越大，
可調整或更
換以獲得最
佳引擎性能

電極熔接
溫度過高導
致熔接並且
發生短路故
障

鉛沉積
燃料中過多
的鉛所導致
的黃色沉積
物

異常熔損
電極與燃料
中的鉛反應
腐蝕

腐蝕氧化
過久沒有使
用，導致腐
蝕

圖 4-8　火星塞受損狀況圖

 4.3 **點火系統種類**

4.3.1　火花形成原理

　　火星塞產生火花的原理係利用電擊穿 (Electrical breakdown) 的技術，在絕緣物質中，當電壓超過擊穿電壓 (breakdown voltage) 時，該絕緣體會瞬間變成導體而通電。當空氣被高壓電擊穿時，其周邊會產生介質離子化導電而產生電弧 (arc)，電弧所穿透的區域會產生自由基，例如：氧原子 (O)、氫氧根 (OH)、氮原子 (N) 與氮氧化物 (NO) 並且產生局部高溫 (〜 19400°C)。氧原子與氫氧根是碳氫類燃料啟動燃燒的重要自由基，伴隨著局部高溫而產生一個火核，火核中有自由基池 (radical pool)，在能量足夠的情況下，這些自由基會引發下一階段的燃料燃燒連鎖反應而產生大量的自由基進而引發火焰波傳遞，完成點火的程序。一般的火星塞電壓大約為 15,000 〜 25,000 伏特左右，足以應付內燃機中高壓的環境，受到驅動而產生電弧的狀態如圖 4-9 所示。

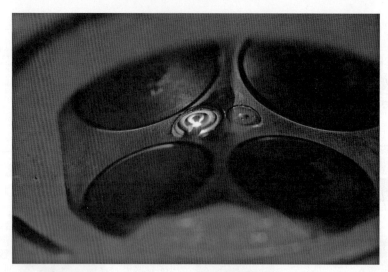

圖 4-9　放電的火星塞

🔩 4.3.2　現代點火系統

　　現代點火系統都是奠基於高電壓點火系統，透過線路操控使火星塞的中央電極與接地間產生高電壓而發生放電電弧的現象；我們先透過圖 4-10 來了解如何產生高電壓。在高壓線圈中有兩組線圈，一次側迴路 (primary circuit) 與電瓶連接，此時會因穩定的電流流動使得高壓線圈中會有磁場存在；二次側 (secondary winding) 的線圈組比一次側要來得多很多倍。前述的磁場形被用於收後驅動火花的能量暫存器，該磁場當一次側迴路接地的開關被斷路時消失，電磁場的變化使得二次側線圈中產生高電壓進而誘使火星塞跳火，實際高壓線圈組的架構如圖 4-11 所示。在圖 4-10 之中所提到的一次側開關可以使用機械式白金接點進行斷路，如圖 4-12 所示為使用於四缸引擎的機械正時電火系統，其中白金接點裝置受到引擎驅動而產生斷路，配合一個同樣與引擎連動的分電盤進行分電，按照引擎的點火順序依次讓每缸的火星塞跳火。在白金接點裝置上配有提前點火機構，該裝置的用意是要在不同負載情況下調整點火的時間，其結構有離心式與真空式，當引擎高速運轉時，點火必須提前，使混合氣有充分的時間燃燒。點火提前必須要準確控制，如果在高速下提前過多很容易產生爆震，如果提前不足則會扭力不足而且會使引擎過熱。

──→ QR導覽 ──────────────────

圖 4-9

彩

　　機械式正時點火系統最大的缺點在於白金接點的機械損耗，不僅如此在開關的過程中也會在接點處產生火花導致端子的老化，所以需要定期保養並且調整白金接點的間隙。電晶體點火系統的出現克服了機械正時點火系統的缺點，一般電晶體點火的基本線路中，射極連接電源、基極連結到分電盤的白金，而集極則是連接一次側的線圈，如此一來可以提高一次側的電流而白金接點處的電流可以縮小到足以驅動電晶體即可，點型電路架構如圖 4-13 所示。

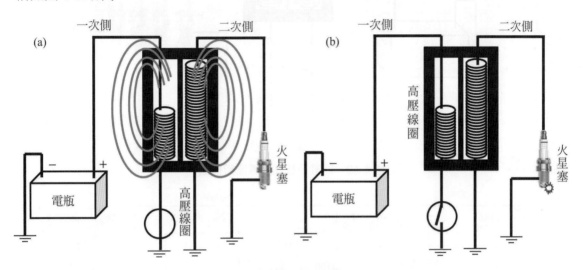

圖 4-10　高壓線圈原理示意圖

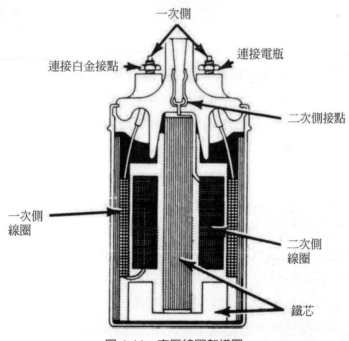

圖 4-11　高壓線圈架構圖

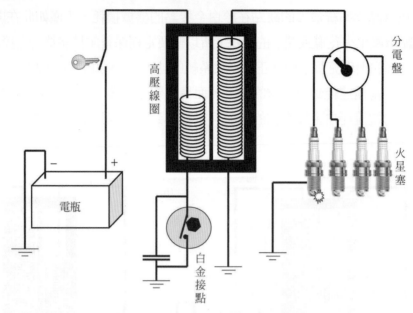

圖 4-12　四缸系統高壓線圈架構圖

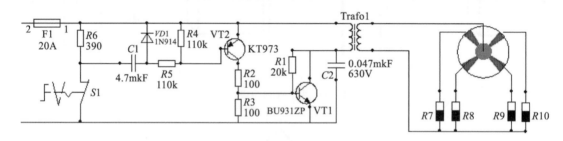

圖 4-13　典型電子點火架構圖

　　面對高速引擎的操作可以使用電容放電式點火 (Capacitor Discharge Ignition, CDI)，最常見的就應用在小型引擎或是機車引擎上，充電電路對電容充電，當點火觸發訊號傳到點火裝置時則停止充電並使電容開始放電，讓儲存在電容的高壓電流向點火線圈產生足以觸發火星塞點火的高壓電。另外一方面，隨著車輛工業與內燃機技術的顯著進步，目前點火系統已經進展至使用個別高壓線圈，也就是說不再使用共用高壓線圈，而是將線圈組設計在火星塞上的直接點火套件中，直接點火套件接受車上電腦的指令而點火，如此一來每個高壓線圈會有較多的時間充電，當然它的點火能量也可以有效地放大。如圖 4-14 所示為 Delphi 公司的直接電火線圈，線圈與電子控制線路已經整合在一起，通常是市售產品會在電路板上進行黑色環氧樹脂封裝。透過行車電腦的整合控制與直接點火裝置的使用，點火策略可以非常準確地控制，不僅如此，內燃機燃燒室上裝有爆震感知器，一但發生爆震時，電腦也可以迅速地進行點火提前的修正。

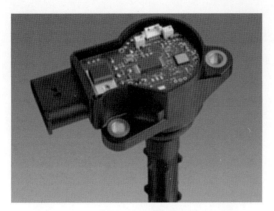

圖 4-14　Delphi 公司的直接電火線圈

本章小結

　　在本章之中介紹了引燃的基本學理與知識、火星塞的原理與架構以及點火系統的主要線路與原理。點火系統是火花式點火內燃機重要的關鍵系統之一，其優劣會影響到點火的正確性與內燃機性能的發揮，不僅如此，正確與足夠能量的點火也可以使引擎效率增加並減少污染。

作業

1. 收集資料並且敘述燃料反 S 曲線的意義為何？並且說明自由基對於點火的角色。
2. 火星塞所扮演的角色是提供點火什麼條件？
3. 以介電係數為觀點討論為何當火星塞沾染燃料後無法點火？
4. 何謂一次側與二次側電路。其應用原理為何？
5. 如果發現火星塞經常積碳，應該換用冷型還是熱型火星塞，原因為何？如果是經常高負荷運轉，則應該使用哪一型？
6. 為何點火需要提前？請就引擎負載進行說明。

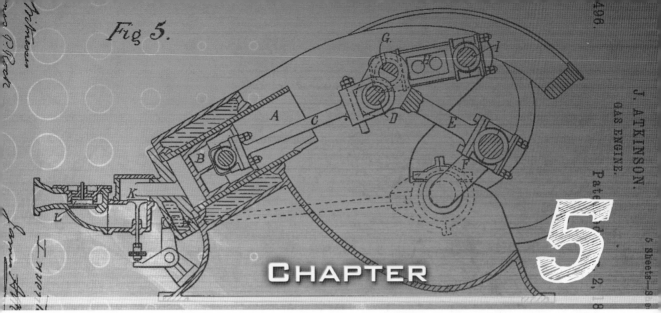

燃料與燃燒科學

5.0　導讀與學習重點

　　在本章中將介紹燃燒的基本學理與觀念，燃燒是內燃機將能量注入熱力循環系統的方式，由於燃燒科學是一門很複雜的專門學問，在本書中僅就與內燃機有關之燃燒基本概念進行簡單扼要地描述。除此之外，在本章中也將深入說明傳統燃料、潔淨替代燃料等相關知識，使讀者可以明白當前內燃機工程師所遭遇的問題與最新的科技發展

學習重點

1. 理解並且認知燃燒學基本知識
2. 認識燃料特性與分類
3. 認識潔淨替代燃料的種類與其應用限制

5.1 燃燒科學

5.1.1 燃燒基本簡介

火的使用是人類文明發展的曙光，人類如何知道使用火來改變生活型態已經不可考了，經由考古學者長期投入研究後發現人類遺跡推算用火的歷史可能長達百萬年，眾所周知的北京人周口店遺址，透過考古所發現的灰燼、燒裂的動物骨骸、未完全燃燒的木材，以及燃燒過的土塊或石器，估計其歷史約 45 萬年。早期的人類透過火的使用大大地改變人類的生活方式，不過僅止於應用在食物的烹調以及早期工具的製作等用途，直到工業革命以後，燃燒才成為驅動各種內燃機或外燃機很重要的能源轉換方式，將化石燃料中所蘊藏的化學能轉變成熱能，加熱各種熱力循環中的工作流體，使該熱機可以對外作功。雖然人類使用火與燃燒已經長達數十甚至數百萬年，人類對於燃燒有了真正的初步理論要到 18 世紀末，由拉瓦節 (Antoine-Laurent de Lavoisier) 提出質量不滅的概念並推翻早期燃素說理論 (Phlogiston theory) 之後才開始導上正軌。同一個時期，科學家也發現了氧氣是燃燒的必要條件之一。

燃燒是一個放熱的化學反應，燃燒反應的發生必須要有燃料與氧化劑，燃料與氧化劑屬於反應物 (reactants) 而互相發生化學反應後產生生生產物 (products)，反應過程中則會產生熱。以氫與氧燃燒的反應 (5-1) 來說，分子前面的數字代表莫耳數，因此在 (5-1) 式中即表示 1 莫爾 (mole) 的氫會剛剛好與 0.5 莫爾 (mole) 的氧反應生成 1 莫爾 (mole) 的水，氫與氧分別為燃料與氧化劑，它們都是反應物而水則為生成物。

$$H_2 + \frac{1}{2}O_2 \leftrightarrow H_2O \tag{5-1}$$

值得一提的是，燃燒的發生不是由氫分子直接與氧分子碰撞直接反應，在 (5-1) 中所顯示的是總反應式，實際燃燒反應狀況是透過燃料與氧的熱分解 (pyrolysis) 產生自由基 (radicals)，自由基藉由各種碰撞使得反應最終產生水。在燃燒科學與火焰的傳播研究中，火焰如何進行反應一直是許多研究學者相當關注的課題 (Wu and Chen, 2014)；如 (5-2) 與 (5-3) 所示分別為氫與氧在較低溫與較高溫中的裂解步驟，其中所產生的步驟又再進一步與反應物進行反應，如 (5-2) ～ (5-9) 所示。

$$H_2 + O_2 \leftrightarrow HO_2 + H \tag{5-2}$$

$$H_2 + M \leftrightarrow 2H + M \tag{5-3}$$

$$H + O_2 \leftrightarrow OH + O \tag{5-4}$$

$$O + H_2 \leftrightarrow H + OH \tag{5-5}$$

$$H_2 + OH \leftrightarrow H_2O + H \tag{5-6}$$

$$2HO_2 \leftrightarrow H_2O_2 + O_2 \tag{5-7}$$

$$H_2O_2 + H \leftrightarrow H_2O + OH \tag{5-8}$$

$$H_2O_2 + OH \leftrightarrow HO_2 + H_2O \tag{5-9}$$

其中 (5-4) ～ (5-6) 表示自由基與反應物的反應，而 (5-7) ～ (5-9) 則是表示燃燒反應的中間產物如何形成最終生成物的過程。前文所敘述的是結構簡單的氫，如果是我們常用的碳氫燃料則更為複雜，常用來描述燃燒反應的化學反應機構有：GRI-mech 3.0、San Diego Mechanims 與勞倫斯利物摩爾國家實驗室 (Lawrence Livermore National Laboratory) 反應機構；一般我們在估算內燃機的燃燒反應時，只要使用總反應式即可，所以我們必須要學會如何計算各種燃料的總反應式與產物的平衡。不僅如此，大部份的燃燒都是以空氣為氧化劑，空氣中的氧氣與氮氣的莫爾分率分別為 0.21 與 0.79(其他微量氣體不計)，因此空氣中氧氣與氮氣的莫爾數比為 1：3.76，因此當氫在空氣中燃燒時 (5-1) 可以寫成

$$H_2 + \frac{1}{2}(O_2 + 3.76N_2) \leftrightarrow H_2O + 1.88N_2 \tag{5-10}$$

為了求反應中的數字係數，有經驗的讀者可以使用左右觀察法進行求解，若是面對較為複雜的反應就可以使用聯立方程式求解。我們首先以甲烷進行說明如何平衡總反應式中的係數，甲烷燃燒後的產物為水與二氧化碳，因此如 (5-11) 所示為甲烷與空氣燃燒反應式，其中係數 a、b、c 與 d 尚未確定，但根據物質不滅定律可以列出數個方程式，如 (5-12) 所示。四個未知數配合四個方程式可以求出 a、b、c 與 d，將其值代入 (5-11) 中可以得到甲烷在空氣中燃燒的反應式 (5-13)

$$CH_4 + a(O_2 + 3.76N_2) \leftrightarrow bH_2O + cCO_2 + dN_2 \tag{5-11}$$

$$\begin{cases} \text{C}:c=1 \\ \text{H}:2b=4 \\ \text{O}:b+2c=2a \\ \text{N}:3.76a=2d \end{cases} \tag{5-12}$$

四個未知數配合四個方程式可以求出 a、b、c 與 d，將其值代入 (5-11) 中可以得到甲烷在空氣中燃燒的反應式 (5-13)。

$$\text{CH}_4 + 2(\text{O}_2 + 3.76\text{N}_2) \leftrightarrow 2\text{H}_2\text{O} + \text{CO}_2 + 7.52\text{N}_2 \tag{5-11}$$

範例 5-1

試平衡丙烷與空氣反應的反應式係數

解 首先寫出丙烷在空氣中的反應式，其中係數未定：
$\text{C}_3\text{H}_8 + a(\text{O}_2 + 3.76\text{N}_2) \leftrightarrow b\text{H}_2\text{O} + c\text{CO}_2 + d\text{N}_2$
根據物質不滅定律：

$$\begin{cases} \text{C}:c=3 \\ \text{H}:2b=8 \\ \text{O}:b+2c=2a \\ \text{N}:3.76a=2d \end{cases}$$

求出 a、b、c 與 d 的值可得
$\text{C}_3\text{H}_8 + 5(\text{O}_2 + 3.76\text{N}_2) \leftrightarrow 4\text{H}_2\text{O} + 3\text{CO}_2 + 18.8\text{N}_2$

5.1.2 化學當量

前文所敘述的反應式可以表現出每單位燃料與空氣的反應完美狀況，當空氣與燃料混合時可以用不同的參數加以描述：

(二) 燃料空氣比 (F/A)

燃料空氣比 (F/A) 定義非常顯明，指的是燃料與空氣的混合質量比，其定義如 (5-12) 所示：

$$F/A = \frac{m_{fuel}}{m_{air}} = \frac{n_{fuel}}{n_{air}} \frac{M_{fuel}}{M_{air}} \tag{5-12}$$

(三) 空氣 - 燃料比 (A/F)

空氣燃料比 (A/F) 與燃料空氣比互為倒數，如 (5-13) 所示。

$$A/F = \frac{m_{air}}{m_{fuel}} = \frac{n_{air}}{n_{fuel}}\frac{M_{air}}{M_{fuel}} = (F/A)^{-1} \tag{5-13}$$

範例 5-2

當甲烷搭配剛剛好的空氣進行反應時，其燃料空氣比與空氣燃料比分別為何？

解 1 莫爾甲烷要剛剛好與空氣反應完成時，該空氣中需要有 2 莫爾氧氣與 7.52 莫爾氮氣。

$$F/A = \frac{m_{fuel}}{m_{air}} = \frac{1\times16}{2\times32+7.52\times28} = 0.05828$$

$$A/F = \frac{1}{F/A} = 17.16$$

汽油與柴油都是混合物，且因產地而異，因此汽油與柴油的空燃比使用的是實驗經驗的值，一般我們都式定義汽油與柴油的空燃比分別為 14.7 與 14.3。

(四) 當量比 (Equivalence ratio)

在評定燃燒的反應物時，當量比是一個很重要的參數，它的定義為實際燃料空氣比除當量燃料空氣比，如 (5-14) 所示：

$$\phi = \frac{(F/A)}{(F/A)_{st}} = \frac{(m_{fuel}/m_{air})}{(m_{fuel}/m_{air})_{st}} = \frac{\left(\dfrac{m_{fuel}}{M_{fuel}}\Big/\dfrac{m_{air}}{M_{air}}\right)}{\left(\dfrac{m_{fuel}}{M_{fuel}}\Big/\dfrac{m_{air}}{M_{air}}\right)_{st}} = \frac{(n_{fuel}/n_{air})}{(n_{fuel}/n_{air})_{st}} \tag{5-14}$$

如果在燃燒前將燃料與空氣預先混合 (premixed)，其 $\phi < 1$ 時稱之為貧油預混 (lean-premixed)、當 $\phi = 1$ 時稱之為當量 (stoichiometric)，而在 $\phi > 1$ 時稱之為富油燃燒 (rich-premixed)，在某些領域中，貧油預混與富油預混又被分別稱之為淡預混與濃預混。

(五) 過剩空氣係數 (λ)

與當量比一樣，過剩空氣係數與當量比一樣重要，也是許多燃燒器評定燃料與空氣混合的重要參數之一，其定義如 (5-15) 所示，其值剛好是當量比的倒數 (5-16)：

$$\lambda = \frac{(A/F)}{(A/F)_{st}} = \frac{(m_{air}/m_{fuel})}{(m_{air}/m_{fuel})_{st}} = \frac{\left(\dfrac{m_{air}}{M_{air}} \middle/ \dfrac{m_{fuel}}{M_{fuel}}\right)}{\left(\dfrac{m_{aur}}{M_{air}} \middle/ \dfrac{m_{fuel}}{M_{fuel}}\right)_{st}} = \frac{(n_{air}/n_{fuel})}{(n_{air}/n_{fuel})_{st}} \quad (5\text{-}15)$$

$$\lambda = \frac{1}{\phi} \quad\quad\quad\quad\quad\quad\quad\quad\quad (5\text{-}16)$$

範例 5-3

當量比 $\phi = 0.9$ 的甲烷與空氣混合氣中燃料空氣比為何？而過剩空氣比又為何？

解 從範例 5-2 可以知道甲烷 $(F/A)_{st} = 0.05828$

因此根據 (5-14)

$$\phi = \frac{(F/A)}{(F/A)_{st}}$$

$$0.9 = \frac{(F/A)}{0.05828} \Rightarrow (F/A) = 0.05245$$

當量比與過剩空氣比互為倒數，因此根據 (5-16)

$$\lambda = \frac{1}{0.9} = 1.1111$$

(六) 混合分率

　　當我們在尚未燃燒的區域計算燃料與空氣混合狀況時不會遇到什麼特別的困難，但是當化學反應發生時，要去估算局部區域的混合狀況則會有明顯的困擾，因此需要一個估算混合狀況的計算式以取代上述的當量比，不僅如此使用混合分率可以把量度值從 0 到 1 進行劃分，例如：純燃料為 1 與純氧化劑為 0；回顧當量比的計算，當純燃料時當量比為無窮大而純氧化劑時為 0，相較之下使用混合分率較為方便。在燃燒科學分析上，當我們使用燃燒診測技術測得某空間中的成份時，就可以計算局部區域的混合分率，混合分率也是計算應用無窮快單一反應步驟的重要參數之一。其定義可以表示成：

$$\xi = \frac{Z_i - Z_{i2}}{Z_{i1} - Z_{i2}} \quad\quad\quad\quad\quad\quad (5\text{-}17)$$

其中下標 i、1 及 2 分別代表某一種元素、反應物群組 1 與反應物群組 2，另外元素質量分率 Z_i 的定義為：

$$Z_i = \sum_{j=i}^{s} \mu_{ij} w_j \tag{5-18}$$

其中 w_j 為 j 分子的質量分率而 μ_{ij} 為 i 元素在 j 分子中的質量分率。我們實際舉一個甲烷在空氣中燃燒並且針對碳原子 (C) 為計算對象為例子來說明會比較清楚，首先將燃料設為群組 1、空氣 (氧化劑) 為群組 2：

$$\underbrace{CH_4}_{1} + \underbrace{2(O_2 + 3.76N_2)}_{2} \leftrightarrow 2H_2O + CO_2 + 7.52N_2 \tag{5-19}$$

碳原子 (C) 只有在 CH_4 與 CO_2 中存在，因此 Z_c 可以表示成：

$$Z_C = \mu_{C,CH_4} w_{CH_4} + \mu_{C,CO_2} w_{CO_2} \tag{5-20}$$

在群組 1 中都是純的甲烷，因此 $Z_{C,1} = \mu_{C,CH_4} w_{CH_4} = (3/4) \cdot 1 = 3/4$ 而在群組 2 中含有氧氣與氮氣，所以 $Z_{C,2} = 0$。根據混合分率的定義，我們可以把混合分率寫成：

$$\xi_C = \frac{Z_C - Z_{C,2}}{Z_{C,1} - Z_{C,2}} = \frac{1}{\mu_{C,CH_4}} Z_C = \left(\frac{4}{3}\right) Z_C \tag{5-21}$$

依照相同的作法可以推導出

$$\xi_H = \frac{Z_H}{\mu_{H,CH_4}} = 4Z_H \tag{5-22}$$

$$\xi_O = 1 - Z_O \tag{5-23}$$

要注意的是，混合分率的意義是物質的質量分率在混合中不因其化學狀態而改變，也就是說：

$$\xi_C = \xi_H = \xi_O \tag{5-23}$$

5.1.3 絕熱火焰溫度

　　絕熱火焰溫度的計算是燃燒科學中相當基礎且時常用於估計燃燒溫度的一種方法，簡單來說就在是在沒有任何熱散失的條件下，燃料與氧化劑進行化學反應後所產生的熱全部用來加熱所有的產物而使最後的產物達到某個特定溫度。回顧第 2 章的熱力學基礎介紹，在一個封閉 (close)、絕熱 (adiabatic) 且質量守恆的系統中，在定壓條件下其焓的值是不會改變的；若假設 r 與 p 分別代表反應物與生成物，而 j 代表各個成份，則系統中在反應前與反應後的焓可以用 (5-24) 加以表示：

$$\bar{h}_r = \sum_j w_j h_{j,r} = \sum_j w_j h_{j,p} = \bar{h}_p \qquad (5\text{-}24)$$

在定壓條件下，絕熱火焰溫度 (T_{ad}) 可以使用 (5-25) 加以估算：

$$\bar{h}_p = \bar{h}_r + \int_{T_r}^{T_{ad}} C_{p,j} dT \qquad (5\text{-}25)$$

　　不過在討論如何計算之前，我們必須先了解反應物的焓，為了進行估算，須先定義各分子的生成熱或生成焓 (Standard Enthalpies of Formtion)，其定義係指在標準狀態下生成 1 莫爾純物質所需要或釋放的熱，所謂的標準狀態指的是 101.3 kPa 與 298 K 的環境。在定義各種純物質的標準生成焓時使用參考相對值，通常我們會將大自然界中穩定存在的元素定義為零，例如：石墨態碳 (C)、氧氣、氫氣…，大部分長見物質的標準生成焓如表 5-1 所列；當標準生成焓為正值時代表吸熱而負值代表放熱；標準生成焓的資料可以應用在物質燃燒時用來計算標準莫爾燃燒焓，其意義係指 1 莫耳物質在標準狀況下完全燃燒時的反應焓變化。

範例 5-4

試計算甲烷與氧反應的標準燃燒焓為何？

解 甲烷的燃燒反應式 $CH_4 + 2O_2 \rightarrow 2H_2O(l) + CO_2(g)$

ΔH = 生成物生成熱 – 反應物生成熱

= $(-285.83) \times 2 + (-393.5) - (-74.85) = -890.31$(kJ/mole)

● 表 5-1 常見物質標準生成焓

物質	分子式	$\Delta \bar{H}^0_{f,298}$
氧	$O_2(g)$	0
氧原子	$O(g)$	249.2
臭氧	$O_3(g)$	142.4
氫	$H_2(g)$	0
氫原子	$H(g)$	218
水	$H_2O(l)$	−285.83
水蒸氣	$H_2O(g)$	−241.81
氮	$N_2(g)$	0
氮原子	$N(g)$	472.68
一氧化氮	$NO(g)$	90.29
二氧化氮	$NO_2(g)$	33.1
石墨	$C(s)$	0
鑽石	$C(s)$	1.895
碳蒸汽	$C(g)$	716.6
二氧化碳	$CO_2(g)$	−393.5
一氧化碳	$CO(g)$	−110.53
甲烷	$CH_4(g)$	−74.85
乙烷	$C_2H_6(g)$	−84.68
乙烯	$C_2H_4(g)$	52.1
乙炔	$C_2H_2(g)$	226.73
丙烷	$C_3H_8(g)$	−103.85
苯	$C_6H_6(g)$	82.93
甲醇	$CH_3OH(g)$	−200.66
乙醇	$C_2H_5OH(g)$	−235.31
乙醚	$CH_3OCH_3(g)$	−183.97

　　我們再回到絕熱火焰溫度的主題，過去要計算絕熱火焰溫度是一個非常繁瑣的過程，我們必須先假設燃燒會完全，也就是說碳氫化合物的燃燒產物假設為二氧化碳與水，依照 (5-25) 方程式加以計算，絕熱火焰溫度是該方程式中的積分向上界，因此無法直接求解，但是可以使用簡易的疊代 (iteration) 來求得。近年來拜電腦輔助工程技術以及資訊電腦運算能力的精進，我們可以直接使用軟體程式來估算燃料反應後的平衡 (equilibrium) 態，並且計算出燃料的絕熱火焰溫度；專業計算時的工具比較常見的有以 DOS 模式為操作基礎的 STANJAN(Reynolds, 1986)，這是由史丹佛大學機械系雷諾教授所開發，另外尚有可以免費下載的 Cantera 軟體 (Python 程式碼) 可以使用 (http://code.google.com/p/

cantera/) 以及需要付費由 ANSYS 公司所擁有的 Chemkin 套件中的 Equilibrium 程式。目前在網路上關於計算燃料平衡絕熱火焰溫度與產物的資源相當充足,例如:在法國的歐洲科學計算研究與高級培訓中心 (Européen de Recherche et de Formation Avancée en Calcul Scientifique, CERFACS) 的網頁上就有精簡版的燃燒溫度計算的程式 (http://elearning.cerfacs.fr/combustion/tools/adiabaticflametemperature/index.php),該程式係根基於 GRI-MECH 3.0 反應機構來加以計算,在網頁上只要輸入壓力、起始溫度、燃料種類、空氣中的氮氧比與當量比即可快速的獲得絕熱火焰溫度;另外一個比較有名的是科羅拉多大學所開發的化學平衡計算網頁軟體 (http://navier.engr.colostate.edu/~dandy/code/code-4/index.html),該網頁是以 STANJAN 為基礎所開發的網頁工具,它的操作較為複雜,我們就以課程範例進行說明:

範例 5-5

試利用科羅拉多大學所開發的化學平衡計算網頁軟體計算甲烷與空氣在當量比為 1 的反應下之絕熱火焰溫度為何?並且計算燃燒產物中 CH_4、CO_2、CO、O_2、N_2、H_2O 以及自由基 OH 的濃度。

解 首先登入科羅拉多大學所開發的化學平衡計算網頁軟體 http://navier.engr.colostate.edu/~dandy/code/code-4/index.html,進入後依序填入以下數據

資訊	英文資訊	數值	單位
起始溫度	Starting temperature	300	Kelvin
起始壓力	Starting pressure	1	Atm
預估絕熱火焰溫度	Estimated equilibrium temperature	2000	Kelvin
預估平衡壓力	Estimated equilibrium pressure	1	Atm

緊接著選擇計算種類,我們要計算定壓下的絕熱火焰溫度,因此要選擇 Constant pressure and enthalpy。在甲烷的反應中,只有碳氫氧氮四種原子參與反應,因此在 elements 種類中填入 C、H、O、N。由 (5-11) 可以知道甲烷當量比為 1 的燃燒,其反應物如下表輸入:

Species Name(分子名稱)	Moles or Mole Fraction(莫爾術或莫爾分率)
CH_4	1
O_2	2
N_2	7.52

要記得在最後再增加除了剛剛所宣告反應物中所沒有的 CO_2、CO、H_2O 以及自由基 OH,把資訊填在 Addition Species 中。最後按下計算鈕後就會輸出以下的訊息,如圖 5-1 所示。其中顯示出絕熱火焰溫度為 2247.3 K,除此之外各種重要成份的莫爾分率 (mole fraction) 或質量分率 (mass fraction) 皆可提供。該網站工具的功能相當多元,對於進行燃燒研究的學者或學生可以提供相當方便的計算工具。

Chemical Equilibrium Results

	Initial State	Equilibrium State
Pressure (atm)	1.0000E+00	1.0000E+00
Temperature (K)	3.0000E+02	2.2473E+03
Volume (cm³/g)	8.9086E+02	6.7131E+03
Enthalpy (erg/g)	-2.5561E+09	-2.5561E+09
Internal Energy (erg/g)	-3.4588E+09	-9.3582E+09
Entropy (erg/g K)	7.2460E+07	9.8733E+07

	Initial State		Equilibrium State	
	mole fraction	mass fraction	mole fraction	mass fraction
CH4	9.5057E-02	5.5187E-02	4.5518E-17	2.6586E-17
N2	7.1483E-01	7.2466E-01	7.1056E-01	7.2466E-01
O2	1.9011E-01	2.2015E-01	4.3876E-03	5.1114E-03
CO2	0.0000E+00	0.0000E+00	8.4124E-02	1.3479E-01
H2O	0.0000E+00	0.0000E+00	1.8739E-01	1.2290E-01
OH	0.0000E+00	0.0000E+00	3.1784E-03	1.9680E-03
CO	0.0000E+00	0.0000E+00	1.0364E-02	1.0569E-02

圖 5-1　使用化學平衡計算網頁軟體之結果輸出範例

　　在實務上，評估燃料燃燒時所釋放的熱能主要是使用另外一個名詞稱之為燃料熱值 (heat value)，燃料的熱又可以區分成高熱值 (HHV) 與低熱值 (LHV)，高低熱值的差別在於產物水的型式，如果水是以液體呈現且所有的產物回到標準狀態下就稱之為高熱值，其值也等於標準燃燒焓；相反地，如果排出的水是水蒸氣，則定義其燃燒熱值為低熱值；各種常見燃料的高低熱值如表 5-2 所列。

⊗ 表 5-2　常見燃燒熱值

燃料種類	高熱值 (MJ/kg)	低熱值 (MJ/kg)
氫	141.8	120.0
甲烷	55.5	50.0
乙烷	51.9	47.8
丙烷	50.4	46.3
汽油	47.3	41.2
柴油	44.8	43.4
煤油	46.2	43.0

5.1.4 預混火焰與擴散火焰

當燃料與空氣適當地接觸時就可以產生燃燒化學反應，而燃料與空氣的接觸方式可以分成兩大類：(A) 預混 (premixed) 與 (B) 擴散 (diffusion) 火焰兩種，茲就針對這兩類燃燒進行說明：

(A) 預混火焰

預混火焰指的是燃料與氧化劑在火焰反應面傳播到達燃燒之前即混合完成，在比較小或者是停滯時間短的燃燒器中較為常見，例如最標準的本生燈 (如圖 5-2 所示) 就是預混火焰的代表，而內燃機中的火花點火引擎 (SI engine) 也是屬於預混火焰的範疇，不僅如此，許多家用燃燒器也是使用預混火焰作為加熱的方式，如圖 5-3 所示為平焰式家用瓦斯燃燒器之原型。預混火焰有極少碳粒生成的優點，在適當操作下其氮氧化物產量也比較低，唯使用上較為危險，由於燃料與空氣預先混合就會產生爆炸的風險，因此大型工業鍋爐以及航空用渦輪發動機的燃燒並不會使用預混火焰的型式。

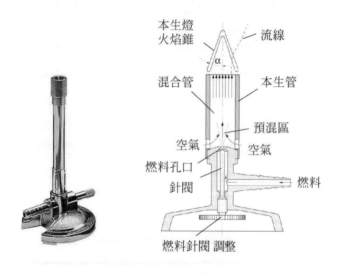

圖 5-2　本生燈以及其結構

圖 5-3　使用於家用燃燒加熱裝置之預混火焰 (Wu et al., 2014)

　　當燃料與空氣為層流狀態時，預混火焰的傳播速度或稱之為 (laminar burning velocity) 主要受到化學反應以及物質與熱傳遞的影響，而研究層流燃燒速度的方法有定容法、本生燈噴流火焰法以及對沖流火焰法，以本生燈噴流火焰法來說，我們只要測定本生燈的火焰錐角度即可估算燃料的層流火焰速度，如圖 5-4 所示。當噴嘴出口混合氣體的流速為 v_u 時，層流火焰速度可以用 (5-26 表示)：

$$S_{L,u} = v_u \sin\alpha \tag{5-26}$$

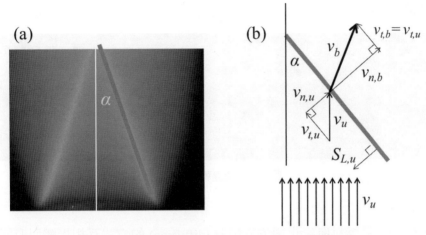

圖 5-4　使用本生燈火焰進行燃料層流火焰速度估算

範例 5-6

以知甲烷在當量時的層流火焰速度為 0.39 m/s，在一噴流出口速度為 1 m/s 的本生燈上測量火焰錐角度時會測得幾度？

解 依照 (5-26)

$S_{L,u} = v_u \sin\alpha$

$0.39 = 1 \sin\alpha$

$\alpha = \sin^{-1} 0.39 \cong 23°$

因此火焰錐角約為 23 度，要注意的是使用該方法測量層流火焰速度的誤差會比較大

QR導覽

圖 5-4

彩

　　另外使用對沖流火焰 (opposed-jet flame)(如圖 5-5 所示) 或停滯流火焰 (stagnation flame) 也可以進一步討論流場拉伸率 (strain rate) 對於燃燒速度的影響。使用生燈噴流火焰法預估燃料的層流燃燒速度示意如圖 5-5 所示。如果流體呈現紊流狀態 (turbulence) 則稱之為紊流預混火焰，如圖 5-6 所示為紊流預混火焰在定容壓力容器內的傳播特徵 (Chaudhuri et al., 2012)，火焰的傳播速度則稱之為紊流燃燒速度 (turbulent burning velocity)，紊流燃燒是燃燒學界最難且尚未完全透析的研究領域，其化學反應伴隨著流體特徵以及各種不穩定特性，而且各種參數也會互相影響而造成局部冷熄或是快速爆炸燃燒。讀者若是對於火焰的研究有興趣，可以依照上述的關鍵字或是參考文獻進一步收集資料進行探討。

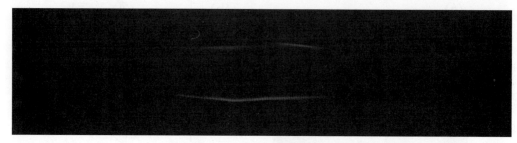

圖 5-5　預混對沖流火焰

(B) 擴散火焰

　　擴散火焰指的是燃料與氧化劑依靠擴散 (diffusion) 的方式互相接觸而形成火焰，在工業鍋爐以及航空發動機較為常見，最標準且古老的擴散火焰教材是蠟燭的燭火 (如圖 5-7 所示) 也就是預混火焰的代表；電學頗具盛名的法拉第 (Michael Faraday) 於 1861 年在英國皇家科學院 (Royal Institute) 的火焰化學與物理課程中作了詳細的介紹，如圖 5-8 所示分別為當時教材的封面與裡面的插畫，其中描述了蠟燭火焰內部為燃料蒸汽的示意圖。在內燃機中的壓燃點火引擎也是屬於擴散火焰的範疇。擴散火焰有安全及穩定的優點，但是使用擴散火焰會造成碳粒生成的缺點，在某些條件操作下其氮氧化物產量非常高。與擴散火焰一樣也可以分成層流擴散火焰以及紊流擴散火焰，紊流擴散火焰常見於鍋爐燃燒器，航空發動機燃燒室內的火焰，甚至是娛樂性質的噴火 (fire breathing) 都算是紊流擴散火焰，如圖 5-9 所示。

── QR導覽 ──────────────

圖 5-5

彩

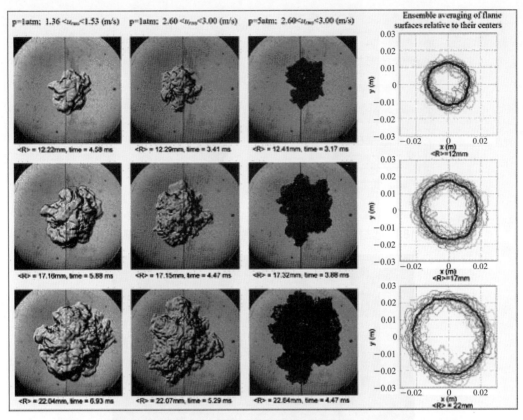

圖 5-6　預混火焰在定容壓力容器內紊流傳播的特徵 (Chaudhuri et al., 2012)

圖 5-7　蠟燭燭火

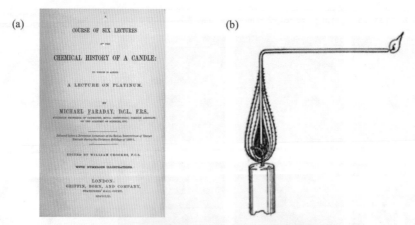

圖 5-8　(a)18 世紀法拉第所著蠟燭燭火的教材；(b) 描述燭火內部為燃料的插圖

圖 5-9　屬於紊流擴散火焰的噴火表演

🔧 5.1.5　火花點火引擎中的燃燒

　　在火花點火引擎中，燃料與空氣在進氣行程中被吸入汽缸內並且快速地混合，進入壓縮行程後，這些混合氣體開始被活塞加壓，當活塞快要接近上死點時由火星塞點火引燃空氣與燃料的混合氣體，著火後隨即產生一火焰傳播，直到引擎的燃燒室壁面而冷熄，欲觀察內燃機內的火焰傳播需要高速攝影機以及光學透明引擎，在光學透明引擎中，可以將活塞以及活塞壁面更換為光學透明石英或藍寶石以進行觀測，如圖 5-10 所示為使用 E85 燃料的火花點火引擎內部燃料與空氣引燃狀況。

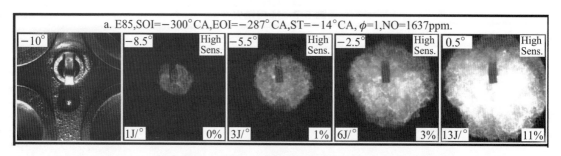

圖 5-10　使用 E85 燃料的火花點火引擎內部燃料與空氣引燃狀況

　　在描述內燃機內的火焰燃燒之特徵可以使用壓力訊號來解析，如圖 5-11 所示為一火花點火內燃機的缸內壓力與曲軸角的關係示意圖，當火花點火使火焰開始傳播初期的壓力並不明顯因此與無燃燒狀態類似，當火焰傳播穿越整個燃燒室後會明顯地展現其壓力的上升。

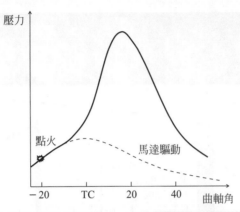

圖 5-11　汽缸內壓力與曲軸角關係示意圖

　　在火花式點火引擎中，火花塞的點火時機對於內燃機性能的發揮扮演非常重要的角色，一般來說燃燒過程大約占 30-90 曲軸角之間，橫跨壓縮行程的尾端以及動力行程的前端，內燃機的扭力輸出是火花點火時間的函數並且擁有一最大值，此最大值稱之為最大制動扭矩 (maximum brake torque, MBT)，如圖 5-12 所示，要注意的是，此時機點會隨著燃料的特性及環境條件所影響的火核 (kernel) 發展與火焰傳播。

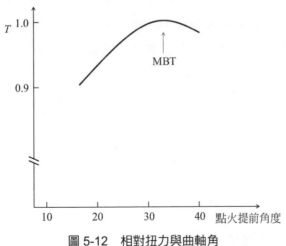

圖 5-12　相對扭力與曲軸角

　　在理想狀態下，火花點火引擎的燃料引燃需要靠火星塞點火而完成，然而在某些條件下會發生爆震 (knocking) 的現象，當爆震發生時引擎會發出類似金屬敲擊聲響，因此又稱之為敲缸。汽缸內的正常燃燒與發生爆震的燃燒比較如圖 5-13 所示，在正常燃燒情況下，燃料與空氣混合氣體被火星塞引燃後會產生火焰傳播，其汽缸內壓力訊號隨著曲

軸角而平順地變化；發生爆震時，火焰面傳播前方尙未燃燒的氣體會被壓縮而使其溫度
與壓力均上升，這些被影響的未燃混合氣有可能會在正常火焰到達前而自我引燃並且快
速地進行燃燒與放熱反應，多重位置燃燒火焰波的互相衝擊會產生壓力波震盪並產生特
殊的聲響，這些壓力波的震盪衝擊會在汽缸中反覆震盪而發出敲擊聲。

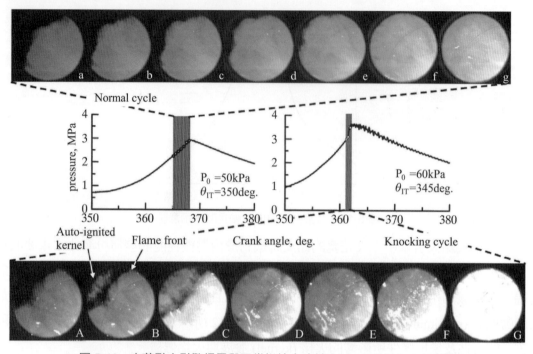

圖 5-13　火花點火引擎爆震與正常燃燒之比較 (Kawahara et al., 2007)

　　火花點火引擎另外一個不正常燃燒的問題是表面誘發點火 (surface ignition)，其發生
的機理與爆震不同，其引發的原因在於活塞或是火星塞表面的高熱熱點或是積碳等沉積
物，無論是火花點火前或後均有可能發生，並且分別稱之爲預點火 (pre-ignition) 與後點
火 (post-ignition)，雖然預點火對於引擎影響較大，不過後點火的問題也是會引擎燃燒過
程的不穩定性。這些不正常的燃燒狀況都會有機械磨損、引擎溫度過高、功率下降的問
題。要避免爆震發生主要有兩種方式：第一提高燃料的品質並且使用較高辛烷值的燃料，
第二就是藉由 ECU 進行操控，當引擎的爆震感知器接收到引擎發生爆震時，及由電腦判
斷並且適度地調整點火時間來使爆震消失。

5.1.6　壓燃式引擎中的燃燒

　　有別於火花點火式引擎屬於預混燃燒的領域，壓燃式引擎的燃燒模是屬於擴散火焰，
當空氣進入壓縮行程接近上死點時空氣被壓縮至高壓並且提高溫度，柴油燃料直接噴注
進入引擎之中，當燃料與高溫高壓的空氣接觸時因溫度已經超過自燃點而發生自我引燃
的現象，如圖 5-14 所示爲一柴油引擎的噴霧燃燒影像，圖片底下的數字代表曲軸角距離
上死點角度。

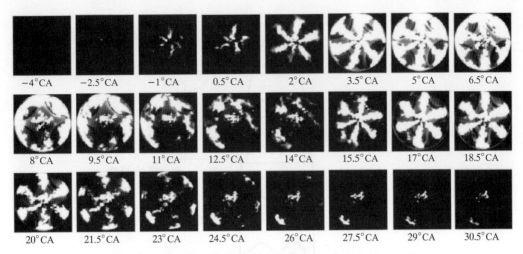

圖 5-14　壓燃式點火引擎之火焰觀察 (Bizon et al., 2013)

　　由於燃料是在空氣被壓縮到接近上死點才噴入，與火花點火室內燃機不同而不會有爆震極限的問題，因此壓燃式內燃機的壓縮比可以盡可能地提高來增加熱效率，然而擴散火焰會有燃燒不完全的問題及排放黑煙的缺點存在。壓燃式內燃機也會有敲缸 (knocking) 的問題，當燃料噴入汽缸時，燃料開始引火到噴入的時間有一延遲，當火焰被引燃時汽缸中已經存在許多燃料，因此會造成突然的壓力上升而造成一壓力波震盪，現代化的壓燃式內燃機均朝向更高壓的噴射來取得更細緻的燃料噴霧，不僅如此更精準的噴霧時間以及汽缸內先進的活塞表面設計也有校地降低敲缸的程度，除了可以控制引擎的操作精緻度外，高壓的燃料噴注也可以減少碳粒的生成，使用多重後處理器來進行廢氣處理之後的廢氣排放也比過去來得潔淨。

5.2　傳統燃料性質與種類

5.2.1　內燃機燃料的主要分類與來源

　　可以作為內燃機的燃料型態主要有液態與氣態，液態燃料的來源主要來自於石油或是具有燃燒特性的生質類液態燃料；至於氣態燃料的部分則是受限於壓力容器以及其安全性的需求而較少應用於車輛，近年來由於環境保護的需求，使用天然氣或是液化石油氣的交通工具也在某些地區被推廣使用。在 5.2 節的內容中將針對各種主要的傳統燃料進行介紹，大部分的傳統燃料主要還是來自於石油。石油 (petroleum) 是目前全球人類最大且不能再生的能源來源，屬於化石燃料 (fossil fuel) 的一種，屬於長時間有機物降解過程 (degradation) 後的產物。石油是一種非常複雜的混合物，當期開採尚未處理之前又稱之為原油 (crude oil)，其成份與品質的優劣可以視產地與生產批次而論，因此石油必須經過精煉才能獲得最大的用處，最直接的方式就是分餾 (Fractional distillation)，依照不同成分的沸點進行分餾取得不同等級的產品，如圖 5-15 所示為分餾示意表。

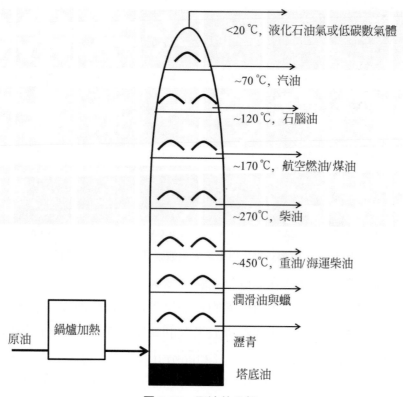

圖 5-15　石油的分餾

🔧 5.2.2　主要燃料 - 汽油

　　汽油是一種高度可燃性且成份相當複雜的混合物，其主要成分主要為烷類、芳香烴、環狀烷以及少量的烯烴類成份，其碳數分佈在 C4 ～ C12 之間，在石油煉製過程中屬於石腦油類 (Naphtha) 產品，其複雜的成份可以使用氣相層析質譜儀 (GC-MS) 進行分析，其結果如圖 5-16 所示，若根據譜線結果進行成份比對可得表 5-3 之結果，在此表中僅列出積分百分比超過 1.0% 的成份，其他訊號較低的成份總計約為 10.81%。整體而言，汽油的主要成份主要是以直鏈烴、支鏈烴、環狀烴與芳香烴所構成，汽油中的成份會隨著原料產地，製程與批次而有所不同因此表 5-3 之資料僅供參考。由於汽油的化學成份相當複雜，因此在燃燒估算上主要是以 8 個碳的烷來進行估算，其燃燒可以用 (5-26) 來表示，在燃燒過程中其低熱值約為 42.4 MJ/kg。

$$2C_8H_{18} + 25(O_2 + 3.76N_2) \rightarrow 16CO_2 + 18H_2O + 94N_2 \qquad (5\text{-}26)$$

　　直接由原油進行分餾所得的汽油稱之直餾汽油 (straight-run gasoline)，在現代化的石油化學工業中，為了取得更大量的汽油產率並且提高汽油的品質與可用性，我們必須藉由其他方式進行煉製或後續處理，例如：觸媒重組 (reformate)、觸媒裂解 (catalytic cracked)、加氫裂解 (hydrocrakate)、烷化 (alkylate)、與異構化 (isomerate) 製程。觸媒重組的至成主要是使用觸媒反應將產品中的不飽和烯烴 (alkenes) 轉變成較高辛烷值的芳香烴 (aromatic)；觸媒裂解則是使用觸媒將重分子裂解成輕分子，增加汽油的產量，使用此製程會使產物中含有較多的不飽和烯烴。

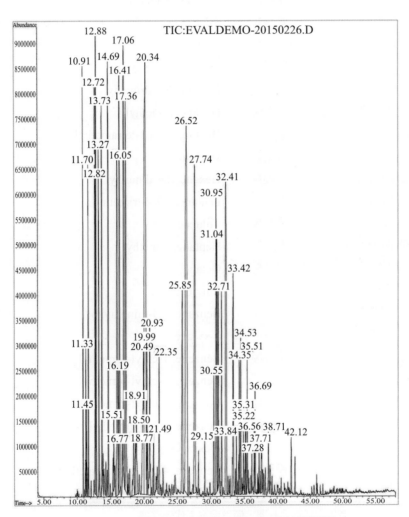

圖 5-16　92 無鉛汽油使用 GCMS 分析所得譜線

表 5-3　汽油中分析出成份

中文名稱	類別	英文名稱	約占百分比 *
2- 甲基丁烷	支鏈烷	2-methyl butane	1.95
1,1- 二甲基環丙烷	環狀烷	Cyclopropane, 1,1-dimethyl	1.39
甲基叔丁基醚	醚類	Propane, 2-methoxy-2-methyl	3.59
2,3- 二甲基丁烷	支鏈烷	Butane, 2,3-dimethyl	1.22
2- 甲基戊烷	支鏈烷	Pentane, 2-methyl	2.86
3- 甲基戊烷	支鏈烷	Pentane, 3-methyl	1.65
正己烷	直鏈烷	n-Hexane	2.41
環氧乙烷	環狀烷	Oxirane	3.07
2- 甲基己烷	支鏈烷	Hexane, 2-methyl	4.40
2,3- 二甲基戊烷	支鏈烷	Pentane, 2,3-dimethyl	1.01
3- 甲基己烷	支鏈烷	Hexane, 3-methyl	4.19
2,2,3,3- 四甲基丁烷	支鏈烷	Butane, 2,2,3,3-tetramethyl	5.45
庚烷	直鏈烷	Heptane	4.17
2,4- 二甲基己烷	支鏈烷	Hexane, 2,4-dimethyl	1.09
2,3,4- 三甲基戊烷	支鏈烷	Pentane, 2,3,4-trimethyl	2.71
甲苯	芳香烴	Toluene	11.00
2- 甲基庚烷	支鏈烷	Heptane, 2-methyl	2.56
辛烷	直鏈烷	Octane	1.16
乙基苯	芳香烴	Ethylbenzene	3.00
1,3- 二甲基苯	芳香烴	Benzene, 1,3-dimethyl	10.03
鄰二甲苯	芳香烴	o-xylene	4.99
1- 乙基 3- 甲基苯	芳香烴	Benzene, 1-ethyl-3-methyl	3.58
1- 乙基 4- 甲基苯	芳香烴	Benzene, 1-ethyl-4-methyl	1.28
1- 乙基 2- 甲基苯	芳香烴	Benzene, 1-ethyl-2-methyl	1.43
1,2,4- 三甲基苯	芳香烴	Benzene, 1,2,4-trimethyl	6.26
均三甲苯	芳香烴	Mesitylene	1.73
4- 甲基 1,2 二甲基苯	芳香烴	Benzene, 4-ethyl-1,2-dimethyl	1.01
其他	其他	other	10.81

*：汽油成份隨產地、生產批次與存放有關，僅為個案不代表整體。

　　雖然汽油的成份很複雜，而加氫裂解是另外一種製程但原理相當類似；烷化與異構化製程都是為了減少低辛烷值的成份並且增加汽油中的辛烷值。前述的辛烷值 (octane rating) 是汽油抗爆震的指標，辛烷值可以使用可以改變壓縮比的 CFR(Cooperative Fuel Research) 引擎進行測試，CFR 引擎的歷史相當久遠也是一種相當可靠的測試引擎，其架構如圖 5-17 所示：

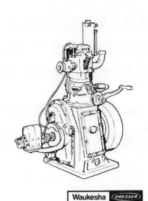

圖 5-17 CFR 引擎外型海報 (ASME 網頁)

它具有一個可以調整壓縮比的轉輪,可以用來改變該引擎的壓縮比來進行各項測試。將異辛烷的辛烷值定為 100 而正庚烷定義為 0,辛烷值的測定標準有兩個,一個是研究法 (RON) 而另外一個是馬達法 (MON),由於馬達法的測定條件較為嚴苛而且引擎的負載較大,因此研究法辛烷值與馬達法會高約 10-12 的落差,在台灣標定汽油用的是研究法而美國則是用馬達法,另外尚有抗爆震指數 (AKI),其定義為研究法與馬達法辛烷值的平均值。舉例來說,當燃料在測試中的抗暴震表現與異辛烷及正庚烷混合液比較,如果某燃料的抗暴震特性與 92% 異辛烷 /8% 正庚烷混合液相當時,則定義該燃料的辛烷值為 92。辛烷值並不限於 0-100 之間,某些燃料會高於 100 也有可能為負值,為了方便比較各種燃料成分的抗暴震特性,茲將幾種常見的燃料或成份之研究法辛烷值列於表 5-4,從表中可以發現到許多醇類燃料的辛烷值都相當的高。

石油煉製製程所得之汽油通常需要增加添加劑來提升其性能,例如增加汽油中的芳香烴 (甲苯) 就可以增加辛烷值,近年來為了使汽油燃燒排放更潔淨,因此在汽油中需要加入特定比例的含氧成份,例如:甲基叔丁基醚 (MTBE)、醇類等添加劑,這些常用的含氧添加劑除了可以降低燃燒排放之外也都擁有提高辛烷值的功能,目前中油亦有銷售混摻 3% 乙醇之 95E3 汽油。過去為了提升辛烷值並且保護汽門座,汽油中添加有四乙基鉛 (Tetraethyllead),燃燒廢氣中含有鉛的成份會導致廢氣處理的觸媒毒化,不僅如此吸入廢氣的人受到鉛的毒害而造成大腦與神經的傷害,因此除了幾款航空汽油 (Avgas) 之外,含鉛汽油目前已經不再銷售了。在汽油添加劑中值得特別一提的是二行程汽油,過去加油站有單獨銷售混摻 3% 二行程機油的汽油,以銷售給較老舊無獨立供給噴合油的二行程機車以及農用小型引擎,目前有二行程汽油需求的客戶須自行混合。一般來說汽油的成份大多無色,因此為了界定產品種類,石油公司通常會將不同號數的汽油進行染色,例如:98 無鉛汽油染紅色、95 無鉛汽油染黃色,而 92 無鉛汽油為藍或綠色 (如圖 5-18 所示)。由於汽油的成份複雜,汽油的生產品質必須依據 CNS 12614 車用無鉛汽油國家標準訂定,只要合乎該標準就可以依照其抗爆震特性而區分成 92、95、98 或 95E3 汽油銷售。在車輛使用上必須依照車主手冊所建議油品來添加，較低要求的車輛可以使用較高等級的汽油，唯成本會較高對於車輛並不會有損壞；相反的，需求較高的車輛不能使用號數較低的汽油，除了性能會減低之外也會提高車輛內燃引擎零件的損耗。

● 表 5-4　常見燃料或成份的辛烷值

名稱	辛烷值	名稱	辛烷值
氫	130	異辛烷	100
甲苯	121	98 無鉛汽油	98
甲烷	120	95 無鉛汽油	95
異丙醇	118	92 無鉛汽油	92
MTBE	117	正丁醇	92
丙烷	112	正丁烷	94
甲醇	109	正戊烷	62
乙醇	109	1- 己烷	60
叔丁醇	103	1- 戊烷	34
E85 汽油	102	柴油	～ 20
異丁烷	103	正辛烷	−20

圖 5-18　被染成藍色的 92 無鉛汽油

→ QR導覽

圖 5-18

彩

🔧 5.2.3　柴油

　　柴油的來源主要是來自於石油的分餾而取得，其他取得的方式會在後續生質燃料以及其他替代燃料中討論，柴油的生產主要是面對壓燃式內燃機所使用，其分餾沸點大約在 200-350 度 C 之間，其成份與分子的碳數大約介於 8-21 之間。相較於汽油，柴油閃點大約為 55 度 C，因此在使用上有較為安全的優點。柴油類產品的性能主要是以十六烷值 (Cetane number) 來加以定義，以易壓燃的十六烷為 100，不易燃的 1- 甲基萘 (1-Methylnaphthalene) 為零，其定義方法如同辛烷值定義方法相同。只要某種調製混合燃料的壓燃特性與 50% 十六烷與 50% 的 1- 甲基萘混合燃料相同時則定義為十六烷值 50 的柴油；然而在燃料性能量測實務面來說，1- 甲基萘非常昂貴，因此可用異十六烷 (isocetane) 或稱之為 2, 2, 4, 4, 6, 8, 8- 七甲基壬烷 (2, 2, 4, 4, 6, 8, 8-heptamethylnonane) 來取代，而異十六烷的十六烷值為 15。

　　柴油的辛烷值可以用可以改變壓縮比的 CFR(Cooperative Fuel Research) 引擎進行測試，使用點火延遲 (ignition delay) 時間來進行十六烷值的估算，而點火延遲時間係利用高敏感度的壓電式壓力傳送器進行汽缸內的壓力量測而得。除了使用 CFR 引擎之外也可以使用燃料噴注點火測試裝置 (Fuel igniton Tester, FIT)，該裝置通常具有一個強壯的機械架構並且擁有固定的容積，在此容積中可以進行氣體加熱與加壓，當柴油燃料噴注進入該定容壓力容器後會如同在柴油引擎一般而引燃，從其中所測得壓力來分析點火延遲則能進一步估算其十六烷值。這一種使用定容壓力高溫容器的測定方式中以點火品質測試器 (Iginiton Quality Tester, IQT™) 裝置最為有名。一般實驗室的測試可以自行設計使用定容壓力高溫容器來進行相關研究，如圖 5-19 所示為高苑科技大學先進潔淨節能引擎研究與測試服務中心 (Advanced Egnine Research Center, AERC) 的 FIT 平台，使用該平台分析不同十六烷值樣本燃料所得之平台基礎曲線 (圖 5-20)。

圖 5-19　FIT 平台 (高苑科大 AERC)

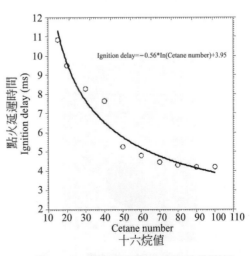

圖 5-20　點火延遲與十六烷值的關係

與汽油一樣，柴油的成份也是複雜的成份所組合而成，在製作摻配過程中符合 CNS 1471 車用柴油國家標準的燃料就可以以車用柴油產品銷售。在車用柴油中的含硫量必須小於 10 ppm，另外在海運柴油部分的含硫標準較為寬鬆，海運輕柴油 (中高速柴油引擎) 與重柴油 (中低速柴油引擎) 分別為 1 與 1.5%，因此不得將海運海運柴油使用在陸上車輛，除了造成污染嚴重排放外也會造成車輛零件損毀。

🔩 5.2.4 煤油

現今的煤油 (kerosene) 與汽柴油一樣取自於石油的分餾，也與汽柴油一樣是一種非常複雜的混合物，其成份與產地、製程與生產批次而有所不同，在 18 世紀，從油頁岩、煤層中進行高溫分餾可以獲得一種稱之為 coal oil 的產品，其化學性質與現今煤油相當類似，這也是為什麼中文稱這種燃料為煤油的原因。從 18 世紀以來，煤油一直是照明與加熱的重要燃料，例如煤油燈 (如圖 5-21 所示)、煤油暖爐以及可攜式煤油爐。除此之外，在較為落後的地區，煤油也是重要的煮食用燃料之一。

在運輸上，煤油使用在噴射引擎 (jet engine) 上，飛行用的燃料可分成航空汽油 (Avgas) 以及噴射燃料 (jet propellent)，噴射燃料依據其特性編有號碼，例如軍用：JP-1、4、5、6、7、8、JPTS 以及民用 Jet-A…等，這些燃料除了 JP-4 為 50% 汽油 -50% 煤油之外，其他都是以煤油為基礎在添加各種功能性的添加劑，使其具有飛行的安全以及抗凍性。在車輛運輸用途上，煤油可以作為壓燃引擎的燃料，唯其十六烷值約在 35-40 之間 (Clothier et al., 1993)，比國內市售柴油標準 48 來得低，因此其著火特性較差，而且使用高壓泵輸送煤油時會有泵浦磨損的疑慮。相反地，煤油的辛烷值卻只有大約 15-20 之間，應用於火花點火內燃機卻會有爆震的困擾，不僅如此，煤油的揮發性低，在冷車狀態下要讓煤油蒸發燃燒較為不便。在過去實際應用在車輛的案例相當少，只有二次大戰期間歐洲、20 世紀中葉的曳引機以及 1970 年代 Saab 公司所生產一款 Saab 99 曾經使用過煤油當作運輸用油。

圖 5-21　煤油燈

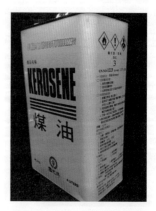

圖 5-22　4 公升聽裝煤油

　　國內石油公司提供多樣煤油類產品，其中包含：煤油、環保燈油、軍用 JP-4、JP-5 及 JP-8、民用航空器 Jet A-1 等。在國內民生用途銷售多是以 4 公升鐵桶 (聽裝) 為銷售單位 (如圖 5-22 所示)。

5.2.5　天然氣與液化石油氣

　　使用氣態燃料對於運輸工具而言有燃燒廢氣較為潔淨的優點，而且對於火花點火內燃機來說更具有極佳預混的效果，然而使用氣態燃料時卻有攜帶燃料不便的問題。氣態燃料在早期有煉煤焦乾餾產物：煤氣 (coal gas)，人工合成的合成氣 (syngas)、天然氣 (natural gas)、以及液化石油氣 (liquidfied petroleum gas, LPG)，在此謹就針對成功使用於運輸車輛的天然氣與液化石油氣進行介紹。

(一) 天然氣

　　天然氣來源包括煤礦天然氣 (coalbed gas)、非共生氣 (non-associated gas)、共生氣 (associated gas) 以及緻密岩層氣 (tight gas)，近年來因水平鑽挖 (horizontal drilling) 以及水力岩層爆裂 (hydraulic fracturing) 技術的發展，頁岩氣 (shale gas) 的生產比例有逐年上升之勢。在天燃氣中主要是以甲烷 (CH_4) 為主要的成份，由於分子中含碳比例少，所以使用天然氣有降低二氧化碳排放的效果。

範例 5-7

根據表 5-2 比較相同熱值輸出下，燃燒汽油 (假設為 C_8H_{18}) 與燃燒甲烷時二氧化碳的排放量。

解　首先列出兩種燃料的反應式

汽油：$2C_8H_{18} + 25(O_2 + 3.76N_2) \rightarrow 16CO_2 + 18H_2O + 94N_2$

甲烷：$CH_4 + 2(O_2 + 3.76N_2) \rightarrow CO_2 + 2H_2O + 7.52N_2$

根據表 5-2 甲烷的低熱值為 50.0 MJ/kg；汽油的低熱值為 41.2 MJ/kg，當甲烷燃燒 1 公斤時，汽油必須燃燒 1.214 公斤才能獲得相同的熱能，換算成莫爾數時，甲烷為 62.5 莫爾而汽油為 10.65 莫爾，依照前述的反應式，甲烷應釋出 62.5 莫爾而汽油則會釋放出 85.2 莫爾，由此可見使用天然氣可以減少 26.7% 二氧化碳排放。

　　甲烷的物理特性使甲烷有不易攜帶 (液化) 的缺點，如圖 5-23 所示為甲烷的三相示意圖，甲烷的三相點為 -182.46°C 壓力為 0.117 bar，而臨界點在 -82.59°C 壓力為 45.99 bar，也就是說如果一直保持室溫而不斷在壓力容器中對甲烷加壓也無法將甲烷變成液態，相對的只能使甲烷變成超臨界態 (supercritical)；在輸送液化天燃氣 (LNG) 的高壓容器都必須要保持低溫使其能夠保持液態以方便且有效率的輸送。當我們在有限體積下攜帶或輸送燃料時必須考慮的是體積而不是能夠攜帶的重量，甲烷在一大氣壓下的沸點時，其氣體與液體的密度分別約為 1.816 kg/m³ 與 422.36 kg/m³，就算是進入超臨界點，其密度也大約為 162.7 kg/m³，很顯然地，在單位體積下，以液態進行運輸是最佳的辦法。使用天然氣且商業化的小客車為 Honda Civic NGV(如圖 5-24 所示)，該車單一使用天然氣作為燃料，其行李箱配有一個可蓄壓 252 bar 且其攜帶熱值約等於 8 加侖 (～ 30.3 公升) 汽油的天然氣高壓缸瓶，使該車保有 180-200 英哩 (288-320 公里) 的里程，除了在加氣站填充燃料之外，亦可在家裡使用家用天然氣進行填充，但是需要一部天然氣的增壓泵浦裝置，例如：Phill® 填充裝置。由於該車輛僅能使用天然氣，因此在行駛里程範圍內一定得尋找加氣站充填燃料，而且高壓鋼瓶也壓縮了行李箱的容量，雖然該車輛擁有很好的環保概念，但是在使用上多多少少有些許的不便。

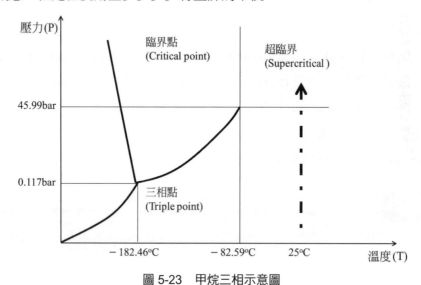

圖 5-23　甲烷三相示意圖

圖 5-24　正在使用 Phill® 的 HONDA Civic NGV

(二) 液化石油氣

液化石油氣 (Liquidfied Petroleum Gas, LPG) 是石油提煉過程中的輕質產物，其主要的成份約有 50% 丙烷 (C_3H_8) 與 50% 丁烷 (C_4H_8) 以及少量的烷烯烴類成份。液化石油氣是民用重要的燃料，在許多沒有天然氣管的市區或鄉村地區，液化石油氣是煮食與加熱熱水的重要燃料。丙烷在 20°C 時的蒸氣壓為 9.98 bar 而丁烷的蒸氣壓為 2.2 bar，因此可以使用壓力鋼瓶盛裝並且在運輸尚相當簡便。在台灣民生用途的液化石油器容器規格計有 50 公斤、20 公斤、18 公斤、16 公斤、10 公斤、4 公斤與 2 公斤七種鋼瓶，鋼瓶大小主要是考量到用途以及運送的簡便性，一般在家庭中較常見的是 20、16 與 4 公斤，大型營業場所則是使用 50 公斤裝，至於 2 公斤規格則是應用在登山露營野炊使用。使用液化石油氣於民生用途時要注意其安全，因為液化石油氣的密度比空器重，因此外洩時會累積在地面週遭，一但被意外引燃時會比天然氣來得危險。為了使液化石油氣在外洩時可以被輕易發現，在燃料中會添加微量的乙硫醇 (C_2H_5SH)，其化學結構與乙醇很類似，乙醇是由一個乙基與官能基：羥基 (OH) 聯結，而乙硫醇則是由一個乙基與官能基：巰基 (SH) 聯結。乙硫醇是目前公認最臭的物質之一，其強烈的蒜臭味可以使液化石油氣初步外洩時即被發現。

範例 5-8

接續範例 5-6 比較相同熱值輸出下，燃燒汽油 (假設為 C_8H_{18}) 與燃燒丙烷時二氧化碳的排放量。

解 首先列出兩種燃料的反應式

汽油：$2C_8H_{18} + 25(O_2 + 3.76N_2) \rightarrow 16CO_2 + 18H_2O + 94N_2$

丙烷：$C_3H_8 + 5(O_2 + 3.76N_2) \rightarrow 3CO_2 + 4H_2O + 18.8N_2$

根據表 5-2 丙烷的低熱值為 46.3MJ/kg；汽油的低熱值為 41.2 MJ/kg，當丙烷燃燒 1 公斤時，汽油必須燃燒 1.124 公斤才能獲得相同的熱能，換算成莫爾數時，丙烷為 22.73 莫爾而汽油為 9.86 莫爾，依照前述的反應式，丙烷應釋出 68.19 莫爾而汽油則會釋放出 78.88 莫爾，由此可見使用天然氣可以減少 13.6% 二氧化碳排放。

使用液化石油氣作為車輛燃料有減少二氧化碳排放、低未燃碳氫化合物以及一氧化碳排放等優點，不僅如此由於丙烷與丁烷的研究法辛烷值分別為 112 與 94，也就是說其混合物的異辛烷也會高於 100，所以可以有效地減低引擎的爆震現象，整體而言對於火花式點火內燃機來說是相當優良的燃料。隨著石油危機以及全球暖化與污染問題，世界各國紛紛投入相當的人力與物力進行替代性能源車輛之開發，根據 2013 年世界液化石油氣協會 (World LP Gas Association, WLPGA) 資料指出，全球至少有 74 個國家使用液化石油氣作為車用燃料,而使用液化石油氣的車輛數約有 2,491 萬輛,我國行政院自 1989 年開放車輛使用液化石油氣作為燃料,直到 2006 年 3 月使用液化石油氣的汽車才合法上路。行政院於 2008 年核定辦理「油氣 (LPG) 雙燃料車推廣計畫」,實施油氣雙燃料新車貨物稅定額減徵 25,000 元、氣價補助每公升補助 2 元、分年增設加氣站、公務車優先採購及改裝、開放三廂式以外車種改裝、確保改裝品質制 (修) 定相關法規、維持穩定油氣價差以及新購或改裝補助 2 萬 5,000 元加氣券等 8 項重要實施策略。整體計畫卻因為諸多因素而效果不彰,直到 2012 年 12 月該計畫結束並且停止補助,相關因素計有:(1) 未合法前即有非法使用液化石油氣的計程車,由於非法改裝且技術不良導致意外而使使用者印象不良;(2) 合法後改裝廠技術人員良窳不齊,倘若調校不當會有空燃比稍高而造成高溫導致汽門閥座塌陷的問題,若是早期單點噴射系統又有回火爆燃的危險存在,由於故障率頻傳,因此也造成觀感不佳;(3) 台灣地小人稠,設置液化石油氣加氣站的阻力大,使得填充燃料不便造成接受度偏低。本書作者在 2008 年時也響應當時環保署的政策推動而將自己的車輛修改成 LPG 雙燃料車,車上就有燃料系統完全保留,加裝燃料筒以儲存液化石油氣,按照法規使用 60 公升桶並且充填 80% 為上限,如圖 5-25(a) 所示,燃料筒內的燃料由加氣口充填,如圖 5-25(b) 所示。車上系統使用液化石油氣的流量比家用瓦斯爐大許多,如果使用蒸發來吸取燃料會使燃料筒溫度逐漸下降而影響供氣,因此不能端靠蒸發來取得燃料,系統直接將液化石油氣經過過濾後引入汽化調壓器,該裝置使用引擎冷卻液進行燃料的蒸發所需熱能,如圖 5-25(c) 所示。氣態液化石油氣使用高速電磁閥控制流量,如圖 5-25(d) 所示,高速電磁閥由車上雙燃料系統 ECU 進行操控,此 ECU 將接受原 ECU 的訊號以進行判斷並且控制適當液化石油氣噴注使整個引擎能夠如常的運作,經過電磁閥定量的液化石油氣會由進氣歧管進入,該裝置設定在原有汽油噴嘴旁,如圖 5-25(e) 所示。使用者可以在車內進行燃料的選定,如果將車輛設定為使用液化石油氣,則車輛會判斷引擎冷卻液達到溫度後才切換到液化石油氣的狀態,行進間可以進行燃料的切換而無須停車,當液化石油氣用罄時也會自動轉換為汽油模式,當調整精確時,燃料間的切換並不會造成車輛的震動,甚至在高速公路行駛時也是可以切換自如。在技術人員細心的調整下,本車至今也已經行駛 18 萬公里,除了進行兩次汽門間隙調整外,無特別故障發生,以每公里燃料成本節省約 1 元來計算,使用 LPG 雙燃料車可以有效地減少污染並且達到經濟省錢的效果。

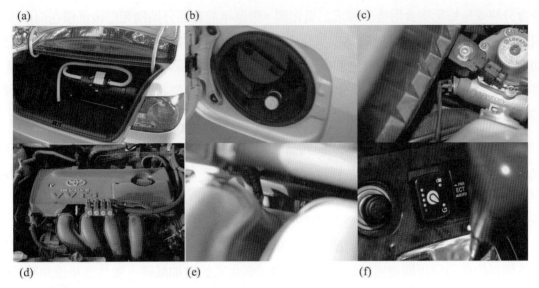

圖 5-25　使用液化石油氣 / 汽油雙燃料的合法車輛：(a) LPG 燃料筒；(b) 設置於加油口旁的液化石油氣填充口；(c) 汽化調壓器；(d) 多點噴射電磁閥組；(e) 安裝於歧管的燃料噴入管；(f) 車內控制按鈕

5.3　生質燃料

5.3.1　碳循環

　　要討論生質燃料之前，我們必須先了解碳對於我們的重要性，碳元素是地球上重要的元素之一，碳在大氣、水、生命體與土壤之間的循環稱之為碳循環 (carbon cycle)，如圖 5-26 所示為地球上的碳循環狀況，我們人體也是也是由碳水化合物、蛋白值以及各種礦物質所構成，因此人類本身就是碳循環的一個很小的角色。很幸運地，地球上大部份的碳都是以固定碳或者是存在於海洋深層沉積物中，如果大量的二氧化碳是存在於大氣時，我們的環境就會如同金星大氣層一般，由於金星的大氣含有 96% 的二氧化碳，其溫室效應使金星的地表高達 462°C。圖 5-26 圖中黃色與白色的字分別為大自然的碳循環移動量以及儲存量，而紅色的字代表人類文明活動貢獻，數字的單位則是 10 億噸 (billion)。海水在碳循環中扮演非常重要的角色，二氧化碳溶於海水中不僅僅提供海中植物光合作用更提供了許多海中貝殼類的骨骼來源 (碳酸鈣)，海水中的有機物也會沉於深海中，無論是二氧化碳、各種有機物以及甲烷均會在高壓下與水結合成水合物 (hydrate) 而沉於深海。經過造山運動後有可能會有地殼隆起，並且與一般陸地有地層活動，因此有許多的碳酸鹽質地層也會在陸地上成為固定碳元素的架構。另外一方面，有機沉積物經過地殼變動後有機會成為岩層中的一部分，經過長時間的壓力與溫度作用下成為石油礦，目前我們在挖取的石油都是數億至數十億年前所沉積下來的產物。在陸地上植物行光合作用會將空氣中的二氧化碳固定在植物體內，當植物死亡後會有一部分殘留在泥土中而一部分會分解或是被動物食用後分解成二氧化碳。數億年前有部分植物死亡後沉積在沼澤中，因缺氧的關係而無法正常分解爲二氧化碳，經過累加疊層後逐漸變成泥炭，經過地質變動之後，逐漸脫水並且減少其中的揮發性成份而逐步變成褐煤、半煙煤、煙煤與無煙煤，這也就是數億年前被固定下來的碳元素。當人類使用化石燃料包含煤與石油時，就會把當時固定下來的碳以二氧化碳的型式釋放出來。

在此我們必須先理解碳循環周期的概念，以玉米製造生質燃料爲例，當玉米成長吸收二氧化碳行光合作用成長到製作成燃料被燃燒回到二氧化碳的這一段時間稱之爲碳循環周期，以玉米來說可能是短短數個月；如果是用來評估化石燃料時，碳循環周期都是長達數億到數十億年。碳循環週期長的燃料會使地球暖化加劇，因爲人類將遠古時代的二氧化碳釋放出來就會影響到目前世界上碳循環的平衡，所以使用生質燃料就是要想辦法將燃料的碳循環周期變短，使得地球上淨二氧化碳的增加減緩，並且逐步達到零成長的目標。

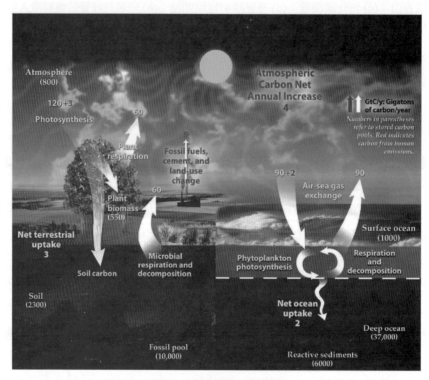

圖 5-26　碳循環示意圖

━━→ QR導覽 ━━━━━━━━━━━━━━━━━━━━━━━━━━━━━━━━

圖 5-26

🔧 5.3.2　生質酒精

　　酒精是乙醇 (ethanol) 的俗名，它的結構式是 C_2H_5OH，是酒類中使人有欣快作用且造成醉酒的成份，大部份的酒精都是來自於釀造法，自從新時器時代開始，人類就有飲酒的殘跡留存在當時的陶器上。使用生質酒精作為汽車的燃料並非新穎的技術，早在 20 世紀初的 1908 年，福特 T 型車 (圖 5-27) 即可使用酒精作為燃料，只不過後來石油所提煉的汽油價格成本遠低於酒精，因此後來的汽車都捨棄酒精作為燃料而使用汽油作為火花點火式內燃機的燃料。

　　酒精的製造主要是使用生物釀造法製造，使用酒麴可以使植物中的澱粉分解進行發酵，而用來釀酒的材料可以分成食物與非食物類別，食物類材料可以是甘蔗、甜菜、高粱、馬鈴薯、番薯、木薯、各種麥類穀物、玉米…而非食物類的有柳枝稷、芒草、蔗渣、玉米桿以及各種農業廢棄物…；然而使用非食物類的物質作為原物料時需使用特殊酶來使纖維素水解成醣再進行發酵。這些使用生物分解來製造出來的酒精都稱之為生質酒精，在石油化學工業中，酒精也可以使用石油化學製程 (乙烯水合製程) 取得，這一種酒精就不能當作是生質燃料。

圖 5-27　福特 T 型車的廣告

　　酒精與汽油的比較如表 5-5 所列，酒精的熱值大約只有汽油的 60%，而密度卻差不多，也就是說使用酒精時必須要使用較多量的燃料方能取得相同的效果，然而酒精的碳原子含量較低而且含有氧，對於燃燒有相當好的幫助。根據 Al-Farayedhi 等人在 2014 年的文獻指出：添加 10% 或是 15% 的酒精對於引擎制動扭力 (Brake torque) 以及 BMEP 均有增加的效果，然而當酒精濃度進一步增加時，又會使這兩個參數降低，相關資訊如圖 5-28 所示；另外一方面，酒精的添加也會影響到排氣溫度，當酒精增加時，排氣溫度會有降低的現象，排氣溫度降低也意味著熱效率增加 (Furey and Jackson, 1977)，其變化如

圖 5-29 所示。當引擎正常運作且維持在略富油的運作狀態下，汽油中含有酒精時，一氧化碳以及未燃碳氫化合物都會有明顯的變少，唯氮氧化物的部分有稍微增加的情況其變化如圖 5-30 所示。

表 5-5　酒精與汽油的比較

項目	酒精	汽油
化學式	C_2H_5OH	C_7H_{16}[†]
密度 (g/cm^3)	0.785	0.737
低熱值 (MJ/kg)	26.87	43.47
含碳量 (%)	52.2	85.5
沸點 (°C)	78	37-204
含硫量 (ppm)	0	< 50

[†]：汽油為複雜混合物，僅以辛烷為代表

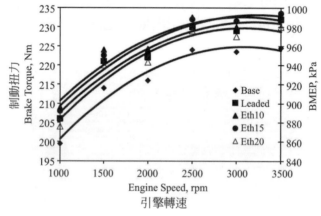

圖 5-28　酒精的添加對於制動扭力 (Brake Torque) 以及 BMEP(kPa) 的影響 (Al-Farayedhi et al., 2004)

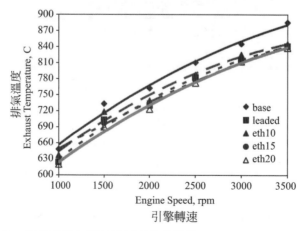

圖 5-29　酒精的添加對於排氣溫度的影響 (Al-Farayedhi et al., 2004)

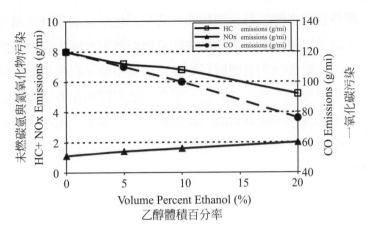

圖 5-30　酒精的添加對於 HC、NO$_x$ 以及 CO 的影響 (Furey and Jackson, 1977)

　　酒精的添加若是控制在 20% 以內可以在沒有修改的情況下實施，如果是較高濃度的使用生質酒精時，必須重新設計內燃機的各項零組件的參數，例如：進氣歧管、油箱與管路材質、汽油過濾器、壓縮比、汽門強化以及觸媒材質。

5.3.3　生質柴油

　　德國人魯道夫 · 狄賽爾博士 (Rudolf Diesel) 於 1892 年發明柴油引擎 (Diesel Engine)，在 1900 年於巴黎所舉辦的世界博覽會中，該引擎使用純 100% 花生油作爲燃料，在 1911 年時狄賽爾博士曾經提到『狄賽爾引擎可以使用蔬菜油，且可以幫助一些農業國家發展』，到了 1912 年，狄賽爾博士又曾經提到『使用蔬菜油來驅動引擎在現時似乎變得不重要，但有天一定會跟石油與煤焦油同等重要』，這一段話在近十幾年來的生質油發展得到了很大的印證。如何將生質油應用於內燃機？其實主要有以下兩種方式：直接使用 (混用) 以及轉酯化 (transesterification)。

(一) 直接使用或混用

　　植物油的主成分爲三酸甘油酯，其結構如圖 5-31 所示，其熱值比一般柴油低約 10%，其黏性也比柴油來得高，其燃燒特性也不佳，部分油脂的十六烷值相當低，如果直接使用會造成敲缸並且因燃燒不完全而嚴重積碳。就短期而言，直接使用植物油會使冷啓動不易、油路系統包含濾心及噴嘴都會有阻塞結膠的問題；就長遠來看，燃燒室積碳以及潤滑系統受到生質油的影響而磨損，因此在實際使用上比較不切實際 (Ma and Hanna, 1999)。

(二) 轉酯化

　　植物油之轉酯化反應早在 1853 年，也就是柴油引擎發明前，即由 E. Duffy 與 J. Patrick 所發表。生質柴油 (Bio-diesel) 由動植物油脂經由轉酯化反應所生成的甲基酯，其轉酯化程序主要是利用鹼觸媒做爲催化劑。國內外因經濟及農業特色的差異，其使用的料源來源不同。國外目前主要原料為植物油，其來源包括以油菜籽油為主的歐洲地區、以黃豆油為主的美國及巴西和以棕櫚油為主的東南亞國家；國內因為缺乏農地限制因素與成本考量的因素，生質柴油的主要原料來源為廢食用油。利用生物觸媒進行生質柴油的轉化可解決利用化學製程所產生之問題，而生物觸媒轉酯化方法也是針對以廢食用油為原料的方法之一，其對於游離脂肪酸可直接轉化成甲基酯，而不會有副產物生成，此為生物轉化優於化學轉化之處，此外生物觸媒製程也同時具有條件溫和、醇用量少、低污染物排放等優點。

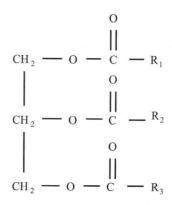

圖 5-31　植物油的化學結構

　　為了使生質油脂可以更適合柴油引擎使用，生質油脂需要經過轉酯化的過程，所謂轉酯化過程係將油脂中的脂肪酸轉變成酯類，在生質燃料的處理過程中需要觸媒 (catalyst) 來加以輔助，在轉酯化過程中，酸或者是鹼都可以當作觸媒，唯鹼性觸媒 (alkali-catalyzed) 轉酯化的效率會比酸性觸媒轉酯化 (acid-catalyzed) 還要來的高 (Ma and Hanna, 1999)，所以大部分的商用製程都是採用鹼性觸媒轉酯化，其化學反應如圖 5-32 所示。反應中的醇大多使用甲醇或者是乙醇 (如果是乙醇，則中虛線框中為 C_2H_5)，而鹼可以使用氫氧化鈉或者是氫氧化鉀，脂肪酸與醇類結合後會產生酯類並且產生甘油副產品。面對乾淨無污染的生質油脂時，轉酯化製程所需醇與鹼的比例可以很容易計算，而且生產過程也比較少變數。

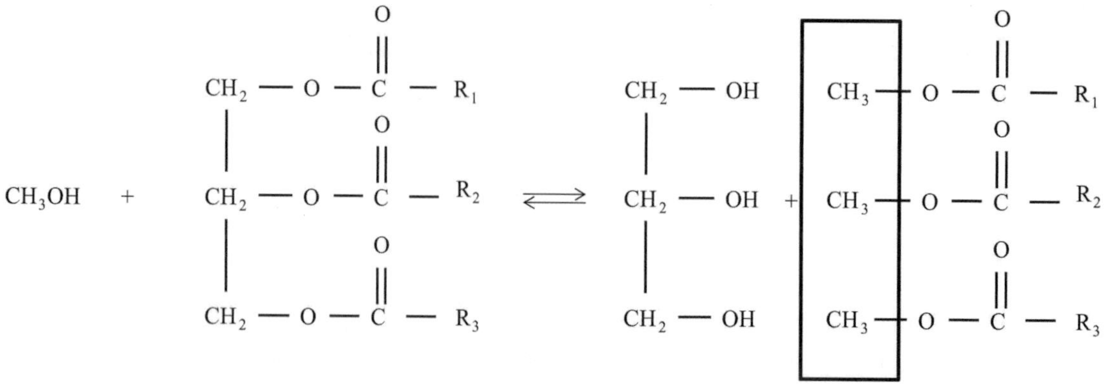

圖 5-32　植物油的轉酯化過程

根據美國環境保護署的資訊指出：使用生質柴油對於除了氮氧化物之外的污染物均有改善的效果，相關結果如表 5-6 所列。

● 表 5-6　使用 B100 與 B20 與傳統柴油相比較各種污染物的變化 (%)

污染種類	B100	B20
C_xH_y	−93	−30
CO	−50	−20
PM	−30	−22
NO_x	+13	+2
Sulfates	−100	−20
PAH	−80	−13
Ozone Potential	−50	−10

　　燃燒生質柴油所製造出來的污染物對於人類來說其毒性較低，而且燃料的潤滑性也比石化柴油來得好，因此生質柴油的應用主要還是根基於其污染排放以及動力輸出特性。一般來說，將生質柴油應用於柴油內燃機中並不需要針對內燃機進行修改，生質柴油應用於內燃機時，其排放煙度、一氧化碳以及未燃碳氫均較石化柴油來得低，但是卻有造成氮氧化物排放上升的缺點。生質柴油擁有高黏度、高密度、低熱值的缺點，除此之外，生質柴油中有許多未飽和鍵結，並且含有氧原子於分子中；除了噴霧特性受到影響之外，燃料的自氧化特性、對周邊材料的氧化性與腐蝕性都是必須要面對的課題，為了解決這些缺點，在生質柴油可以添加少量的添加劑來改善上述的問題。

　　上述的缺點將會在引擎耐用性上產生問題，例如：噴嘴阻塞、濾心堵塞、嚴重的引擎積碳，甚至有文獻指出：經過 B20 使用 1000 小時的測試造成引擎燃料泵浦的毀損、墊片膨脹軟化、與積碳等問題，不僅如此，生質柴油對於銅合金以及鋁合金具有相當的腐蝕性，尤以銅合金最甚，但是生質柴油對於不銹鋼則不具有腐蝕性 (Fazal et al., 2010)。磨損發生的零部件位置主要是在於滑動位置，例如：汽缸套、曲軸軸承、曲軸連結處、活塞與活塞環、氣門閥體，許多的潤滑都是來自於燃料本身的潤滑度，雖然生質柴油有很好的潤滑度，但是因為生質柴油本身有吸水性而造成磨損更會造成腐蝕。盡管目前生質柴油在車輛的使用上獲得成功，但是有許多問題仍然有待克服，以現在柴油供應系統為例：燃料泵浦中有許多精密的零件，這些零件不外乎由鐵合金以及非鐵合金所製造而成，因生質柴油吸水的特性而會造成腐蝕加劇的現象 (Díaz-Ballote et al., 2009)。

　　目前使用生質柴油大多與石化柴油進行混摻後使用，而生質柴油因其物理與化學特性與石化柴油有所不同，影響其於引擎中的燃燒特性。許多的研究顯示生質柴油在燃燒室中霧化特性暨滲透深度 (penetration)、分散度 (dispersion) 以及燃料本身特質 (fuel properties) 有密切的關係。低混摻比 (低於 20%) 使用於重型卡車上並不需要進行任何引擎或供油系統的修改,並不會造成引擎保固或其他重大的引擎維修上的問題。根據國家再生能源實驗室的報告指出:在純 FAME 柴油中因具有些許的溶解性 (Solvent),供油及引擎系統中其橡膠會因油品的因素造成老化 (NREL 2001)。但也因如此,純生質柴油具有較好的引擎燃燒特性,不易產生積碳現象,並具有較好的引擎效率。生質柴油的使用上,生質柴油的十六烷值較石化柴油略低,在冬天具有冷啟動的問題。

5.4 其他替代燃料

5.4.1 氫

氫是宇宙中含量最大且最輕的元素,由於其密度小很容易離開大氣而逸散,因此在地球的大氣中幾乎不存在,然而卻有大量的氫原子存在於水分子、礦石、各種碳水化合物或是碳氫化合物燃料中。16 世紀末人類就發現金屬在硫酸中會產生許多泡泡,直到 18 世紀亨利·卡文迪西 (Henry Cavendish) 才確定為元素並且發現它是一種可燃的氣體,燃燒後會產生水,拉瓦節 (Antoine-Laurent de Lavoisier) 依循希臘語的命名成為 hydro(水)-gen(產生)-ium,因此日韓兩國均將該元素稱之為『水素』,而中文則因為它很輕而稱之為氫氣。氫與空氣的燃燒反應如 (5-27) 所示,氫與空氣混合後極易被引燃,其每莫爾燃燒所釋放的能非常的高,如果換算成每公斤氫氣的話則會達到 120.905 MJkg 約為汽油每公斤熱值的三倍。

$$H_2 + \frac{1}{2}(O_2 + 3.76N_2) \rightarrow H_2O + 1.88N_2 \quad \Delta H = -241.81 \, kJ/mole \quad (5-27)$$

氫氣的製造有許多方法,目前售價便宜的氫氣主要還是來自石化燃料的處理過程,可以使用天然氣作為原料與水進行蒸汽重組法 (Steam refroming),其反應式由 (5-28) 以及 (5-29) 所表示,其中 (5-28) 為甲烷與水蒸汽產生合成氣 (syngas) 的過程而再經過 (5-29) 所顯示的水煤氣反應產生更多的氫氣。

$$CH_4 + H_2O \rightarrow CO + 3H_2 \quad (5-28)$$

$$CO + H_2O \rightarrow CO_2 + H_2 \quad (5-29)$$

針對碳氫燃料使用蒸汽重組法之外亦可使用部分氧化法 (Partial oxidation),使用部分氧化法使用部分燃燒技術 (5-30) 來產生含氫的合成氣來取代 (5-28) 製程。

$$C_xH_y + \frac{x}{2}O_2 \rightarrow CO + \frac{y}{2}H_2 \tag{5-30}$$

另外一方面，產生含有一氧化碳以及氫氣的合成氣也可以透過煤炭的氧化 (Coal gasification)，相同的氧化技術也是可以用來處理石油焦 (Petroleum coke)，在石油煉油廠中使用裂煉法以及各種製程的排氣中也含有氫氣可供擷取純化。

從氫的氧化物 (水) 直接取得氫氣主要可以透過電解法 (electrolysis) 與熱裂解法 (thermolysis)，直接將水分解成氫與氧的製程成本會比前述的石油化學製程來得昂貴，如圖 5-33 所示為電解法以及其電極附近的化學反應，電解槽中的水必須加入少量的硫酸使水中的電阻變小而電流增加，在負極附近，電子離開電極後與水中的氫離子反應產生氫氣；在正極附近，水會變成氧氣並且釋放電子回到電路的迴圈中，兩電極的反應式疊加後可以得到總反應式 (5-31)。一樣是 (5-31) 的反應式，在沒有觸媒的情況下，水蒸汽被加溫到 2500°C 時也會發生熱裂解現象而產生氫與水，使用二氧化鈦奈米觸媒可以有效地降低溫度。其他尚有許許多多新穎的製氫方式，例如：藻類產氫、太陽能 / 觸媒至氫…在此不多作介紹，目前便宜且供應量大的氫氣主要還是來自於煤、石油以及天然氣等資源。

$$2H_2O \rightarrow 2H_2 + O_2 \tag{5-31}$$

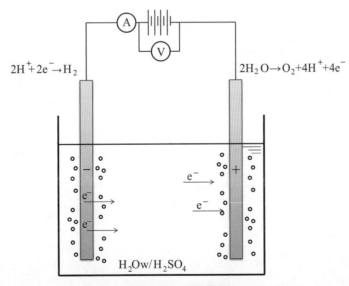

圖 5-33　水的電解

由於氫氣在空氣中幾乎不存在，因此氫作為燃料時必須將其視為一種能源攜帶者 (Energy carrier)，也就是說將能源儲備在氫氣中並在使用時將其能量釋放出來。車輛使用氫作爲燃料有兩個主要想法：(一) 使用燃料電池；(二) 直接用氫在內燃機中燃燒產生動力，使用燃料電池的部分將在本書的第 11 章中說明。無論是使用燃料電池或是直接將氫氣用在內燃機中都需要氫氣的基礎建設 (infrastructure)，而氫氣的許多物理特性使得儲存與運輸有相當程度的困難。氫氣與甲烷一樣，其臨界點溫度相當低其值爲 33K，如果無法將溫度降低到 –253°C 氫氣無法被液化只能以高壓鋼瓶儲存，如果無法以液態攜帶時，其運輸效率明顯不彰，再加上氫的密度相當低，在有限空間下所攜帶的氫重量會受到很明顯的限制。另外一方面，比較 (5-31) 與 (5-26) 以及丙烷或丁烷的燃燒反應，氫不像一般碳氫燃料燃燒後的產物莫爾數比反應物多，其反應過程的氣體莫爾數反而變少，因此在內燃機中氣體的作功主要來自於氣體受熱的膨脹所造成，因此相同內燃機使用汽油與氫時的性能將會有明顯的落差。

在此以兩部使用氫作爲內燃機燃料的車輛進行介紹，首先介紹德國 BMW Hydrogen 7 爲例 (圖 5-34)，該車以 BMW 760i V12 爲基礎進行修改，在車上安裝一雙燃料系統，當氫燃料用罄後可以使用汽油系統。爲了有效地攜帶液態氫氣，該車輛配置有一雙層絕熱保溫容器盛裝 8 公斤液態氫，該容器確保其溫度低於 –253°C 使氫氣呈現液態。就如同上述所言的燃燒問題，該車使用汽油作爲燃料時，每公升汽油可以行駛 7.2 公里，相對的，使用氫氣時每公升燃料只能行駛 2 公里，按照該車的油耗，當充填液態氫全滿之後可以行駛 200 公里。使用低溫冷凍液化技術 (Cryogenic) 的燃料筒有安全洩壓的機制，該容器只要內部壓力超過 87 psi 即會開始洩壓，一般來說，當車輛靜止不使用時，液態氫容器內的壓力會在 17 個小時左右達到上述的壓力，如果車輛連續 10-12 天不行駛時，容器內的液態氫會因爲熱傳的關係而全部蒸發逸散完畢。

圖 5-34　BMW Hydrogen 7(by Christian Schütt, CC BY-SA3.0)

　　日本馬自達公司使用配備等同 2,616 cc 轉子引擎的 RX-8(圖 5-35) 作為基礎進行氫氣燃料的使用修改，該車使用高壓缸瓶 (110L@350 bar) 來盛裝氫氣，滿裝時約可攜帶 2.4 公斤的氫氣，使用氫氣時該車可以行駛 100 公里的里程。

圖 5-35　Mazda RX-8 Hydrogen RE(by Taisyo, CC BY-SA3.0)

　　由於氫氣物理本質的關係，使得氫氣的攜帶變得相當不便，在有限的空間中存放足量的氫氣成為一大挑戰，雖然使用液態氫或者是高壓缸瓶可以暫時性獲得解決，但是相關技術仍有需要突破的空間。

🔩 5.4.2　甲醇燃料

　　使用醇類當成內燃引擎動力系統之燃料的技術開發非常久遠，早期以前述的乙醇為引擎燃料的主角，二十世紀初的德國每年約可生產供動力使用的生質乙醇約一億一千萬公升 (Bernton, 1982)，隨著石油探勘與冶煉技術的精進，價格十分便宜的汽油就取而代之成為內燃引擎燃料的主要來源。1970 年代石油危機發生時，人們又以乙醇來做為交通工具的燃料，1975 年巴西的國家酒精計畫 (National Alcohol Program, PNA) 成功地推展了酒精汽油，當石油價格回穩時，醇類的使用又隨之下降，但其相關研究並未停止，直至今日，石油價格上漲與二氧化碳排議題，才又開始引起科學家與工程師的注意。而生質乙醇的製造造成糧食的排擠效應，使得生質酒精的使用具有道德的爭議。1970 年代成本比乙醇更低的甲醇開始被注意到且應用在內燃引擎上，當時就發現到在一般的汽油中添加 10% 的甲醇可以有效地提高引擎功率、油耗性能與污染排放，但是因為某些技術與經濟成本因素而一直無法實現 (Olah, 2006)。在過去主要的考量有三：其一為材料問題；其二為燃燒技術問題；其三為成本問題。

(一) 材料問題

過去作為汽油運送管路密封用的橡膠，無法於甲醇的環境中使用，許多的橡膠、塑膠與氣密墊片都會因為醇類的關係而溶脹破損，造成燃料的洩漏。除此之外甲醇還會腐蝕鋁、鎂、鋅等合金，汽車引擎的進氣歧管與過去的化油器多為鋁鎂合金所製成，使用甲醇作為燃料時會很容易造成腐蝕等問題。隨著材料科技的進展，橡膠等技術均可以獲得解決，然而鋁合金引擎的重量輕，散熱佳的特點是目前無法輕易取代的，所以必須使用其他的解決辦法來克服鋁合金會受到腐蝕的問題。另一方面，甲醇對於鋼材與鑄鐵不會有腐蝕性的問題發生。

(二) 燃燒技術問題

以燃料噴霧、蒸發與燃燒的觀點來看，內燃機使用甲醇時會有辛烷值高、熱效率高、燃燒速度高與容積效率高的四高特點，而且著火極限寬，讓引擎可以在較寬的混合氣濃度範圍內工作，但是甲醇的蒸發熱是汽油的 3.7 倍，若是使用傳統歧管噴射 (PFI) 的技術供應燃料時，燃料不容易在進氣氣門前蒸發而形成燃料溢流，導致啟動困難或者無法啟動。在過去曾有使用 85% 甲醇混合 15% 汽油運用於內燃引擎的先例，並且有效地克服冬天啟動的困擾。其關鍵在於冷車狀態下，如何提供有效且足夠的燃料蒸氣使火星塞可以順利點火，待引擎溫度足夠之後就沒有燃料蒸氣不足的問題。甲醇的親水性很強，可以跟任何比例的水混合，所以在使用上油箱必須盡量與外界空氣隔絕以免吸附水氣，水氣成分較高時會導致點火性變差。

(三) 成本問題

過去至今的甲醇大多是由一氧化碳與氫 (水煤氣) 合成的，而一氧化碳與氫的來源大多從煤的氣化與石油化學工業的餘氣中取得，在過去只要石油的價格比甲醇的製造成本高時，汽車製造業與研究學者就會開始進行其相關的研究，等到石油價格比甲醇低時，甲醇引擎技術就迅速地被拋之腦後。近年來因石油需求高而且油源逐漸枯竭的隱憂，使目前的原油價格居高不下，再加上二氧化碳排放與溫室效應的問題，甲醇燃料動力引擎的開發也再度吸引科學家的注意。

甲醇曾經是一種被稱之為永續碳經濟概念所推薦的燃料，過去也曾經有人比較過甲醇與代表氫經濟的氫，相關特性如表 5-7 所列。

⊗ 表 5-7　甲醇與氫的比較

	甲醇	氫
化學式	CH_3OH	H_2
當量反應	$2CH_3OH + 3(O_2 + 3.76N_2)$ $\rightarrow 2CO_2 + 4H_2O + 11.28N_2$	$2H_2 + O_2 + 3.76N_2 \rightarrow 2H_2O + 3.76N_2$
液態密度	791.8	70.8
熔點	−97	−259
沸點	64.7	−253
汽化熱	35.3kJ/mole	0.45kJ/mole
工業製備	水煤氣合成	烴裂解法、蒸氣重組、煉油廠尾氣
環保製備	1. 生質能氣化 2. 再生重組	1. 環保電能水解 2. 生物產氫
運輸 / 輸送	液灌車 / 管路壓送	高安全規格之高壓鋼瓶 / 高壓管路輸送
特性簡述	最簡單的醇類，揮發度高、無色、易燃，甲醇可以在空氣中完全燃燒，並釋出二氧化碳及水	無色無味無臭，極易燃燒和極易爆炸的雙原子的氣體
環境衝擊	1. 對人體具毒性，但在低濃度時毒性較汽油為佳 2. 在空氣與水中容易降解	對生物與環境無毒性

🔩 5.4.3　二甲醚燃料

二甲醚 (Dimethyl ether, DME) 的分子式為 CH_3OCH_3，它是甲醇在觸媒配合的情況下脫水製成，大部分化工廠使用二步法進行生產，在觸媒的協助下，可以直接將甲醇脫水產製而成。一般來說，二甲醚應用在噴霧罐的推進劑或是溶劑使用，也可以做為冷媒之用。在常溫下，二甲醚可以與液化石油氣一樣盛裝在壓力容器中並且呈現液態，如圖 5-36 所示。

二甲醚是可以用來替代液化石油氣以及柴油的替代燃料，其特性如表 5-8 所列，當然前提是必須使用生質物來進行二甲醚的製造，現階段工業用二甲醚多是使用石化工業的甲醇來製得，因此有些學者不認為現階段的二甲醚是環保替代燃料；不可否認的，二甲醚分子中有氧原子，因此無論是用在民生用瓦斯燃燒器或者是柴油引擎都有無煙燃燒的優勢，不僅如此，二甲醚的十六烷值約為 55，比一般石化柴油來得高，但是它的熱值較低，因此相同的里程需要較多的燃料才能到達。

圖 5-36　充填二甲醚於燃料筒中由石英視窗所見液體

● 表 5-8　二甲醚與柴油的比較

項目	二甲醚	柴油
化學式	CH_3OCH_3	$C_{14}H_{30}$[†]
密度 (g/cm³)	0.661	0.856
低熱值 (MJ/kg)	28.62	41.66
含碳量 (%)	52.2	87
沸點 (°C)	−24.9	125-400
含硫量 (ppm)	0	<50[‡]
十六烷值	55	48

[†]：柴油為混合物，酌用十四烷為代表

[‡]：車用柴由目前的法規為 50 ppm 以下，普通柴油與漁船用柴油的含硫量相當高

5.4.4　生質熱裂解燃料

　　生質熱裂解燃料是最近幾年相當熱門的一種燃料科學，生質廢棄物是農業所產生的廢棄物，除了進行回收堆肥之外亦可作為燃料的原料來源，而熱裂解技術是在無氧環境下加熱使得生質物發生裂解的化學反應。在生質廢棄物中含有木質纖維素，木質纖維素

───→ QR導覽 ╱──────────────────────────

圖 5-36

(lignocellulosic) 是混合了纖維素 (cellulose)、半纖維素 (hemicellulose) 以及木質素 (lignin) 的統稱；透過氣化 (gasification)、水解 (hydrolysis) 以及快速熱裂解 (fast pyrolysis) 都可以將生質物轉變爲液體燃料；在本節之中僅介紹以熱進行處理且較爲先進的快速熱裂解製程。所謂的快速指的是其反應遲滯時間 (residence time) 是在數秒內完成，而熱裂解的溫度則是約在 500℃ 左右並且使用惰性氣體作爲物料輸送氣體，整個連續式生產反應會在流體化床中進行反應，其架構如圖 5-37 所示。

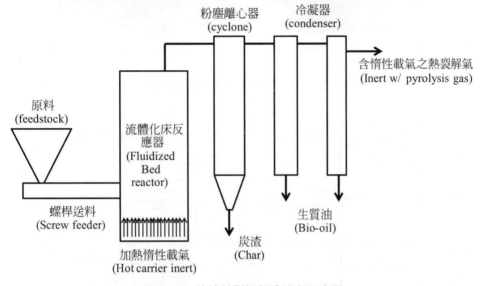

圖 5-37　快速熱裂解製造流程示意圖

　　經過快速熱裂解所製得的液體稱之爲生質油 (bio-oil)，其熱值大約爲燃料油的一半，而且含有相當多的水分，經過靜置之後可以分成油相與水相，如圖 5-38 所示。使用不同生質廢棄物進行快速熱裂解製造時所產生產物的成份會有差異，如圖 5-39 與圖 5-40 分別所示爲鋸木屑、咖啡渣與稻桿的油相與水相使用氣相層析質譜儀所進行的分析結果。生質油無法與石化柴油直接混合使用，一般來說都需要經過化學升級 (upgrading) 才能產生與柴油以及汽油性質相當的燃料，因此其製程的成本會比較高。在最近的研究中也曾經進行直接混合的方式進行測試，然而生質油無法直接與柴油混合，通常需要乳化劑進行乳化 (圖 5-41)，相關油品測試時發現氮氧化物有被抑制的現象，伴隨著乳化所引起的微爆現象，因此在部分條件下，燃燒壓力以及熱釋放率有稍微增加的現象 (Yang et al., 2014B)；然而生質油的酸性以及腐蝕性仍然有會造成內燃機機件的損傷。

(a) Oily phase
油相

(b) Aqueous phase
水相

圖 5-38　生質油分離的 (a) 油相與 (b) 水相產物 (Yang et al., 2014A)

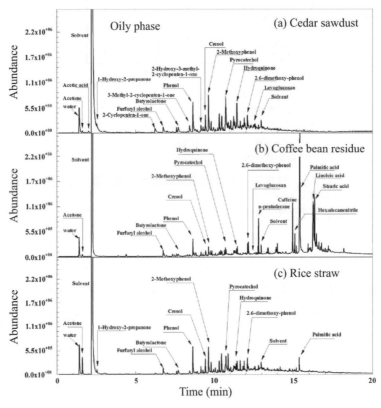

圖 5-39　(a) 雪松鋸木屑、(b) 咖啡渣與 (c) 稻桿的油相質譜分析 (Yang et al., 2014A)

QR導覽

圖 5-38

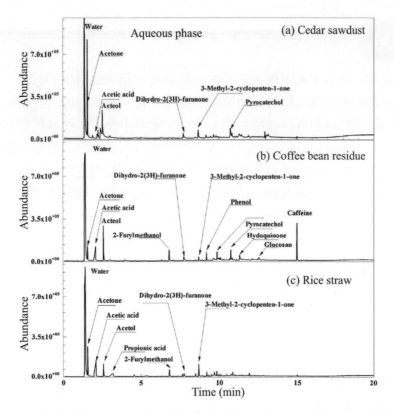

圖 5-40 (a) 雪松鋸木屑、(b) 咖啡渣與 (c) 稻桿的水相質譜分析 (Yang et al., 2014A)

圖 5-41 生質油與柴油的混合 (a) 直接混合；(b) 使用乳化劑混合 (Yang et al., 2014B)

本章小結

　　在本章中介紹了內燃機內部的燃燒現象與相關燃燒科學的原理，無論是火花式內燃機以及壓燃式內燃機均做了相當充分的介紹。在燃料方面，針對傳統燃料的特性進行說明，並且在本章中介紹各種替代燃料的相關資訊，使讀者可以輕易地明白各種替代燃料的優缺點，以及其對內燃機性能的影響。面對新世代內燃機技術的發展，我們不能再將內燃機的燃燒室當成黑盒子來看待，精準的空氣與燃料比例、燃燒狀態、火焰傳播以及點火策略的精準操作才是目前先淨潔淨內燃機的本質，配合上替代燃料的使用，有效地減少使用石化燃料對於環境與人類的衝擊，對於永續發展擁有正面的作用。

作業

1. 試平衡以下燃料與空氣反應的反應式係數
   (a) 乙醇 (C_2H_5OH)
   (b) 正辛烷 (C_8H_{18})
   (c) 甲苯 (C_6H_6)
   (d) 丙烯 (C_3H_6)
2. 當丙烷搭配剛剛好的空氣進行反應時，其燃料空氣比與空氣燃料比分別為何？
3. 當量比 $\phi = 0.9$ 的丙烷與空氣混合氣中燃料空氣比為何？而過剩空氣比又為何？
4. 試計算乙醇與氧反應的標準燃燒焓為何？
5. 試利用科羅拉多大學所開發的化學平衡計算網頁軟體計算丙烷與空氣在當量比為 1 的反應下之絕熱火焰溫度為何？並且計算燃燒產物中 C_3H_8、CO_2、CO、O_2、N_2、H_2O 以及自由基 OH 的濃度。
6. 已知某種燃料與空氣混合氣體在一噴流出口速度為 1.5 m/s 的本生燈上測量火焰錐角度時測得 15 度，請問該混合氣體的層流火焰速度為何？
7. 比較相同熱值輸出下，燃燒丙烷與燃燒甲烷時二氧化碳的排放量。
8. 討論使用生質燃料對於人類農業的衝擊與影響。
9. 討論使用氫作為車輛燃料的挑戰為何？從產製、硬體設施到車輛燃料系統進行討論與比較。
10. 收集資料討論何為永續碳經濟。

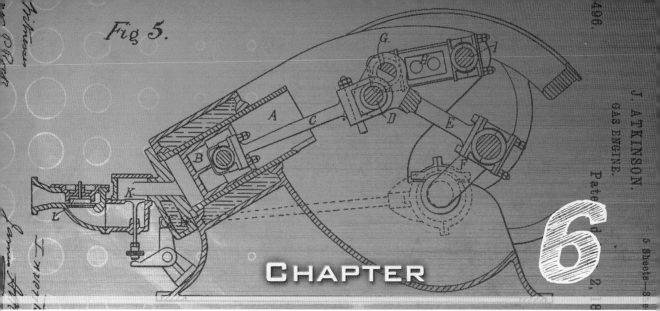

廢氣後處理器

6.0 導讀與學習目標

在本章中將介紹廢氣處理技術的基本學理與觀念，燃燒是內燃機將能量注入熱力循環系統的方式，然而燃燒的化學反應要在動力衝程中完全反應完畢有相當的困難，不僅如此，燃燒高溫所產生的氮氧化物也是需要處理的部分，在本書中將介紹內燃機的污染以及其後處理方式及原理介紹。

學習重點

1. 理解並且認知內燃機燃燒的污染種類以及其對環境與人類的影響
2. 認識觸媒的架構及其應用在後處理器的方式
3. 認識各種後處理的種類與其應用上的限制

6.1 內燃機污染

6.1.1 火花點火式內燃機污染物特徵

火花點火式內燃機的燃料主要為汽油，透過燃燒的方式將汽油中的碳氫化合物氧化成水與二氧化碳，在過程中由於無法完全反應完成，所以會有一氧化碳 (CO) 以及各種未燃碳氫化合物 (unburned hydrocarbons, UHCs) 排放，在燃燒過程中又因為溫度高以及燃燒化學反應過程而產生氮氧化物，其中一氧化碳的濃度大約在 1-2 vol%、未燃碳氫化合物約在 500-1000 ppm 而氮氧化物則約在 100-3000 ppm 之間 (Kummer, 1980)。一氧化碳與未燃碳氫化合物都是因燃燒不完全而產生，這兩種產物會與內燃機內的空燃比有關係，比較特殊需要討論的是氮氧化物的生成。

在大自然界中存在著產生氮氧化物的機制：閃電，當閃電通過空氣產生局部高溫而產生氮氧化物 (以下簡稱 NO_x)，這一類天然產生的 NO_x 約占 30%，而人類所產生的 NO_x 約佔 70%，其產生的過程大部分是因為燃燒高溫而生成，這包含各種內外燃機中的燃燒器以及一般家用瓦斯爐等。所謂的 NO_x 係指 NO 與 NO_2，NO 在空氣中會與氧氧化成 NO_2。在煤炭的燃燒過程中就會因燃料中有鍵結氮而產生 NO_x，一般來說對於不含氮燃料的反應中，NOx 的生成主要可以分成兩種形式：(一) 熱氮氧化物 (Thermal NO)；(二) 快生成氮氧化物 (Prompt NO)。高溫的燃燒過程中，因高溫產生的 NO_x(Thermal NO) 主要是以 Zeldovich(1946) 的生成機構來表示：

$$O + N_2 \rightarrow NO + N \tag{6-1}$$

$$N + O_2 \rightarrow NO + O \tag{6-2}$$

$$N + OH \rightarrow NO + OH \tag{6-3}$$

其中的關鍵速率在於氮氣三鍵的裂解，該鍵的裂解能量需要 941 KJ/mole(Hayhurst and Vince, 1980)，而其裂解溫度必須大於 2000 K 以上，也因此當燃氣溫度高於 2000 K 以上時 Thermal NO 會急速增加。Miller 與 Bowman 在 1989 年的研究中提到，以甲烷為燃料且 ϕ 值於 1.37 之情況下燃燒溫度約為 1800 K，此時 Thermal NO 的產生量可以被忽略；其研究更說明 Thermal NO 僅在燃燒化學當量比 (ϕ 值) 介於 0.8 至 1.0 之間為最大。因為 Thermal NO 的反應速率比較慢所以大部分 Thermal NO 主要產生於後火焰 (Post-flame) 中，所以無法以 Zeldovich 的反應機制來描述主要反應區中快速產生的 NO，而 Fenimore 在

1971 年認為在主反應區中快速產生的 NO 必定與碳原子或碳氫原子有關聯，故提出關於在主要反應區中快速產生 NO 的反應機制，也就是說碳氫燃料的火焰中透過以下的反應式：

$$CH + N_2 \rightarrow HCN + N \tag{6-4}$$

再轉化出 NO 的反應機構。在 Bartok 等人 (1972) 的文獻中發現到當 ϕ 值大於 0.9 之後 NO 主要由 Fenimore NO 所主導，而且當 ϕ 值接近 1.2 時達到最大值當 ϕ 值大於 1.2 之後 Fenimore NO 逐漸減少。Fenimore NO 的產生機構屬於 Prompt NO 中重要的一種反應機構，除了 Prompt NO 還包含了另外兩種：Superequilibrium NO 與 N_2O 轉化 NO，前者係當 ϕ 值小於 0.8 時也就是 Thermal NO 與 Fenimore NO 的量均很少時才顯得重要，而後者主要是針對燃煤或者燃重油的系統中才顯得重要 (Bowman, 1992)。

當內燃機中燃料與空氣的混合物是在富油燃燒狀態下時，一氧化碳以及各種未燃碳氫化合物會偏高，但是因缺氧燃燒而使得氮氧化物生成較少；相反的，當燃料與空氣的混合物是在貧油燃燒狀態下時，一氧化碳以及各種未燃碳氫化合物會降低，而氮氧化物也會因燃燒溫度降低而減少，只有當燃燒溫度達到最高時，氮氧化物的排放濃度才會升高，燃燒溫度最高的狀態是在靠近當量但偏貧油的附近。

🔩 6.1.2　壓燃式引擎污染物特徵

壓燃式內燃機使用柴油進行噴霧擴散火焰燃燒，柴油燃燒的污染物相當複雜，其中包含了固、液、氣三相污染物，因此在控制不當的柴油車輛排放中很容易產生明顯可見的黑煙 (如圖 6-1 所示)。

圖 6-1　重負載下柴油引擎容易冒出黑煙

在固相方面主要式碳煙顆粒或者稱之為總顆粒物質 (Total Particulate matter, PM)，這些顆粒狀污染物是由硫酸鹽 (sulfate)、碳粒 (soot) 與其吸附的液體共同存在，在液體的部分主要可以分成：可溶性有機物 (Soluble organic fractions, SOFs) 以及揮發性有機物 (Volatile organic fractions, VOCs)，除了部分被前述的碳粒所吸附之外，其他的液相會形成氣膠 (aerosols)，這些液態的污染物主要是來自於未燃燒完全的柴油以及潤滑油。在氣體部分則是有一氧化碳、未燃碳氫化合物、氮氧化物以及硫氧化物等。與火花式點火內燃機相比較，壓燃式內燃機主要是藉著高熱效率而受到歡迎，所以二氧化碳排放也比火花式點火內燃機來得少，也因為該引擎的空燃比相當高 (～ 20-24)，所以一氧化碳的排放也會比較少；不僅如此，壓燃式內燃機的壽命通常會比火花式點火內燃機來得長許多。

部分壓燃式內燃機的使用燃料含有較高的硫磺成份，例如：海運柴油或漁業用油等都比一般車輛用柴油擁有較高的硫磺，當硫磺燃燒後就會產生硫氧化物 (SOx)，硫氧化物指的是包含一氧化硫 (SO)、二氧化硫 (SO_2) 以及三氧化硫 (SO_3)，其中一氧化硫甚少存在，最常見的是二氧化硫，而三氧化硫溶於水會變成硫酸，工業上主要是藉由觸媒進行該原物料的製造。政府為了有效控制國內交通運輸車輛所使用壓燃式內燃機的污染排放量，更為了搭配觸媒後處理器等相關技術，在防止觸媒毒化且顧及到污染的排放下，我國內所使用車用柴油的含硫量已經低於 50 ppm 以下。

🔧 6.1.3　污染物對環境與人類的影響

車輛所排放的污染物主要有粒狀污染物以及氣狀污染物，這些污染物除了直接影響環境與人類健康之外，污染物與污染物之間也會產生化學作用而引發不同型式的污染，因此針對目前大家比較關心的幾個環境與人體影響進行討論：

(一) 一氧化碳中毒

一氧化碳是內燃機在碳氫類燃料燃燒不完全時所釋放的有毒氣體，當氧氣含量不夠充分時，燃燒過程中的中間產物一氧化碳無法被完全氧化成二氧化碳，一氧化碳本身無色、無味、無特殊刺激性氣味，因此靠人類感官辨識其存在是相當困難的。一氧化碳中毒與人體中輸送氧氣機制有關，人類輸送氧氣依靠血液中的血紅蛋白 (Hemoglobin, Hb)，在正常的呼吸作用下，血紅蛋白可以與氧氣以及二氧化碳結合；然而血紅蛋白亦可與一氧化碳結合形成羰血紅蛋白 (Carboxyhemoglobin, COHb)，而且一氧化碳與血紅蛋白的結合力是氧氣的 240 倍 (West, 1995)，一但血紅蛋白被一氧化碳占據後，即失去輸送氧氣功能而導致窒息死亡。當車子在密閉空間運作時，會因為空氣中的燃燒廢氣增加而造成一氧化碳產生迅速成長，因此要提醒讀者，如果車輛停放在車庫中時，務必要開啓車庫門後才發動車輛引擎，以免造成不幸意外。

(二) 粒狀污染物

　　粒狀污染物 (particulate matter, PM) 是空氣污染物中相當常見的一種型態，其組成為固體顆粒或是微細液滴，固體顆粒會吸附各種有害性氣體或揮發性有機物在表面孔隙中，而微細液滴則主要由氮或硫的氧化物吸收水分而形成。當各式粒狀污染物懸浮在空間中時會產生一種分散的形態，這種狀況稱為氣溶膠 (aerosol)，如圖 6-2 所示。氣溶膠不僅僅會影響到陽光輻射到地面的能量，也會形成凝結核 (cloud condensation nuclei) 而影響到雲的生成，甚至會進一步造成氣候變遷的嚴重後果。當粒狀污染物的直徑小於 10 μm 時稱之為可吸入懸浮粒子 (Respirable suspended particle, RSP)，或稱之為 PM_{10}，PM_{10} 可以越過呼吸道的纖毛與黏液而來到支氣管與肺部；當粒狀污染物的直徑小於 2.5 μm 時稱之為 $PM_{2.5}$，$PM_{2.5}$ 的比表面積比 PM_{10} 還要來得大，不僅僅會進入到肺部的更深處也會吸附更多有害物質在顆粒上。上述這些微細粒狀污染物一但進入肺部後，累積在肺泡或者是氣管中，會對身體造成健康上的影響，許多研究均指出，粒狀污染物是造成肺癌與呼吸道病變的元凶之一，甚至有些報導指出 $PM_{0.1}$ 有機會進入人體血液中而造成神經損傷。

圖 6-2　粒狀污染物在都市中是常見的污染型態

(三) 酸雨

　　酸雨屬於空氣污染的衍生性污染，當空氣中的污染物隨著雨水或雪降落到地面時稱之為濕沉降，當雨水的酸鹼值低於 pH 5.0 時定義為酸雨或稱之為酸性沉降，雨水在沒有污染時會因為空氣中二氧化碳溶解的關係而略呈微酸性。根據環保署台北酸雨監測站 1990-1998 年之有效雨水化學分析資料為準，顯示約 90% 降水天數的雨水 pH 值在 5.6 以下，而酸雨發生機率則為 75% 左右。如圖 6-3 所示為污染物與沉降的關係，除了濕沉降之外，許多粒狀污染物會在天氣好的時候發生乾沉降。

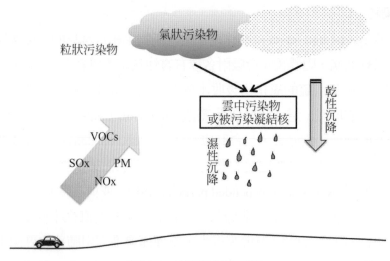

圖 6-3　污染物沉降型態

常見造成酸雨的氣狀排放物主要有：二氧化碳、氮氧化物與硫氧化物，它們與水之間的化學反應分別如 (6-5)、(6-6) 與 (6-7) 所示。

$$CO_2 + H_2O \rightarrow H_2CO_3(\text{碳酸}) \tag{6-5}$$

$$NO_2 + H_2O \rightarrow H_2NO_3(\text{硝酸}) \tag{6-6}$$

$$SO_2 + H_2O \rightarrow H_2SO_3(\text{亞硫酸}) \tag{6-7}$$

酸性的雨水降下時會對許多方面造成危害，茲就將相關危害列於之表 6-1 中。

表 6-1　酸雨的危害

危害方面	說明
水生系統	當湖泊或河水變酸時，使先遭到危害的是浮游生物，不僅如此酸性物質會使魚的腮產生黏膜而阻礙呼吸，嚴重時會窒息死亡。不僅如此，酸雨如果沉降在土地上，土地中的金屬也會被溶入湖泊之中，屆時酸雨會使整個水生系統受到嚴重的傷害。
土壤與植物	酸雨會溶解土壤中的礦物質與金屬，使的農作物生長不良；另外一方面，重金屬會被硝酸成分所溶解而進入植物體中而產生重金屬殘留

危害方面	說明
人文建築	許多重要的雕像屬於石灰岩或大理石材質，這些材質都會因為酸而崩解成石膏破碎狀物質，不僅僅造成人文藝術雕像的破壞更有可能傷害建築物的強度而造成嚴重的安全事故。
人類	無論是水生系統受到傷害或植物生長受到阻礙都會嚴重影響到人類的生活，當重金屬進入食物鏈之後對於人類的傷害是廣泛且多元的。

(四) 光化學煙霧

光化學煙霧 (photochemical smog) 或簡稱之為霾 (smog)，機動車輛所排放的氮氧化物 (NOx) 揮發性有機物在空氣中混合並且受到陽光紫外線的照射後會一種特殊的化合物，透過太陽光照射所形成的霧狀污染稱之為光化學煙霧，由於光化學煙霧是經過許多複雜的化學反應而生成，並且在空氣中成為懸浮狀態，因此被列為空氣污染的衍生性污染。在許多大都會的上空會因為機動車輛排放氮氧化物與揮發性有機物，再加上人為所產生的臭氧就會有光煙霧產生，當我們站在城市郊外或者是都市旁的半山腰往都市看時，如果都市被一股淡橘紅色薄霧籠罩者即是光煙霧現象。雖然光煙霧的化學反應相當複雜，但是它的基本原理與架構可以使用圖 6-4 敘述。參與光化學煙霧的主要成份有：氮氧化物、揮發性有機化合物、紫外線 (陽光)、及氧氣，當車輛內燃機燃燒時會釋放出氮氧化物，其中的一氧化氮在空氣中會與氧氣反應生成二氧化氮，而二氧化氮受到紫外線照射後會分解產生一氧化氮與氧原子，其中氧原子會與氧氣反應生成臭氧 (O_3)。另外一方面，空氣中的碳氫化合物會與氧原子、臭氧或氫氧根自由基反應生成碳氫類自由基，這些碳氫類自由基會進一步與氮氧化物反應後會產生過氧硝酸乙醯酯 (Peroxyacetyl Nitrate, PAN)，這種物質已知是對人體刺激性且致癌性物質，並且會造成植物病變，不僅危害人類更會影響到生態的平衡。

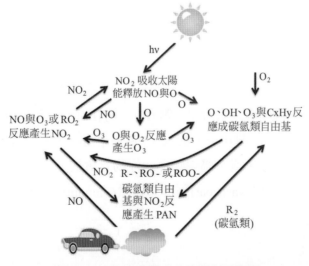

圖 6-4 光化學煙霧產生的機制示意圖

(五) 溫室效應

溫室效應的存在是地球環境適合生物生存的主要因素之一，溫室效應使得大氣層吸收太陽輻射熱能後，使大氣中氣溫相對穩定的效應；一個星球如果缺乏溫室效應則會造成極大的溫差，例如：水星是一個大氣非常稀薄的行星並且缺乏溫室效應，在地表沒有日照的地方最低溫度可達攝氏零下 180 度而日照區則會高達攝氏 430 度。相反地，如果溫室效應太強則會使大氣溫度過高而使生物無法生存，例如：金星是一個大氣中含有 96.5% 二氧化碳的星球，由於溫室效應的關係，金星地表的溫度從未低於攝氏 400 度，在金星地表上連金屬鉛都會被融化。許多研究指出，人為的釋放溫室氣體已經嚴重造成地球上的溫室效應增加並造成全球暖化的現象，其中又以大量燃燒化石燃料將數億至數十億年前的二氧化碳釋出。常見可造成溫室氣體計有：水蒸氣、二氧化碳、甲烷、氟氯碳化物、氮氧化物以及硫氧化物等，雖然二氧化碳是溫室效應氣體的主要元兇，但是部分溫室氣體的溫室效應潛勢比二氧化碳還高。

6.2　觸媒

6.2.1　觸媒原理

觸媒 (catalyst) 又稱之為催化劑，它是一種會參與化學反應，降低活化能並且增加反應速率，不僅如此觸媒的存在也擁有將反應導向特定產物，以一氧化碳氧化為例 (6-8)，當觸媒不存在時，其活化能為 40 kcal/mole 而所需溫度約 700°C；使用白金 (Pt) 或者鈀 (Pd) 為觸媒時，其活化能降為約 20 kcal/mole 而所需溫度約 100°C 即可產生反應，要注意的是，觸媒的存在不會改變反應後的焓變化也不會改變反應自由能 (reaction free energy, ΔG)，如圖 6-5 所示意。

$$CO + 0.5O_2 \rightarrow CO_2 \hspace{4cm} (6\text{-}8)$$

對汽車排氣處理來說來說，貴金屬 (鉑 (Pt)、鈀 (Pd)、銠 (Rh)) 觸媒的效果會比一般過渡金屬 (鐵 (Fe)、鎳 (Ni)、銅 (Cu)、鈷 (Co)) 還要來得好，礙於貴金屬的成本高昂，在實務上為了增加接觸表面積，貴金屬觸媒等活性物質會被分散到具有高表面積的載體上 (carrier) 並且製作成洗覆塗層 (washcoat) 附著於擔體 (monolith) 之上，其結構如圖 6-6 所示。

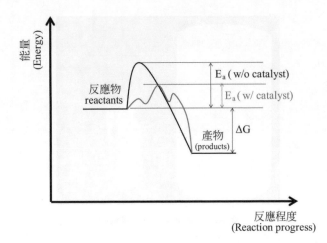

圖 6-5　觸媒在化學反應中所扮演的角色

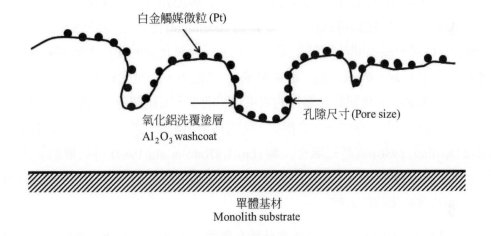

圖 6-6　觸媒擔體與活性成分

6.2.2　觸媒製備

　　觸媒之製作方法有許多到工序而且製程也有很多種，實際工序與製程或是特殊添加劑都是個化學公司的商業秘密，在此僅能概略性地敘述讓讀者可以大約了解其製作過程：

(一) 擔體

　　車輛所使用的觸媒擔體主要分為通道型、顆粒床與不規則多孔三種，但大多是多孔性直流通道以減少排氣壓損，依照材質可以區分成兩類：非金屬材質 (陶瓷類) 載體與金屬載體，其中蜂巢多孔性載體可以是堇青石 (cordierite) 為材料，抽擠成多孔性通道。為了克服某些內燃機的強烈震動，因此有些觸媒產品是使用金屬擔體 (metallic monolith)，金屬擔體多是以鐵鉻鋁合金 (Fecralloy) 為主，堇青石與金屬載體之樣貌如圖 6-7 所示。無論是陶瓷類載體或是金屬載體，只要是表面缺乏大面積者均需要進行洗覆處理。

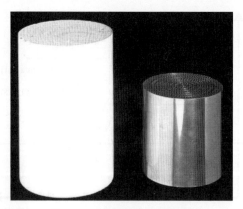

圖 6-7　董青石與金屬載體

(二) 載體以及活性成分

　　載體(carrier)是用來攜帶活性成份(例如：鉑、銠與鈀)的高面積無機材料，例如使用 γ-氧化鋁 (γ-Al$_2$O$_3$)，γ- 氧化鋁可以使用單水鋁石 (boehmite) 進行鍛燒製造，當單水鋁石鍛燒至 500-850°C 這一段區間時即可生成 γ- 氧化鋁。γ- 氧化鋁的使用不能超過 850°C，否則就會變成 δ- 氧化鋁、θ- 氧化鋁，最後變成 α- 氧化鋁，α- 氧化鋁的表面很小，如果載體因為高溫而燒成 α- 氧化鋁時，觸媒的效果也將消失，而這個受溫改變結晶的過程是不可逆的，因此無法修復。有許多研究指出，使用稀土元素氧化物，例如：二氧化鈰 (CeO$_2$) (Wan and Dettling, 1986) 或是三氧化二鑭 (La$_2$O$_3$)(Kato et al., 1987) 可以增加 γ- 氧化鋁的穩定性而減少觸媒損壞。除了氧化鋁之外，二氧化矽 (SiO$_2$)、二氧化鈦 (TiO2) 以及沸石 (zeolite) 都可以作為觸媒的載體。

　　為了讓活性成分可以均勻且廣泛地分散在載體上，最常見的商用製程是使用含浸法 (impregnating)，當含浸完成後再使用觸媒固定法將活性成分固定在空隙中，常見的有還原法或者是硫化氫還原法，最後再進行乾燥 (drying) 與鍛燒 (calcination)。

(三) 擔體處理以及洗覆

　　附著活性成分的載體需要擔體來固定而成為標準的商用觸媒，在此以鐵鉻鋁合金 (Fecralloy) 以及董青石蜂巢狀擔體為例子來說明。董青石蜂巢狀擔體在製程中較為簡易，因此不需要特別經過處理，但是機車常用且耐震動的鐵鉻鋁合金擔體則需要進行預氧化 (pre-oxidation)，預氧化時合金中的鋁會長出氧化鋁晶鬚，這些晶鬚將有助於洗覆時來固定載體。所謂的洗覆製程可以將載體研磨並且配成 30-40% 固態物的弱酸性泥漿 (slurry)，將擔體浸泡於泥漿中再使用空氣將多餘泥漿吹出，乾燥並且使用 300-500°C 的溫度進行鍛燒即可完成。泥漿洗覆並且鍛燒是眾多製造觸媒產品的製程之一，有興趣的讀者可以在化工類相關研究文章或者是書籍中查詢相關資料。

6.3 後處理器系統

6.3.1 三元後處理器

三元觸媒 (Three-way catalyst) 是火花式點火引擎進行排氣後處理的重要元件，所謂的三元指的是一氧化碳 (CO)、未燃碳氫化合物 (C_xH_y) 與氮氧化物 (NO) 的處理，藉由觸媒作用將一氧化碳 (CO) 與未燃碳氫化合物 (C_xH_y) 氧化，也利用前者透過觸媒使得氮氧化物 (NO) 得以還原成氮。三元觸媒的前身就是氧化觸媒，也就是處理一氧化碳以及未燃碳氫化合物，至於氮氧化物則是依靠廢氣迴流 (EGR) 技術來降低，氧化觸媒的主要活性物質有鉑 (Pt) 與鈀 (Pd)，其實氧化觸媒並不限定於使用貴金屬，在過渡元素中，銅 (Cu)、錳 (Mn)、鉻 (Cr)、鐵 (Fe) 與鎳 (Ni) 等較便宜的金屬也有觸媒的功能，唯效果比貴金屬差。第一代的三元觸媒主要使用鉑 / 銠 (Pt/Rh) 觸媒，再使用二氧化鈰 (CeO_2) 作為儲氧分子，鈰的特性如 (6-9) 與 (6-10) 所示：

$$(\text{富油狀態})CeO_2 + CO \rightarrow Ce_2O_3 + CO_2 \qquad (6\text{-}9)$$

$$(\text{貧油狀態})Ce_2O_3 + 0.5O_2 \rightarrow 2CeO_2 \qquad (6\text{-}10)$$

當內燃機的燃燒偏富油狀態時，燃燒廢氣中的一氧化碳不僅僅可以藉由貴金屬來進行氧化，而氧化所需要的氧可以從二氧化鈰來提供並且轉變成三氧化二鈰；當燃燒條件偏貧油狀態時，三氧化二鈰會儲備氧氣再度形成二氧化鈰的狀態。二氧化鈰也是極佳的蒸氣重組 (steam reforming) 觸媒，一氧化碳與未燃碳氫化合物均會與廢氣中的水分形成氫氣與二氧化碳，其中氫氣也是使氮氧化物還原的重要分子，其反應如 (6-11) 所示：

$$NO_x + xH_2 \rightarrow 0.5N_2 + xH_2O \qquad (6\text{-}11)$$

在大功率輸出的狀態下，觸媒轉化器的溫度會非常高，如圖 6-8 所示為 Luxgen 2.0L Turbo 引擎高馬力測試時的渦輪與觸媒段發熱狀態，因此車輛在高速行駛後若遇停車則必須要相當注意停車場地的地面上是否有可燃物 (草或垃圾紙張)，以免造成火災；另外一方面，現在車輛都限用無鉛汽油，不得添加任何為了過去老舊車輛所開發的代鉛劑等金屬鹽類製品，以免導致觸媒損毀。引擎燃燒室中的熄火或是燃燒嚴重不完全時會導致觸媒溫度迅速升高而損壞，所以在油量即將不足、怠速不穩、點火不良時都要進行檢修，以免觸媒損壞而造成更大成本的維修費；另外在熄火後也不要隨意踩油門而使部分油氣滲入觸媒中悶燒。

　　傳統的三元觸媒必須確保廢氣中的含氧量夠低才能確保氮氧化物的還原，不僅如此，廢氣中的一氧化碳與未燃碳氫化合物也要存在方能使氮氧化物還原，如果燃燒室中的燃燒過於乾淨也會影響到氮氧化物的處理，例如：汽車使用液化石油氣作為燃料時，氮氧化物會有稍微偏高的現象，除了因控制策略使燃燒溫度可能較高之外，另外一個主因就是廢氣中氧化碳與未燃碳氫化合物均低而使氮氧化物還原不易。近年來隨著環保意識與燃油消耗率的要求，內燃機的燃燒有使用貧油燃燒或是分層燃燒技術(缸內直噴技術)時，其整體當量比 (global equivalence ratio) 是貧油的狀態，使得廢氣中會含有較高的氧濃度。廢氣中存在氧氣時，會使氮氧化物無法還原，因此需要另外一種策略來控制氮氧化物，目前比較實用的是捕捉後還原法。在鉑銠三元觸媒 (Pt/Rh based) 中添加氧化鋇 (BaO)，在貧油燃燒模式下，一氧化氮會被鉑觸媒氧化成二氧化氮 (NO$_2$)(6-12)，二氧化氮會被氧化鋇吸收而成為硝酸鋇 (6-13)，後處理器上的氧化被吸收劑有限，所以當車輛行進中會由引擎控制單元進行極短時間的富油燃燒，使吸收劑上的硝酸鋇藉由銠觸媒的效應而還原成氮氣並生成水與氧化鋇以進行下一次的吸收循環 (6-14)。

$$NO + 0.5O_2 \rightarrow NO_2 \tag{6-12}$$

$$BaO + NO_2 \rightarrow BaNO_3 \tag{6-13}$$

$$BaNO_3 + H_2 \rightarrow BaO + N_2 + H_2O \tag{6-14}$$

　　除了使用前述的捕捉後還原法，目前也有部分車輛使用銅 -ZSM-5 沸石觸媒進行後處理，其他尚有鐵-、鈷-、銥-ZSM5 以及波洛斯凱特 (Perovskites) 觸媒尚在應用研究當中。

圖 6-8　Luxgen 2.0L Turbo 引擎高馬力測試時的渦輪與觸媒段

🔧 6.3.2　SCR 選擇性觸媒系統

選擇性觸媒 (Selective catalytic reduction, SCR) 系統是一種可以將氮氧化物還原成氮氣的裝置，在工業界中已經成熟地使用尿素搭配觸媒可以進行燃燒廢氣的除氮氧工作(Lee et al., 2005)，對於車輛的尿素選擇性觸媒 (SCR) 系統則是具備初步的技術規模。所謂的選擇性觸媒 (SCR) 系統係指在含有氮氧化物的燃燒廢棄中先行噴入氨 (ammonia) 或者尿素 (urea)，無論是直接噴入氨或者尿素均可在廢氣中直入氨分子(NH3)以進行以下的反應：

$$4NO + 4NH_3 + O_2 \rightarrow 4N_2 + 6H_2O \qquad (6\text{-}15)$$

$$2NO_2 + 4NH_3 + O_2 \rightarrow 3N_2 + 6H_2O \qquad (6\text{-}16)$$

$$NO + NO_2 + 2NH_3 \rightarrow 2N_2 + 3H_2O \qquad (6\text{-}17)$$

這些反應必須搭配適當觸媒以加快反應速度，常見的選擇性觸媒有氧化鈦型、釩、鉬、鎢、沸石，或者是多種貴金屬所製成，而操作溫度的最佳區間則為 630-720 K 之間，如果滯留時間夠長，溫度可以擴展為 500-720 K 之間。Mercedes-Benz 的 Bluetech® 科技就是使用選擇性觸媒系統，如圖 6-9 所示，除了柴油的加油口之外，旁邊尚有一個添加尿素水溶液的加液口。

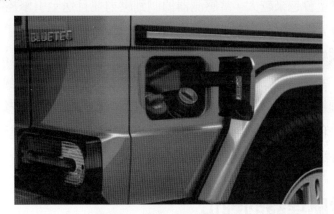

圖 6-9　尿素水溶液加液口

🔧 6.3.3　DPF 系統

即便是柴油共軌引擎，柴油的燃燒或多或少都會產生碳微粒，而柴油碳微粒濾清器 (Diesel Particulate Filter, PDF) 就扮演一個過濾器的角色，柴油碳微粒濾清器的構造有點類似蜂巢狀觸媒擔體的幾何形狀，唯廢氣不會直接穿越孔道，而是會穿越孔道間的濾材，其幾何架構如圖 6-10 所示。在運轉過程中，碳粒會被暫時性地儲存在過濾清器中。

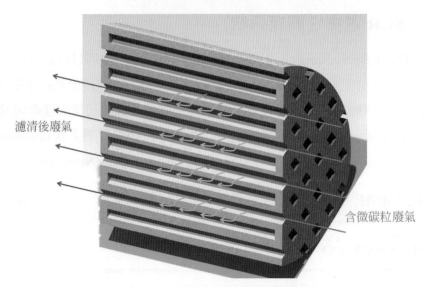

濾清後廢氣

含微碳粒廢氣

圖 6-10 柴油碳微粒濾清器架構圖

柴油碳微粒濾清器必須符合幾項要求：低壓損以減少對引擎功能的影響、足夠的過濾效率以過濾必須過濾的碳微粒、足夠大的表面積以儲存較多量的碳微粒並且要具備很好的耐熱震盪 (thermal shock) 的機械結構。一般來說，為了取得很好的耐熱震盪，20 世紀末已經開發出一種以氧化鎂、氧化鋁以及二氧化矽的複合陶瓷材料可以用來製作柴油碳微粒濾清器。當柴油碳微粒濾清器上所累積的微碳粒越來越多時，柴油碳微粒濾清器入口與出口處的壓差會越來越大，當感測器偵測到壓力並且送至引擎控制單元 (ECU) 時，引擎控制單元就會下指令進行再生 (regeneration)，再生方式主要有三種：燃燒器再生法、電熱再生法以及觸媒氧化劑再生法。燃燒器再生法係在柴油碳微粒濾清器上游安裝一個燃燒柴油的裝置，當柴油碳微粒濾清器累積過多碳微粒時則啟動燃燒並引入多於空氣來提高排氣溫度將碳粒燒除；電熱再生法則是利用電熱器並引入部分空氣將溫度提昇來燒除碳微粒；最後一種係利用引擎控制單元來下指令噴注較多的燃料進引擎中，使其燃燒後的未燃碳氫化合物增加以提高氧化觸媒的溫度與排氣溫度。

6.4 後處理器的鈍化

觸媒在運作過程中可能會遇到許多較為嚴峻的操作條件，例如高溫、熱震盪 (thermal shock)、或是燃料中含有造成觸媒損壞的成分而導致後處理器的性能退化 (deactivation)，各種形式的退化主要可以分成三種：熱退化、毒化、洗覆層流失，在本節中將針對這三種退化進行討論。

🔧 6.4.1 熱退化

當引擎的操作不當時會造成突然間的高溫，例如：熄火，未燒的油氣進入觸媒床時會在觸媒表面上發生觸媒燃燒的現象，此時的觸媒床溫度會急遽升高，一旦溫度接近 1000°C 時很容易造成熱退化的現象，如果針對現象進行細分有可以分成：觸媒成分燒結 (sintering of the catalytic component)、載體燒結 (carrier sintering) 兩種。在理想狀態下，觸媒成分應該是很均勻的分散在載體上，然而這種均勻的分布其實是不穩定的，例如鉑均勻分布在 γ- 氧化鋁上，當溫度上升時，這些不穩定分布的觸媒成分會開始聚集並且結晶，其現象如圖 6-11 所示。針對此種狀況，使用稀土元素氧化物可以使觸媒成分燒結的現象減緩，例如：二氧化鈰 (CeO_2) 或是三氧化二鑭 (La_2O_3) 都有類似的效果 (Oudet et al., 1989)。

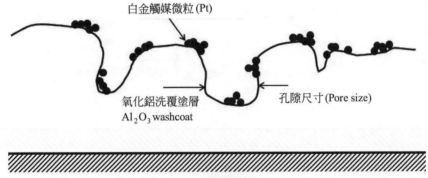

圖 6-11　觸媒成分燒結示意圖

當溫度超過 850°C 時 γ- 氧化鋁會開始變化，超過 1150°C 時，會變成 α- 氧化鋁，使得表面積變小，並且讓孔隙縮小或者完全封閉，這種現象稱之為載體燒結，其示意如圖 6-12 所示，在載體中添加二氧化矽 (SiO_2)、二氧化鋯 (ZrO_2)、氧化鋇 (BaO) 以及三氧化二鑭 (La_2O_3) 均可減緩載體燒結的速率 (Wan and Dettling, 1986)。

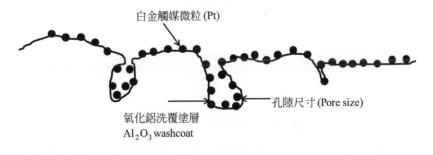

圖 6-12　載體燒結示意圖

6.4.2 觸媒毒化

觸媒上的活性成分會與其他元素相結合，一旦結合後會造成觸媒效能減低，這種現象稱之為毒化，毒化的現象又可以區分成選擇性毒化 (selective poisoning) 以及非選擇性毒化 (nonselective poisoning)。以鉑觸媒來來說，鉛、汞與鎘都是會造成毒化的原因，前述的金屬會與鉑形成不具活性的合金，選擇性毒化的示意圖如圖 6-13 所示。至於非選擇性毒化係由鐵、鉻、鎳金屬或是潤滑油中的磷所造成的遮蔽 (masking)，這些遮蔽會隔絕廢氣與觸媒成分接觸而造成觸媒效果喪失，其影響如圖 6-14 所示意。

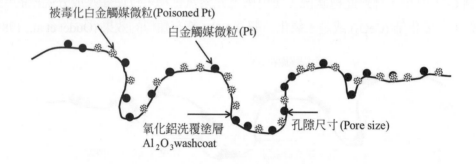

被毒化白金觸媒微粒(Poisoned Pt)
白金觸媒微粒 (Pt)
氧化鋁洗覆塗層 Al$_2$O$_3$washcoat
孔隙尺寸 (Pore size)
單體基材 Monolith substrate

圖 6-13　選擇性毒化示意圖

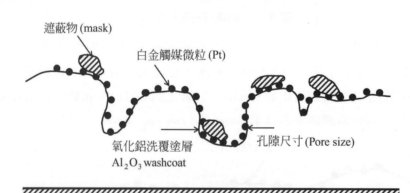

遮蔽物 (mask)
白金觸媒微粒 (Pt)
氧化鋁洗覆塗層 Al$_2$O$_3$ washcoat
孔隙尺寸 (Pore size)
單體基材 Monolith substrate

圖 6-14　非選擇性毒化示意圖

6.4.3 洗覆層脫失

在後處理器中，廢氣流動速度相當快，不僅如此，廢氣的排放與溫度是脈衝性的，因此在劇烈操作下，熱震盪與機體震動會造成洗覆層的脫失 (washcoat loss)，其示意如圖 6-15 所示，洗覆層脫失會造成永久性傷害而無法修復。

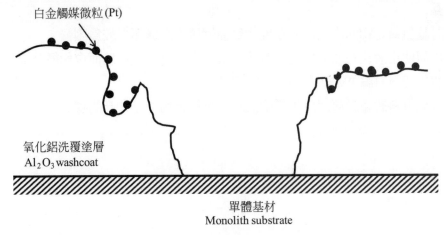

白金觸媒微粒 (Pt)

氧化鋁洗覆塗層
Al₂O₃ washcoat

單體基材
Monolith substrate

圖 6-15　洗覆層脫失示意圖

本章小結

在本章中說明了內燃機所造成的各種污染物排放，並且說明這些污染物對於環境與人類的衝擊與影響；透過後處理器的架構與原理的介紹，可以進一步幫助讀者理解觸媒的基本知識，對於現代內燃機的污染控制與廢氣後處理有更深入的認識。

作業

1. 歸納並且整理酸雨對於人類以及環境的危害。
2. 說明氮氧化物產生的機制。
3. 收集資料並且比較金屬單體以及陶瓷類擔體的特性,並且歸納兩者的優缺點。
4. 討論氮氧化物的處理為何在現代貧油燃燒內燃機顯得較為困難。
5. 為何使用液化石油氣作為燃料時,廢氣中的氮氧化物反而會稍微升高。
6. 收集資料討論 PM2.5 對於人類的危害。
7. 收集資料討論為何使用生質柴油時,氮氧化物會有升高的趨勢。

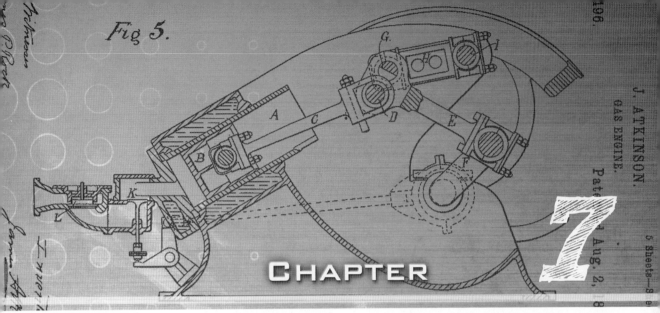

潤滑系統與冷卻系統

7.0 導讀與學習目標

在本章中將介紹潤滑系統冷卻系統的學理與知識，雖然說潤滑系統與冷卻系統是內燃機的輔助系統，然而欠缺這兩個系統時，內燃機並無法順利地運作，不僅如此，根據熱力學第二定律，如果沒有適當的冷儲提供熱傳遞出系統，該熱機並無法運作，而潤滑系統不僅僅可以減少摩擦，系統中的潤滑油也是冷卻系統的一部分。

學習重點

1. 理解潤滑的重要性以及內燃機中各個需要進行潤滑的環節
2. 認識潤滑油的種類與相關標準
3. 認識冷卻系統與冷卻液

7.1 內燃機潤滑

7.1.1 摩擦的概念

在兩個固態表面之間，阻抗相對運動的的力稱之為摩擦力，一般來說可以將摩擦力表示成：

$$\vec{f} = -\mu\vec{N} \tag{7-1}$$

其中 $\vec{f}$、$\vec{N}$、μ 分別為摩擦力、正向力以及摩擦係數，摩擦力的大小主要與兩個物體間的正向力有關，而且它們的方向剛好是相反的，如圖 7-1 所示為一個質量為 m 的物體在平面上，當施給一持續水平力量拉動時，其加速度可以表示成：

$$\vec{F} - \vec{f} = m\vec{a} \tag{7-2}$$

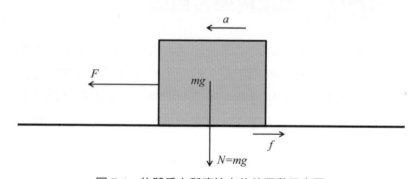

圖 7-1　物體受力與摩擦力後的運動示意圖

固體與固體間的摩擦可以導因於接觸以及表面原子與分子間的吸引力，以及兩個表面之間的粗糙所引起的阻力，在製造內燃機的加工過程中，互相摩擦的表面都會進行精細的加工處理，然而並沒有任何表面是可以完美平整的。如圖 7-2 所示為理想表面與實際表面的差別示意圖，假設理想表面 (ideal surface) 是我們在加工時所要達到的表面，因加工機台的堅固與強度不足時會產生大幅度的表面偏差 (macrodeviations)，在目視可以稍微辨別的就屬於加工波紋 (wavines) 了，加工波紋主要由加工過程中，刀具與表面的震動所引起，波紋通常式正弦波的方式呈現。比加工波紋更細的不平整稱之為表面粗糙，表面粗糙 (roughness) 的成因有很多，主要與加工刀具鈍化、細微的震動以及刀具幾何所引起。更進一步地，比表面粗糙更細的不平整就屬微尺度粗糙 (microroughness) 了，微齒度粗糙已經接近原子等級，表面的氧化或是腐蝕都是屬於這一層次的粗糙。

　　摩擦力對於運動來說是屬於耗能的缺點，然而完全沒有摩擦力時也會導致我們無法行走，車輛無法前進等結果，除此之外，行進中的車輛也要藉由摩擦力方可讓車輛停下，所以摩擦力並不是完全不好的物理現象。

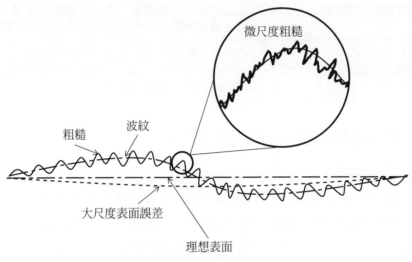

圖 7-2　理想表面與實際表面示意圖

7.1.2　內燃機中重要的摩擦

　　內燃機中各種摩擦列於表 7-1 之中，在滑動軸承的介面中充滿了具有黏性的潤滑油，而摩擦力的來源則是來自於機油的黏滯性，在內燃機中，摩擦耗損最容易發生的時刻在於冷車啟動的時候，因為車輛經過一段時間停止後，機油會往油底殼沉，待內燃機啟動後才能由機油泵浦將潤滑油輸送到需要潤滑的環節。除非是負荷極為嚴苛的車輛，在一般負荷的車輛中選擇較低黏度的機油，對於油耗的節省是有幫助的。

表 7-1　內燃機中各種摩擦列表

項目	說明
曲軸 - 曲軸軸承	1. 曲軸與引擎本體間的軸承 2. 曲軸與連桿間的滑動軸承
活塞銷 - 活塞	活塞銷將能量輸出從活塞傳遞至連桿，它們之間也是藉由滑動軸承的型式滑動
活塞側裙 - 汽缸壁	活塞側裙的用意在於減少活塞沿活塞銷為軸的擺盪，但是在滑動過程中，活塞側裙會與汽缸壁接觸而產生摩擦

● 表 7-1　內燃機中各種摩擦列表 (續)

項目	說明
活塞環 - 汽缸壁	活塞環的目的是作為氣密用途，一般來說可以分成最接近燃燒室的壓縮環、第二壓縮環與油環，油環的目的是要控制機油能夠接觸並且潤滑道前述的壓縮環
凸輪軸 - 凸輪 - 凸輪動件與汽門正時	凸輪軸轉動時，凸輪壓迫或鬆開凸輪動件而使汽門可以開啓或關閉，凸輪與凸輪動件間的摩擦也是造成機械磨耗與能源耗損的原因

🔩 7.1.3　摩擦對內燃機性能的影響

摩擦在內燃機中扮演著相當重要的角色，也是耗能的原因之一，根據統計 (Schwartz et al., 2003)，家庭用輕負載車輛的能量損耗約有 7.5% 是來自於內燃機的摩擦 (如圖 7-3 所示)，次於排氣、散熱與輪胎磨耗；而內燃機中的摩擦又可以分成傳動軸摩擦、活塞側裙摩擦、活塞環摩擦、軸承摩成、汽門摩擦與曲軸摩擦等方面，其比例如圖 7-4 所示。

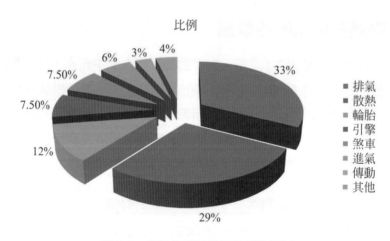

圖 7-3　車輛各系統能源損耗比例圖

— QR導覽 —

圖 7-3

彩

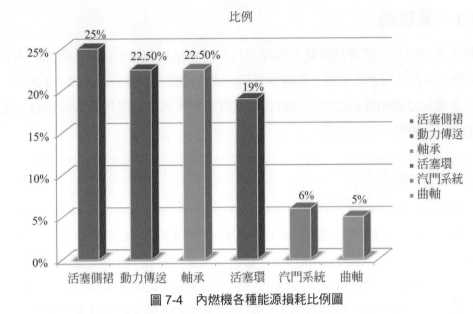

圖 7-4　內燃機各種能源損耗比例圖

7.1.4　潤滑系統的型式

車用潤滑系統可以分成濕式與乾式兩種潤滑系統，濕式系統常見於一般行進車輛而乾式系統多見於大型固定內燃機或是船舶使用，茲就針對這兩種型式進行說明：

(一) 濕式潤滑系統

濕式潤滑系統在內燃機曲軸箱下有一油槽，具備供應與存放的功能，使用泵浦將潤滑油輸送至需要潤滑的環節。對於濕式潤滑系統又可以分成飛濺潤滑式以及壓力給油系統，飛濺式系統的潤滑油會被泵浦輸送到連桿的下端溝槽處，所有的潤滑油分配均依靠機械濺灑而達到分配的目的。至於壓力給油系統則是使用泵浦將潤滑油輸送進各個油道中，輸送到各個軸承、活塞銷、汽缸壁與活塞環附近以達到潤滑的效果。

(二) 乾式潤滑系統

在乾式潤滑系統的內燃機中，曲軸箱下部並沒有存放潤滑油而稱之為乾式，潤滑油存放在內燃機外部的另置油槽中，泵浦吸取潤滑油經過過濾以及冷卻後後輸送到各個需要潤滑的環節。

7.2　內燃機用潤滑油

潤滑油的研究領域以及其相關應用相當廣闊，因此在本章節中僅針對內燃機用潤滑油進行說明。

🔧 7.2.1 基礎油

車輛內燃機所用的潤滑油都是由基礎油以及添加劑所合成，其中基礎油約占其中的 90%，根據美國石油協會的分類，基礎油可以分成五個類別，其分類如表 7-2 所列。其分類的依據主要是以飽和烴的比例以及硫含量進行區分，另外黏度指數 (viscosity index) 也是基礎油的重要指標，其定義為：

$$Index = 100\frac{L-U}{L-H} \tag{7-3}$$

其中 U 為未知黏度指數液體在 40°C 時的動力黏滯係數、L 為已知黏度指數為 0 之液體在 40°C 時之黏度，但是該油料在 100°C 時與未知液體在 100°C 之黏度相同；H 為已知黏度指數為 100 之液體在 40°C 時之黏度，但是該液體在 100°C 時與未知液體在 100°C 之黏度相同。隨著潤滑油科技的發展，合成油的出現使得原先的公式無法計算，因此超過黏度指數 100 的液體可由下式計算：

$$Index = \frac{\log^{-1} N - 1}{0.0075} + 100 \tag{7-3}$$

其中

$$\begin{cases} N = \dfrac{\log H - \log U}{\log KV_{210}} \\[2mm] KV_{210}^{N} = \dfrac{H}{U} \end{cases} \tag{7-3}$$

其中 KV_{210} 為未知黏度指數液體在 100°C(210°F) 之動力黏度，此時 H > U。(ASTM D2270)

基礎油主要可以分成三種類別：礦物油 (mineral oil)、半合成油 (semi-synthetic) 與合成油 (fully synthetic) 三種，雖然動物或是植物油也可以做為潤滑油用的基礎油，但是其性能與產量均不足以應付現代車輛工業的需求，茲就針對前述這三種主要基礎油進行說明。

● 表 7-2　基礎油分類表

類別	飽和烴比例	硫含量	黏度指數
I	<90%	>0.03%	80-120
I+			103-108
II	>90%	<0.03%	80-120
II+			113-119
III	>90%	<0.03#	>120
III+			>140
IV	聚烯烴 (Polyalphaolefins, PAO)		
V	其他但不包含類別 I、II、III 與 IV		

(一) 礦物油

礦物油主要是來自於石油所提煉的基礎油，其成本與生產複雜度遠低於合成油，以分餾技術來說，當輕質物質被分離後，剩下的濃稠原料可以使用眞空分餾的方式進行成份分離，使用眞空技術可以減少因加熱所導致的大分子斷裂。從分餾塔取出的潤滑油原料稱之爲直餾 (straight run) 油，直餾油中含有不飽和烯烴，環狀不飽和烯烴的潤滑性差，而且不飽和烯烴會在高溫時快速氧化形成酸性物質，進而產生油泥。

直餾油必須經過去除芳香烴、脫蠟、瀝青以及雜質的過程，在傳統上使用溶劑法處理只能取得 I 類 (Group I) 等級的基礎油，使用加氫精緻法才能取得更高等級的基礎油，加氫處理後可以得到高飽和率的產品並且大幅提高產品中的石蠟 (paraffin) 成份，以取得 II 類 (Group II) 與 III 類 (Group III) 的基礎油產品。

(二) 全合成油

全合成潤滑油的開發歷史可以追朔到二次大戰時期的納粹德國，也就是在市售中最普遍的合成油：聚 α 烯烴 (poly-α-olefin)，這一種化合物爲一種烯類聚合物，而且不飽和鍵的位置在端點的兩個碳上。聚 α 烯烴具有優越的熱與氧化穩定性，它在低溫下的流動性較爲優異、揮發性低而且與礦物油可以相容，聚 α 烯烴目前已被廣泛地使用在車量用與工業用合成油，並且被歸類爲 IV 類基礎油 (Group IV)。除了前述的聚 α 烯烴之外，尚有聚酯類、多元醇酯或者混合搭配的產品在市場上流通，這一類的潤滑油基礎油稱之爲 V 類基礎油 (Group V)。全合成油的好處在於透過人工合成，其成份以及烯烴飽和度均能受到嚴格的品質管制，對於抵抗潤滑油劣化會有正面的幫助。

(三) 半合成油

半合成油 (semi-synthetic oil) 指的是使用精煉礦物油混合不超過約 30% 的合成油所形成的產品，合成油的角色類似添加劑，降低整體潤滑油的成本，透過合成油的添加來改善整體基礎油的性能。

基礎油的來源並不會改變潤滑油產品的認證等級與標準，所有的機油標準都是由產品的清潔性、流動特性、抗磨耗、抗氧化與成分標準有關，與是否為合成基礎油無關。

🔩 7.2.2 添加劑

除了 1930 年以前生產的潤滑油，目前內燃機潤滑油中一定含有功能型添加劑，這些功能型添加劑可以分成潤滑油性能維持、黏度改善與潤滑度控制這三大類。在潤滑油性能維持的功能下包含：抗氧化、抗磨損、抗腐蝕與鏽、消泡性與清潔性或分散性以防止油泥產生等功能，當清潔性不足時會使內燃機內部產生油泥，如圖 7-5 所示。黏度改善類添加劑可以提高黏度係數，並且可以使潤滑油產生複級 (multi-grade) 的效果；除此之外可以改善低溫的流動點，使其可以在低溫環境下使用。至於潤滑度控制部分，添加抗極壓劑以及固態潤滑劑對於潤滑度會有改善的效果，常見的抗極壓與抗磨損劑有二硫代鋅 (ZDP)、鹵化烷、硬指酸與磷酸三甲苯酯。部分使用者在購買潤滑油後再自行添加各種功能型添加劑，例如：鐵氟龍或者是二硫化鉬，亦有汽缸塡補劑等相關添加劑，使用時仍要注意其是否造成車輛內燃機以及燃燒污燃排放後處理器的影響。

圖 7-5 內燃機內的油泥

🔩 7.2.3　潤滑油黏性與等級標準

　　基礎油的黏性對於車輛使用來說是相當重要的參數，美國自動車協會將對應不同環境溫度的黏度進行分類，其標準 (SAE J300) 如表 7-3 所列，標示有 W 字樣的部分表示低溫特性的標準，而沒有標示的數字則是代表在正常操作溫度下的黏度標準。潤滑油產品需要清楚地標示黏度等級以區分其用途的場合，以單級機油來說，例如：SAE 20 或是 SAE 20W 係指不同使用條件下的產品，前者指的是正常環境下而後者係指在冬天的環境下使用，目前大部分的產品都是複極機油，例如常見的：20W-50、5W-30、10W-40…等產品，以 5W-30 等級產品來說，在冬天與夏天分別可以符合在表 7-3 所列 5W 以及 30 的黏度需求標準。

⚫ 表 7-3　基礎油黏度分類表 (SAE J300)

SAE 黏度等級	低溫最大發動黏度 (mPa-sec) @°C	低溫最大泵黏度 (mPa-sec) @°C	最小低剪率動力黏度 (mm²/sec) @100°C	最大低剪率動力黏度 (mm²/sec) @100°C	最小高剪率動力黏度 (mPa-sec) @150°C
0W	6,200@35	60,000@40	3.8	—	—
5W	6,600@30	60,000@35	3.8	—	—
10W	7,000@25	60,000@30	4.1	—	—
15W	7,000@20	60,000@25	5.6	—	—
20W	9,500@15	60,000@20	5.6	—	—
25W	13,000@10	60,000@15	9.3	—	—
20	—	—	5.6	< 9.3	2.6
30	—	—	9.3	< 12.5	2.9
40	—	—	12.5	< 16.3	2.9^a
40	—	—	12.5	< 16.3	3.7^b
50	—	—	16.3	< 21.9	3.7
60	—	—	21.9	< 26.1	3.7

a：0W-40, 5W-40, and 10W-40 產品

b：15W-40, 20W-40, 25W-40, 40 等級產品

　　潤滑油的性能依照美國石油協會 (API) 對於汽油車用潤滑油的服務等級 (service classfication) 區分與認證如圖 7-6 所示，如圖 7-6(a) 所示為 API 認證標章 (Starburst) 也符合國際潤滑標準與驗證協會 (International Lubricant Standardization and Approval Committee, LLSAC) 的規章，如圖 7-6(b) 與 (c) 所示分別為針對汽油與多功能 API 潤滑油服務等級標章或簡稱為甜甜圈標章 (Donut)，其中編號❶、❷、❸、❹與❺分別為汽

油內燃機潤滑油等級、黏度等級、省油節能記號、多功能等級 (汽柴油均可用)、CI-4 等級進階標示，相關等級與現狀規定如表 7-4 所列。其他國家地區的標準尚有：歐洲 的 ACEA(Association des Constructeurs Européens d'Automobiles)、日本的 JASO(Japanese Automotive Standards Organization) 與 美 國 ASTM(American Society for Testing and Materials)；另外某些車廠也會有自己的認證標準，例如：VW、Mercedes Benz、BMW、 GM、Porsche 都有自己的認證標準與編號，一般潤油油產品的標籤上均會有所標示，如 圖 7-7 所示。

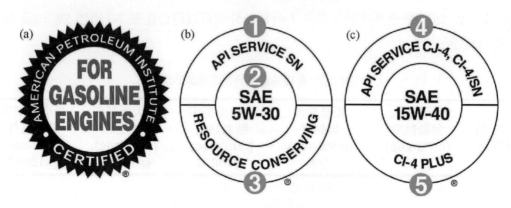

圖 7-6 車用潤滑油認證標章 (API)

圖 7-7 車用潤滑油瓶身上的各種認證標準番號

● 表 7-4　API 之潤滑相關等級與現狀規定規格表

規格名稱	狀態	說明
ILSAC 標準		
GF-5	現時	2010 年啓用，適用於更早生產的車輛，擁有良好的高溫積垢控制，氫節性與燃料經濟性，對於後處理氣的相容性以及生質燃料的使用均可保護內燃機的潤滑。
GF-4	廢止	有效至 2011 年 9 月 30 日，若建議使用可改用 GF-5。
GF-3	廢止	若建議使用可改用 GF-5。
GF-2	廢止	若建議使用可改用 GF-5。
GF-1	廢止	若建議使用可改用 GF-5。
汽油內燃機		
SN	現時	2010 年啓用，適用於更早生產的車輛，擁有良好的高溫積垢控制，氫節性與燃料經濟性，對於後處理氣的相容性以及生質燃料的使用均可保護內燃機的潤滑；其規格符合 ILSAC GF-5 的規範。
SM	現時	適用 2010 年以前車輛。
SL	現時	適用 2004 年以前車輛。
SJ	現時	適用 2001 年以前車輛。
SH	廢止	適用 1996 年以前車輛。
SG	廢止	適用 1993 年以前車輛。
SF	廢止	適用 1988 年以前車輛。
SE	廢止	適用 1979 年以前車輛。
SD	廢止	適用 1971 年以前車輛。
SC	廢止	適用 1967 年以前車輛。
SB	廢止	適用 1951 年以前車輛。
SA	廢止	適用 1930 年以前車輛。
柴油內燃機		
CJ-4	現時	2010 年啓用，可適用於高速柴油內燃機，符合 2010 年排放標準，對於柴油微粒過濾器與其他觸媒後處理器耐久更具幫助，在積垢、清潔性與性能耗損上均有所改善
CI-4	現時	2002 年啓用，可適用於高速柴油內燃機，可延長廢氣回收系統壽命，符合 2002 年所實施的排放標準，並可取代更早以前版本潤滑油
CH-4	現時	1998 年啓用，可適用於高速柴油內燃機符合 1998 年所實施的排放標準，並可取代 CD、CE、CF-4 與 CG- 版本潤滑油
CG-4	廢止	1995 年啓用，可取代 CD、CE、CF-4 版本潤滑油
CF-4	廢止	1990 年啓用，可取代 CD 與 CE 版本潤滑油
CF-2	廢止	1994 年啓用，可取代 CD-II 版本潤滑 4 油
CE	廢止	不適合 1994 年後車輛使用
CD-II	廢止	不適合 1994 年後車輛使用
CD	廢止	不適合 1994 年後車輛使用
CC	廢止	不適合 1990 年後車輛使用
CB	廢止	不適合 1961 年後車輛使用
CA	廢止	不適合 1959 年後車輛使用

🔩 7.2.4 潤滑油的未來發展

　　未來的車輛著重於燃燒污染排放以及節能的目的，因此潤滑油的成份不能傷及廢氣後處理器系統而且要能夠達到良好潤滑以減少能量的損耗，除此之外更要保護內燃機免於磨損或其他化學性腐蝕。近年來隨著生質燃料的運用，部分潤滑油的基礎油也可來自於生質材料，因此車用潤滑油的環保特性也是潤滑科技的重要開發項目。

7.3 內燃機冷卻系統

　　回顧第 2 章熱力學第 2 定律，任何熱機都需要有冷儲與熱儲的存在方能運作，因此在內燃機的冷儲指的就是冷卻系統，內燃機運轉時，燃燒溫度可以高達 2000°C，其中約有將近 30% 在動力上輸出，其它的能量則是藉由排氣以及冷卻系統排出。至於冷卻的方式則是可以分成氣冷式以及液冷式系統。

🔩 7.3.1 氣冷式冷卻系統

　　氣冷式冷卻主要是要在內燃機的汽缸蓋以及汽缸本體四週圍裝設散熱鰭片，裝設散熱鰭片的目的在於增加本體與空氣的接觸面積來增加散熱能力，由於金屬與空氣的熱傳係數比液體來得低，因此氣冷式引擎的汽缸溫度在某些重負載條件下會稍微比較高。如果內燃機冷卻不足，過高的機體溫度會導致爆震，若是溫度更高時潤滑油會發生局部汽化導致活塞環卡死而嚴重毀損；根據熱力學第 2 定律，當冷儲的溫度越低時，理論熱效率會比較高，但是過度的冷卻卻會造成燃料汽化不良、潤滑油較黏以及汽門間隙等問題。

　　氣冷式冷卻系統可以分成自然對流冷卻型以及強制冷卻型，自然對流冷卻型的內燃機機體大多外露，而且可以清楚地看見散熱鰭片，如圖 7-8 所示為一機車的散熱鰭片，在停止時，完全靠自然對流與空氣的熱傳導，行駛時則是依靠空氣的相對速度而增加冷卻的效果，對於自然對流冷卻型的車輛而言，保持散熱鰭片上的清潔對於散熱能力有正面的幫助；除了機車之外，農用或是固定式小型內燃機也大多使用自然對流式冷卻系統。另外一方面，強制冷卻型使用的場合大多是不適合將內燃機外露的車種，例如速克達 (Scooter)(圖 7-9) 或是早期氣冷式汽車 (圖 7-10)。在強制冷卻型系統中仍然在引擎本體上裝有散熱鰭片，另外還要有強制風扇或是節溫器等架構。風扇的驅動主要有皮帶驅動或是直接與曲軸連結的方式 (如圖 7-11 所示)，由於風扇會隨著曲軸運轉，因此在某些車種上會配有檔流板來限制空氣流量以控制散熱的程度 (如圖 7-12 所示)，由其是冷車啟動時，減少風量可以有效且快速地使引擎達到運作溫度。

圖 7-8　自然對流冷卻內燃機之鰭片

圖 7-9　速克達

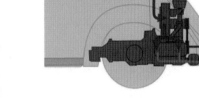

圖 7-10　氣冷式汽車

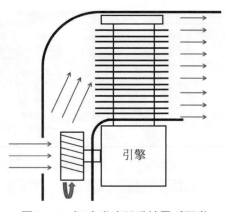

圖 7-11　氣冷式冷卻系統風扇驅動

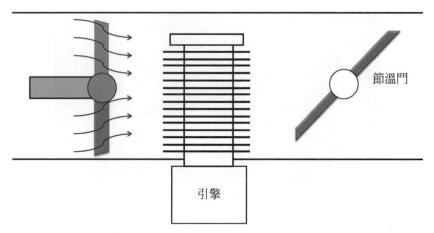

圖 7-12　氣冷式冷卻系統之節溫架構

🔧 7.3.2　液冷式冷卻系統

　　液冷式冷卻系統使用間接冷卻法，如圖 7-13 所示為液冷式冷卻系統示意圖，其系統主要由散熱水箱、風扇、調溫器與水泵所構成，水泵由引擎曲軸所驅動讓整個液冷式冷卻系統的工作流體可以產生循環，冷卻液在內燃機本體內的水套中流動，流動時帶走汽缸周圍的熱，水由本體下部進入內燃機中最後於汽缸頭聚集冷卻汽缸頭與汽門等零件，最後再進入散熱水箱中，散熱水箱除了行進間的空氣冷卻外，通常配備有風扇來輔助冷卻。在水箱中，冷卻液流經過許多排列的管道，管道有圓型或者是扁管型設計，這些管道通常使用鰭片進行焊接成型，藉由鰭片所增加的表面積來促進冷卻液的冷卻，其架構如圖 7-14 所示。調溫器的目的在於控制冷卻液是否流入散熱水箱，由其是冷車啟動時，該調溫器關閉，使水只能在內燃機本體間流動而使內燃機可以快速地提高到工作溫度，調溫器的種類可以分成摺盒式以及熱蠟式兩種。為了使冷卻液可以維持液態不發生沸騰，散熱水箱的壓力蓋扮演著蓄壓的角色，多餘的冷卻液可以進入副水箱中進行緩衝。車子若配備有暖氣系統時，冷卻液也會輸送到空調暖氣的熱交換器中，現今所使用的恆溫空調也是要引取部分冷卻液來使溫度可以保持恆溫。

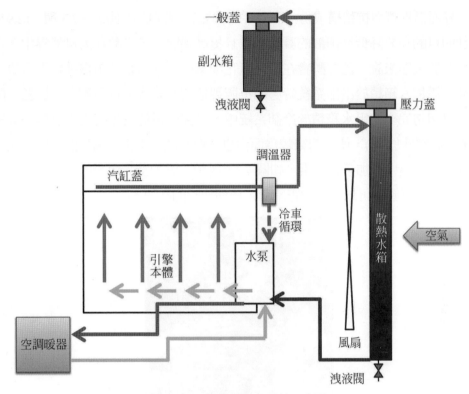

圖 7-13　液冷式冷卻系統示意圖

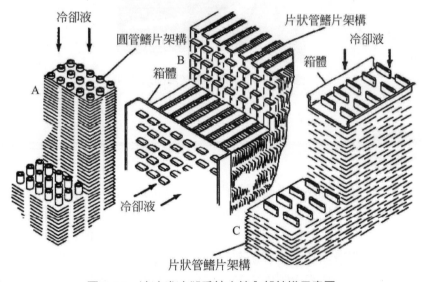

圖 7-14　液冷式冷卻系統水箱內部結構示意圖

　　以車輛內燃機來說，液冷式冷卻系統的工作流體主要使用水，如果只使用一般的自來水時，若是管路中有鐵製零件或是鑄鐵引擎時會發生鏽蝕的現象，不僅如此，在遇熱時，水中的礦物質也會產生積垢而導致冷卻效果不彰而且內燃機性能不佳的缺點；因此一定要搭配特定比例的水箱精來混合使用，水箱精中主要以乙二醇為主要的成份，添加防鏽劑、界面活性劑與抗積構成份。乙二醇的沸點與凝固點分別為 197.3 與 −12.9°C，乙二醇添加的目的在於降低冷卻液的凝固點並且提高沸點，乙二醇在大自然界中會自行分解，但是對於人類來說，乙二醇會在體內氧化成草酸，進而影響中樞神經與腎臟，嚴重時會致死。添加水箱精於冷卻系統時必須按照製造商的要求進行稀釋，由於乙二醇是可燃物，所以切勿完全使用水箱精於冷卻系統中，冷卻液製造商也有生產已經調備完成的冷卻液 (不需額外加水)，使用起來較為簡便也不會有調配不當所導致的危險。某些水箱精製造商會在產品中添加螢光色素，如圖 7-15 所示，添加螢光色素的目的在於辨別液體的種類，其顏色反應也可以用來偵查冷卻系統漏液時的孔隙。

圖 7-15　添加冷卻液於冷卻系統中

本章小結

　　雖然冷卻系統與潤滑系統屬於內燃機的輔助系統，但是缺乏這兩個系統時，內燃機便無法運作，這也是本書針對這兩套系統進行解說的因素。在本章中介紹了磨擦的原由，討論內燃機中主要的摩擦產生的區域並且介紹各種潤滑油產品的等級與規範，潤滑油除了潤滑之外也保有冷卻的功能，其冷卻功能也將與冷卻系統整合散熱。冷卻系統可以區分成氣冷式與液冷式兩大類，在本章中均進行了詳細的系統解說。

作業

1. 對潤滑油來說，礦物油與合成油的差異為何？使用不同的基礎油是否會造成該潤滑油產品的認證標準？
2. 為何使用黏度較低的潤滑油會有省油的效果？
3. 請說明濕槽式與乾槽式潤滑系統的差別。
4. 為何內燃機需要冷卻系統？
5. 敘述水箱精的用途？如果不使用水箱精而使用自來水作為冷卻液會衍生哪些問題？

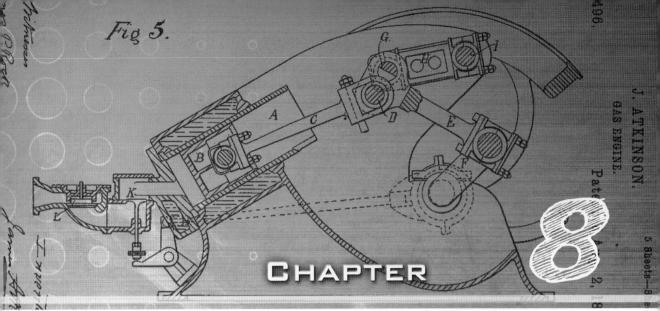

CHAPTER 8

內燃機循環數值分析與計算

本章將介紹關於內燃機所使用的數值計算種類及方法，目的在使讀者能夠更進一步的了解內燃機的相關特性，並以簡易的範例使讀者了解內燃機數值分析過程的結果。數值分析已被廣範地應用於各個產業，協助產業在新產品開發過程中降低大量的開發成本，因此在內燃機的開發中也是不可或缺的一項重要過程。本章的內容將會討論到一維及三維度的內燃機數值計算過程，並針對內燃機常見的計算方式進行介紹。

學習重點

1. 認識數值計算的方法及過程
2. 了解內燃機循環的模型建立
3. 分析數值結果的意義及含義

8.1 數值計算模型及方法

　　數值計算是利用計算機針對已知的方程式及系統條件進行計算，在資訊快速進步的現代，計算機電腦的計算能力相較數年前已有大幅的成長，因此有更多的廠商增設及培養數值計算的相關設備及人員。數值計算也因此成為業界在產品開發過程中重要的一環。本節將針對內燃機所使用的計算方式進行介紹，目標使讀者認識數值計算的背景及基礎。

8.1.1 數值計算的優缺點

　　在內燃機的數值計算中大多是以計算流體力學 (Computational Fluid Dynamics, CFD) 為計算基礎，將許多的數值理論以數學方程式的方式進行計算。以目前資訊軟硬體的發展速度，數值計算的應用將會更廣範的被使用。使用數值計算的優點可以被歸類如下：

(1) 快速建立及修改計算模型

(2) 計算機價格便宜

(3) 商用數值計算軟體已有廣範的販售

(4) 節省開發時間

(5) 計算結果具有學理根據

(6) 具有許多的資訊討論平台可供分享及討論

　　但數值計算中的數值理論並無法完整的　述所有大自然界中的現象，因此在計算時需要應用許多的假設來使計算更接近所需的結果。所以在使用數值計算前了解計算對像系統的特性及需要後方能得到最接近想要的結果。所以在考慮採用數值計算前也需要了解到使用數值計算的缺點為何，整體可例出如下：

(1) 計算對象所具有的理論基礎需要相當程度的完備

(2) 商用計算軟體價格偏高

(3) 計算中常具有誤差

(4) 系統假設項目對結果影響較大

(5) 操作人員需對該領域具有相當程度的知識了解

8.1.2 數值方法

　　採用數值計算方式進行內燃機分析時所需使用的方程式相當多，但在系統中流場的計算上則需要有連續、動量及能量守恆方程式，而內燃機中的燃燒計算也需要使用物質轉換方程式，本節將以商用三維流體力學計算軟體 (CONVERGE CFD) 中所列的各項計算方程式為範例進行解說。

(一) 連續及動量方程式

$$\frac{\partial \rho}{\partial t} + \frac{\partial \rho u_i}{\partial x_i} = S \tag{8-1}$$

$$\frac{\partial \rho u_i}{\partial t} + \frac{\partial \rho u_i u_j}{\partial x_j} = \frac{\partial p}{\partial x_i} + \frac{\partial \sigma_{ij}}{\partial x_j} + S_i \tag{8-2}$$

方程式 (8-1) 及 (8-2) 根據愛因斯坦求和約定，為系統統御方程式中的連續及動量方程式，其中應力張量可由方程式 (8-3) 中計算，重覆的下標代表所有排列的總和。

$$\sigma_{ij} = \mu \left(\frac{\partial u_i}{\partial x_j} + \frac{\partial u_j}{\partial x_i} \right) + \left(\mu' - \frac{2}{3}\mu \right) \left(\frac{\partial u_k}{\partial x_k} \delta_{ij} \right) \tag{8-3}$$

在上述方程式 8-3 中，u 為速度、ρ 為密度、S 為 source term、P 為壓力、μ 黏度、μ' 為膨脹黏度 (設為 0)、δ_{ij} 為 Kronecker 函數，如果計算流場中加入紊流模型，則紊流黏度項則需改用下列方程式 8-4 計算得到。

$$\mu_t = \mu + C_\mu \rho \frac{k^2}{\varepsilon} \tag{8-4}$$

其中 C_μ 為紊流常數、k 為紊流動能、ε 則表示紊流消散率。在方程式 (8-2) 的動量方程式中，來源項 (source term) 的來源可能包含了重力加速度、噴霧耦合、或是質量來源等等。而在質量守恆的方程式中，source term 的來源是藉由蒸發或是其他加入的子模型所產生。在求解過程中，動量與質量傳輸皆可用來求解壓縮與不可壓縮之流場環境，對流體而言，還需要增加一個狀態方程式來計算壓力，溫度與密度之間的關係，(8-5) 適用於不可壓縮流及非理想氣體。在 CONVERGE 的計算環境中可使用兩個狀態方程式進行求解，分別為理想氣體方程式進及 Redlich-Kwong 求解狀態方程。其中理想氣體定律的方程式如下：

$$\frac{P}{\rho} = Z \left[\frac{R}{W} \right] T \tag{8-5}$$

方程式中 R 為氣體常數、W 為莫爾重、Z 為壓縮因子 (理想氣體為 1)。若使用 Redlich-Kwong 求解的壓縮因子 Z 則為溫度、壓力、臨界溫度與臨界壓力的函數，其方程式為 8-6 所示：

$$Z = \frac{v_r}{v_r - 0.08664} - \frac{0.42748}{(v_r + 0.08664)T_r^{E/z}} \qquad (8\text{-}6)$$

$$v_r = \frac{P_c v}{RT_c} \qquad (8\text{-}7)$$

$$T_r = \frac{T}{Tc} \qquad (8\text{-}8)$$

方程式中的 v_r 為對比比容 (8-7)、T_r 為對比溫度 (8-8)，計算中所使用到的 T_c 為臨界溫度、P_c 為臨界壓力，v 為比容。在方程式中所計算的壓力項並不會直接從狀態方程求出，而是藉由 PISO(Pressure Implicit With Splitting of Operators) 的演算方法計算後再代入狀態方程中以計算密度。動量方程則可以使用有限體積法，或是有限體積法與有限分差法的合併計算。

(二) 能量方程式

系統中流體的能量方程如下所示：

$$\frac{\partial \rho e}{\partial t} + \frac{\partial u_j \rho e}{\partial x_j} = P\frac{\partial u_j}{\partial x_j} + \sigma\frac{\partial u_i}{\partial x_j} + \frac{\partial}{\partial x_j}\left(K\frac{\partial T}{\partial x_j}\right) + \frac{\partial}{\partial x_j}\left(\rho D\sum_m h_m \frac{\partial \gamma_m}{\partial x_j}\right) + s$$
$$(8\text{-}9)$$

其中 ρ 為密度、γ_m 為物種 m 的質量分率、D 為質量擴散係數、S 為來源項 (source term)、P 為壓力、e 為內部能量、K 為導熱性、h_m 為物種焓值、σ_{ij} 為應力張量、T 為溫度。當流場考慮紊流模型時，導熱性則使用以下方程式求出：

$$K_t = K + c_P \frac{\mu_t}{\text{Pr}_t} \qquad (8\text{-}10)$$

其中 Pr_t 為紊流普朗克數 (Prandtl number)、μ_t 為紊流黏度。

(三) 物質轉換方程式

在物質轉換方程式 (Species transport equation) 中計算流場環境裡的所有物質質量分率，方程式如下：

$$\gamma_m = \frac{M_m}{M_{\text{tot}}} = \frac{\rho_m}{\rho_{\text{tot}}} \qquad (8\text{-}11)$$

其中 M_m 表示在單位 cell 中的物種質量，M_{tot} 為該計算 cell 中所有物種的總質量，物種方程式可單獨被計算，也可與其他方程同時求解，但前提是動量方程方必須先被求解，否則物種傳輸方程不會被計算。在可壓縮流下的物質傳輸方程式則如下：

$$\frac{\partial \rho_m}{\partial_t} + \frac{\partial \rho_m u_j}{\partial x_j} = \frac{\partial}{\partial x_j}\left(\rho D \frac{\partial \gamma_m}{\partial x_j}\right) + S_m \tag{8-12}$$

$$\rho_m = \gamma_m \rho \tag{8-13}$$

在方程式 (8-12) 中的來源項 (source term) 包含蒸發、化學反應等其他子項目。分子質量的擴散係數則如方程式 8-14 所計算：

$$D = \frac{v}{Sc} \tag{8-14}$$

其中若考慮紊流計算模組，計算則修改如方程式 8-15 所示：

$$D_t = \frac{v_t}{Sc_t} \tag{8-15}$$

(四) 紊流方程式 (RANS model)

內燃機流場計算多為紊流場，因此在計算模型上多以 k-ε 雙方程式紊流模型進行計算，分別為紊流動能及紊流消散方程式。方程式 8-16 是描述一個紊流流場中的速度為一平均的速度 $\bar{u}_i$ 及動態的速度 u'_i 變化所組合，因此紊流系統是一個不穩定的系統，其中需要動能及消散的方程式來解，對反應流來說，其消散藉由密度加權平均加以計算。

$$u_i = \bar{u}_i + u'_i \tag{8-16}$$

紊流動能的傳輸方程式則如 8-17 所示：

$$\frac{\partial \rho k}{\partial_t} + \frac{\partial \rho u_i k}{\partial x_j} = \sigma_{ij}\frac{\partial u_i}{\partial x_j} + \frac{\partial}{\partial x_j}\frac{\mu}{\mathrm{Pr_{tke}}}\frac{\partial k}{\partial x_j} - \rho\varepsilon + S \tag{8-17}$$

紊流消散方程式則如下所示：

$$
\frac{\partial \rho \varepsilon}{\partial t} + \frac{\partial (\rho u_i \varepsilon)}{\partial x_j}
$$
$$
= \frac{\partial}{\partial x_j}\left(\frac{\mu}{\mathrm{Pr}_\varepsilon} \frac{\partial u_i}{\partial x_j} \right) - C_{\varepsilon 3} \rho \varepsilon \frac{\partial u_i}{\partial x_j} + \left(C_{\varepsilon 1} \frac{\partial u_i}{\partial x_j} \sigma_{ij} - c_{\varepsilon 2} \rho \varepsilon + c_s S_s \right)\frac{\varepsilon}{k} - \rho R \qquad (8\text{-}18)
$$

在方程式 (8-17) 中，k 為紊流動能、ε 為紊流耗散、S 為來源項 (source term)，應力張量則如方程式 8-19 所求出：

$$
\sigma_{ij} = 2\mu_t S_{ij} - \frac{2}{3}\delta_{ij}\left(\rho k + \mu_t \frac{\partial u_i}{\partial x_j} \right) \qquad (8\text{-}19)
$$

其中 μ_t 為紊流黏度，可由方程式 (8-20) 所計算出：

$$
\mu_t = C_\mu \rho \frac{k^2}{\varepsilon} \qquad (8\text{-}20)
$$

方程式中的 R 值則取決於紊流模型，$c_{\varepsilon 1}$、$c_{\varepsilon 2}$ 與 $c_{\varepsilon 3}$ 則是經驗常數。

(五) 有限體積法

在三維計算流體力學的商業計算軟體中大多以有限體積法進行模型的求解 (如 ANSYS FLUENT、CONVERGE CFD 等)，但也有採用有限元素法的軟體 (如 COMSOL)。本節採用 CONVERGE CFD 進行解說，因此僅介紹有限體積法 (Finite Volume)。有限體積法可用來評估統御守恆方程式，方程式 (8-21) 為一簡單的波動方程式：

$$
\frac{\partial \phi}{\partial t} + \frac{\partial u \phi}{\partial x} = 0 \qquad (8\text{-}21)
$$

將方程式 (8-21) 積分後可得到方程式 (8-22)：

$$
\frac{\partial}{\partial t}\int \phi dV + \int nu\phi dS = 0 \qquad (8\text{-}22)
$$

其中 V 表示在計算時的體積、S 則為表面積，有限體積法是以積分方式進行求解，並非使用微分，因此在方程式中的速度項則是以內插的形式代入 cell 計算，cell 表面 ϕ 的計算方式如下：

$$\phi_{i+1/2} = \frac{1}{2}\phi_i + \frac{1}{2}\phi_{i+1} \tag{8-23}$$

以及

$$\phi_{i-1/2} = \frac{1}{2}\phi_i + \frac{1}{2}\phi_{i-1} \tag{8-24}$$

但若以下風法則計算時，方程式則需改為：

$$\phi_{i+1/2} = \phi_i \tag{8-25}$$

以及

$$\phi_{i-1/2} = \phi_i \tag{8-26}$$

8.2　一維內燃機分析模型

在 8.1 節中說明了三維計算流體力學數值方法的優點及基本的統御方程式。但在內燃機的應用中除了三維的計算外，為了節省計算的時間，也有部份的軟體廠商採用一維的計算求解，如 AVL 的 Fire 及 Gamma Technologies 的 GT-SUITE/GT-POWER。如圖 8-1 所示，一維計算是將系統中的管件依所需的特徵長度進行分割，再配合系統兩端的入、出口進行邊界設定後進行計算，計算時可依當下引擎的設定條件進行特定的操作點分析。由於一維的計算相當的節省計算機的資源，可以在較短的時間內計算出大量的操作參數影響，因此大多用於最佳化的引擎操作點評估。本節中將以 GT-POWER 進行一維的內燃機模型介紹及計算，內容有內燃機引擎的模型建立分析以及可變正時系統對引擎的穩態性能分析。讀者可以透過本節進行相關介紹了解及認識一維計算的應用。

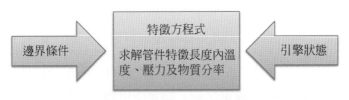

圖 8-1　一維計算方法示意圖

🔩 8.2.1 單缸內燃機性能分析模型

一維分析計算可以節省許多在內燃機操制上策略的建立時間，為了能夠達到較準確的預測，在內燃機模型的建立時需要有相當多的資料協助，其中需要有引擎的基本架構、幾何尺寸及以操作域的設定，因次在模型建立前需要有下列相關的資料：

(1) 汽缸幾何尺寸 (如缸徑、衝程及連桿長度等)

(2) 氣門幾何尺寸 (如直徑、位置、偏移量及傾斜角等)

(3) 欲計算的各項管件尺寸及特性 (如管徑、長度、曲率及表面粗糙度等)

(4) 各缸的點火順序及點火正時等

(5) 燃油噴射正時、噴油量及噴嘴特性等

(6) 進、排氣門的升程特性

完成上述的幾項設定後，大略可以建立起如圖 8-2 的計算模型。接續則是需要將此模型需要計算運轉的邊界條件及初始條件設定完成即可進行分析計算。初始條件係是指模型在初開始計算時，系統中所有的狀態，如各個管件中的溫度、壓力及物質分率等資訊。而邊界條件則是指在入、出口兩端點的溫度、壓力及出入的物質分率。正確的初始及邊界條件除了可以減少計算的時間，也可以提升計算結果的準確性，能夠更趨近於實際引擎結果。

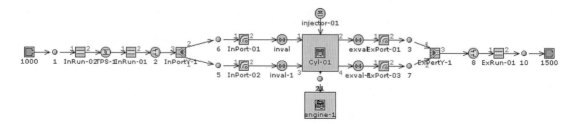

圖 8-2 單缸內燃機性能分析模型

為使讀者更能夠了解計算結果分析的功能，本節以一具單缸四行程引擎為模擬對象，進行引擎性能的分析比對。如圖 8-3 所示為模擬結果與實驗數據的比對圖，圖例中以缸壓作為比對的項目，結果中可以看出實驗與計算出的缸壓結果相當的接近，因此可以假設此模型在建立上應無其他問題，因此可以接續進行更深入的計算。

圖 8-4 為引擎的缸徑衝程比 (BSR) 及修正磨擦馬力後的引擎性能比對，BSR 為引擎設計上的重要參數，因此在引擎設定之初，均會使用數值計算的方式進行性能的評估。但為了使計算的結果更趨近於實際引擎，筆者也將引擎實驗所得到的磨擦馬力特性加入到模型當中計算，多了磨擦馬力的影響，結果中明顯的可以看到引擎性能下降，至於圖 8-5 則是油耗的比對圖。

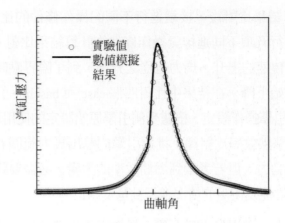

圖 8-3 模擬結果與實驗數據的比對圖

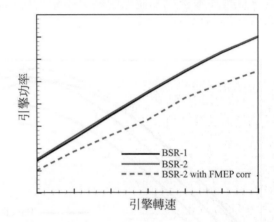

圖 8-4 缸徑衝程比及磨擦馬力修正後的性能比對圖

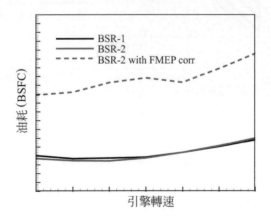

圖 8-5 缸徑衝程比及磨擦馬力修正後的油耗比對圖

　　在完成模型計算結果比對後，接續進行不同的操作條件的比對，如圖 8-6 及圖 8-7 所示為使用此模型進行五項不同進排氣操作條件的計算結果比對。在圖 8-6 的引擎馬力輸出圖中，隨著引擎轉速的上升，馬力也隨之升高，到了臨界點時，因為磨擦馬力大量的上升而造成馬力開始下降。在結果中比對四個 case 與 baseline 的馬力曲線，可以明顯的找出最佳值為何項引擎操作設定，根據受測引擎原始設定的使用環境挑選適當的設定。圖 8-7 為計算後的引擎熱效率比對圖，挑選引擎的輸出馬力範圍 (如圖 8-6) 是為了在使用載具上得到最好的動力，但若考量到燃油效率的因素，必需要將油耗相關結果一併參考比較，根據載具的性能及使用的情況進行挑選及修正。

　　本節以一具單缸四行程引擎進行一維內燃機循環模型分析，讀者閱讀完本節後能夠了解到使用一維模型時所需的基本資訊，並且由結果中學習使用數值計算模型分析操作條件的功能。

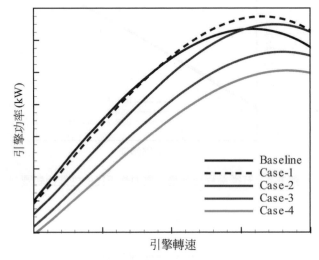

	baseline	Case-1	Case-2	Case-3	Case-4
進氣閥門正時	325	331	336	336	336
排氣閥門正時	86	92	120	140	160
壓縮膨脹比	1.38	1.51	1.022	0.908	0.8505

圖 8-6　引擎馬力性能曲線

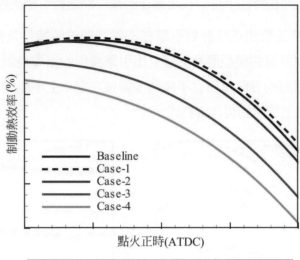

圖 8-7　引擎制動熱效率曲線

	baseline	Case-1	Case-2	Case-3	Case-4
進氣閥門正時	325	331	336	336	336
排氣閥門正時	86	92	120	140	160
壓縮膨脹比	1.38	1.51	1.022	0.908	0.8505

🔩 8.2.2　可變氣門正時引擎分析模型

　　隨著現代引擎技術快速的進步。不同功能的車輛也需具有不同的引擎操作及設計技術。可變氣門正時 (Variable Valve Timing, VVT) 系統可以使引擎的扭力在中、高轉速時保持一定量的輸出，是近年來引擎進步的最大關鍵，各引擎廠家也陸續發展各自的系統，如 VTEC、VVT、VVT-i 等，直至前幾年所量產的 Atkinson 循環引擎也是利用此一技術。讀者由 8.2.1 節中學習到引擎性能在使用一維模型下的計算分析，本節將使用可變正時系統及不同燃料供應對引擎性能的影響分析。以 8.2.1 節中所用的模型為例，可在引擎特性中將不同的氣門正時資料轉入到模型中，亦需在模型中更改使用的油料，即可簡單的完成模型的設定進行計算分析。

　　圖 8-8 為點火正時對引擎熱效率的影響，點火正時會隨著引擎的負載、轉速及油料不同而有所調整，圖中是將點火正時的操作點列為分析的變數，進行引擎在 4500 rpm 時，使用不同的氣門正時特性及油料的分析結果。結果中可以簡單的得到在此一操作點下最好的點火正時，在引擎控制的資料庫中即可將此一結果列入，即可在短時間得到載具引擎的點火正時資料庫。圖 8-9 為不同噴射正時設定下，對引擎制動熱效率的影分析。噴嘴是引擎的關鍵零組件之一，也是噴射系統的主要制動器，在引擎控制操作上與點火正時同樣是重要的參數之一。圖中可以看到隨著噴射正時改變，引擎的效率也會隨著變化，此一結果與點火正時需要在引擎控制電腦程式撰寫時鍵入資料庫。因此，在結合各個轉速、點火正時及噴油正時後，在引擎控制電腦中則可以得到如圖 8-10 的油耗或性能分佈

圖，在三項不同的氣門正特性下可以找出最佳的操作點進行引擎的控制。

　　本節以點火正時及噴油正時針對引擎在不同氣門正時特性及油料操作下的案例分析，結論中可以使用計算的模型簡易的建立出引擎操作的重要控制參數。藉由數值計算的導入，引擎控制電腦的資料庫建立不像過去需要在實車上不斷的調整，利用數值計算分析，可以在計算機上快速的製作資料庫。

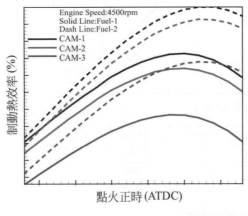

圖 8-8　點火正時對引擎熱效率的影響

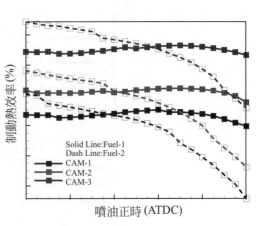

圖 8-9　噴油正時對引擎的影響

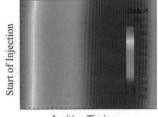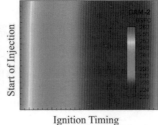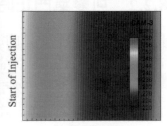

Start of injection: 噴油正時
Ignition Timing: 點火正時

圖 8-10　點火正時對油耗的影響

QR導覽

圖 8-10

彩

8.3　三維噴霧分析模型

　　為了更了解內燃機引擎的缸內流場現象，以及汽缸內的燃燒過程，在無法進行大量實驗的條件下僅能採用三維的數值計算來模擬所需要檢視的流場特性。在 8.2 節中採用一維的計算方式來進行內燃機性能的預測及分析，但大多在內燃機的設計過程中，流場則是引擎性能的最大關鍵點，因此，本節以美國 CSI 公司所生產的 CONVERGE CFD 數值計算軟體為樣本，以實際的計算案例使讀者認識三維 CFD 數值計算的特性及功能。

　　有別於一維計算模型，三維計算模型計算最大的不同在於一維計算無法在結果中明確的看到因為流場的變化對計算結果的影響。如圖 8-11 所示，三維計算是將系統切割成許多的固定控制體積，並將控制體積內的所有特性 (property) 經由質量、動量、能量及物質方程式進行疊代計算後，在滿足收斂條件下輸出計算的結果，因此需要較多的計算資源及時間來提供計算需求。因為三維計算分析需要較大的資源，所以在較多的案例分析程序中會先以一維計算結果進行最佳化分析後，縮小操作分析的範圍，然後再由三維模擬計算來進行細部的流場探討，以節省系統開發的時間。本節將以一具商用缸內直噴 (Direct Injection) 引擎噴嘴的噴霧模擬為計算分析案例，進行噴霧的計算分析以及在定容積燃燒器 (Constant Volume Combustor) 下的油料點火延遲 (Ignition Delay) 分析。

圖 8-11　三維計算方法示意圖

8.3.1　噴霧模型比對

　　噴嘴在引擎的控制系統中是重要的一項參數，但隨著引擎科技的進步，缸內直噴引擎幾乎已成為節能純內燃機引擎車輛的必需技術，因此噴嘴的性能也被大量的研究。噴嘴噴霧的好壞會直接影響到內燃機燃燒及性能的輸出，本節就以市售商用缸內直噴汽油 (Gasoline Direct Injection, GDI) 引擎所使用的噴嘴為模擬對象進行噴霧的計算結果介紹，使讀者初步了解三維模擬計算的分析過程。在進行模型的建立前，需要取得噴嘴的基本資料及模擬對象艙體的幾何外觀，如圖 8-12 所示。噴嘴的資料需求如下：

(1) 噴油壓力

(2) 噴油區間

(3) 噴口直徑及孔數 (包含噴口相對位置)

　　取得噴嘴基本規格後再藉由繪圖軟體建立艙體幾何外觀，在建立艙體模型時需要針對流體區進行建模。完成後可在 CONVERGE 軟體中設定噴嘴的特性。設定時除了需要提供噴嘴的基本規格及安裝位置外，在計算時也需要部份的噴霧資料才能夠提供計算軟體噴霧的初始設定，包含噴霧粒徑 (Spray droplet size)、噴霧角度 (Spray cone angle) 及噴霧初始速度 (Initial spray tip velocity) 等，這部份的資料部份可經由經驗式計算出，也可以由國際間相關的量測規範 (如 SAE J2715 等) 進行量測測後給定。

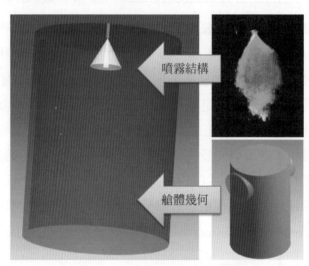

圖 8-12　三維模型建立示意圖

　　完成模型建立及相關設定後，首先需要針對噴霧的相關結果進行比較。因為噴霧粒徑及噴霧角是在設定時即給定，因此在分析噴霧結果前需要先比對噴霧的貫穿距離 (Spray tip penetration)，噴霧貫穿距離是噴霧結構中的重要資訊，噴霧的液滴群需要在給定的時間內達到引擎設計者預想的位置，這樣方能進行較精準的控制。實驗的噴霧的貫穿距離及噴霧角度可以經由光學的視流量測法取得資料，噴霧的速度可以經由貫穿距離及時間軸的關係取得，亦可使用顆粒影像速度法 (Particle Image Velocimetry, PIV) 得到。圖 8-13 為噴霧貫穿距離的實驗及計算結果比對圖，計算的結果與實驗所量測到的結果幾乎完全符合，因為實驗上有較多的限制，所以後段的資料就必需使用計算結果來分析。

　　完成圖 8-13 的噴霧結構基本比對後，確定計算出的噴霧狀態是接近實驗所量測到的樣式，所以可以將各個噴霧的時間點 (Flow time) 所輸出的結果進行後處理，處理後的結果再經由圖像軟體可轉成動畫檔，如圖 8-14 所示，方便讀者分析噴霧的發展過程。本節採用簡易的三維數值計算進行噴嘴噴霧發展過程，目的在使讀者了解三維數值計算與一維計算的不同，分析的對象及參數亦不同，此結果可應用在噴嘴開發階段中的參數探討。

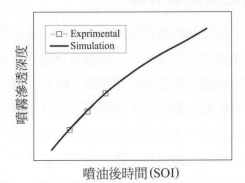

圖 8-13 噴霧貫穿距離比對

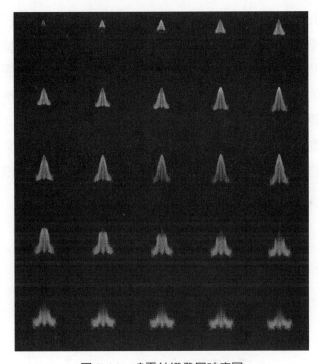

圖 8-14 噴霧結構發展時序圖

QR導覽

圖 8-14

動

8.3.2　定容積燃燒器數值計算

　　在前節的噴霧計算中完成噴霧的結構模擬分析介紹，本節將以前節的噴霧計算爲基礎，更進一步的介紹噴霧後自燃的現象分析。噴霧後自燃的特性即是油料的點火性能，正確的油料點火延遲時間可以提供給柴油引擎正確的噴射正時。但因油料的燃燒是化學反應的行爲，因此必需要在噴霧模擬中加入化學反應的計算模型。噴霧顆粒的追蹤及流場的計算是採用不同的計算方式，需要在交互計算時才會影響到對方，因此在計算化學反應時需要有正確的網格密度，方能提供正確的流場計算結果，在液滴與流場的交互計算時方能保持較準確的液滴實況分析。由於 CONVERGE CFD 軟體本身會自動建構網格，因此需要給定一組基礎網格尺寸的資訊。

　　進行網格最佳化是在三維計算前很重要的過程，由於計算是在控制的體積下進行，太大或太小的體積量都會對計算上有相當積程度的影響。太少的網格數造成在網格網格之間的計算特性變化量太大，也就是梯度太高，這也造成計算結果連續性不佳且不夠細緻。太密集或太多的網格數雖可以減少網格間變化量，但較多的網格數會增加計算機的負載，提高計算的時間及設備成本，圖 8-15 是以不同基本網格密度，在兩組不同的艙體壓力下所計算出的點火延遲時間結果。圖中可以看出計算出來的結果有最佳化的區間，此時可以以此區間得到一組基礎網格尺寸。然後再以此一結果挑選出最適合計算的尺寸進行分析。

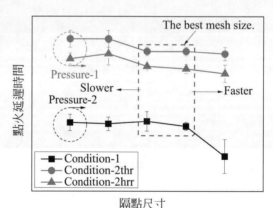

圖 8-15　網格密度比較圖

　　圖 8-16 是燃油噴霧在固定容積燃燒器內的計算結果，圖中 (a)-(d) 分別是噴霧進入到艙體內的過程，圖 (a) 爲噴霧初期，液滴還沒有大量的分裂擴散開來；到了圖 (b)，噴油嘴開啓一段時間後有較多的燃油注入，前端的液滴開始大量的分裂及蒸發，提高了艙體內油氣的濃度；接著當達到一定的濃度及溫度時則會如圖 (c) 中所示的開始自燃；圖 (d) 則是在噴霧的後期時，大量的蒸發油氣開始被燃燒，此時的熱釋放率最大。由此一過程中可以了解到噴霧到高溫高壓容器中的行爲及燃燒現象，而此一過程中，從油料開始被

注內到著火時所經過的時間稱爲點火延遲。點火延遲目前沒有一定的判定規定，大多的學者在研究上會採用熱釋放率、總熱釋放、二次壓力變化率或是壓力覆蓋時間判定，本案例則是以壓力覆蓋時間點作爲點燃的指標。

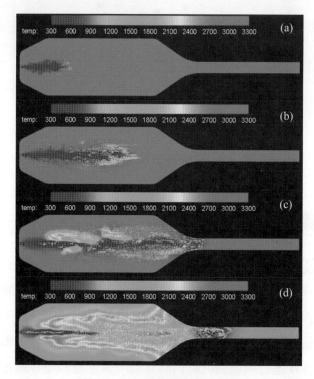

圖 8-16　噴霧燃燒過程示意圖

　　接著則是根據計算出來的結果，判定各個受測的油料及噴霧條件來進行點火延遲時間的分析。如圖 8-17 所示，將各個計算後的點火延遲時間結果進行整理後可以與細部計算的結果比對，雖有一定的誤差量，但這是在不同的化學反應機制之間的比較結果。因此許多學者則可以使用此一設備進行燃料著火特性的研究 (如十六烷值)，或是以數值計算的方法來簡化化學反應步驟，提升計算的效率。

── QR導覽 ──

圖 8-16

動

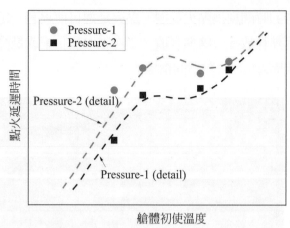

圖 8-17 計算點火延遲結果比對圖

8.4 三維內燃機分析模型

在介紹完噴霧及定容積燃燒器的計算後，本節將以前述所分析方法應用在內燃機引擎的缸內流場計算分析進行介紹。目前市售的車輛大致可以分為兩個不同的引擎型式主流，分別為往復式活塞引擎及迴轉式活塞引擎。這在對應到前幾節所介紹的數值計算上有些許的不同，重點在於可移動的邊界及以開放空間出入的邊界。本節的教學重點在於使用 CONVERGE CFD 進行內燃機汽缸內計算時所需注意的邊界設定，以及在不同的引擎運轉型式下的分析過程差異。

8.4.1 邊界條件設定

不同於一維計算模型的設定，引擎缸內流場的計算需要相當詳細的規劃，從外型幾何、氣門結構到活塞頂的設定等，都是關係到計算結果的因素，因此，在計算三維計算時所需的邊界設定更需要細部的規劃。圖 8-18 為一具單缸四行程引擎的計算模型，在模型的開始，可使用引擎廠商所提供的幾何圖面進行匯入 (CONVERGE CFD 僅能使用 STL 檔)，將外型匯入後先行檢測圖面及尺寸是否無誤。檢測完圖面後進行邊界的分類，在引擎的分析計算下需要定義的邊界如下：

(1) 活塞頂面 (Piston)

(2) 汽缸頭 (Head)

(3) 汽缸水套內壁面 (Liner)

(4) 進氣閥門底面及頂面 (Intake Valve Bottom/Top)

(5) 排氣閥門底面及頂面 (Exhaust Valve Bottom/Top)

(6) 進氣道 (Intake)

(7)　排氣道 (Exhaust)

(8)　進氣口 (Intake Port)

(9)　排氣口 (Exhaust Port)

　　完成邊界的分類後，在 CONVERGE CFD 中需要定義各邊界的所屬區域 (Region)，目的在於之後需要以不同的區域來定義初始條件，以及進行區域間設立流體不連續網格所需。參考圖 8-19 中的邊界件設定頁中可以看到各自所設定的區域。

　　內燃機的計算相較其他固定邊界模型較為複雜，因此若沒有正確的設定邊界條件會產生計算發散，或是無法計算，因此在進行邊界條件的設定時還需要注意以下注意事項：

(1)　使用引擎計算模型需要正確定義活塞、缸壁及汽缸頭的邊界。

(2)　活塞頂需設定為可移動的牆邊界 (moving wall)，並套入正確的氣門升程特性。

(3)　氣門的頂面及底面均需設定為可移動的牆邊界 (moving wall)。

(4)　模型至少劃分成三個區域 (Intake Region、Exhaust Region 及 Cylinder Region)，使用 EVENT 功能配合氣門開關正時設定區域間流體連續時期。

(5)　依實際的溫度、壓力物質分率定義邊界值。

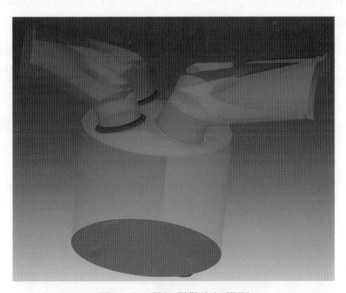

圖 8-18　單缸引擎汽缸模型

圖 8-19　邊界條件設定視窗

8.4.2　往復活塞式引擎分析案例

本節以一具直列四缸四行程引擎進行計算分析介紹，以前節所述的設定方式連結成為一具四缸引擎模型，在完成邊界、初始及噴霧設定後進行計算，如圖 8-20 為計算模型圖，該模型為四缸的歧管噴射 (Port Fuel Injection) 引擎，圖面中因為沒有排氣歧管，因此無法類似進氣歧管採用同一邊界處理，四個汽缸的排氣管均設定為各別的區均。模型中還需注意到的是四個汽缸本體均設定為不同的區域，這是因為四個汽缸因為有點火順序 (本展示引擎為 1-3-4-2) 的差異，因此需要將四缸分開後各別設定與進排氣道的區域間流體連續期間。

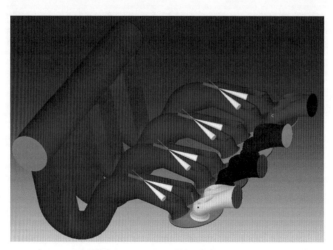

圖 8-20　直缸四缸引擎模型

　　完成設定後進行模型的計算，圖 8-21 及圖 8-22 為計算後的油氣及溫度分佈圖。燃氣分佈是引擎噴霧效果好壞的指標，圖中可以看到有油氣殘留在進氣道上，這是歧管噴射引擎常見的現象，噴嘴噴出油料無法直接進到缸內，在油滴移動的過程中往往會撞擊到進氣道壁面或是氣門桿或氣門頂面，因此在壁面上有油料浸潤 (Wetting) 發生。圖 8-22 則是汽缸內油氣點燃後燃燒的溫度分佈，圖中在第三缸的溫度較高且排氣道內也有高溫度的氣體，因此是在第三缸點火後排氣門也開啟的時期，根據點火順序可以判定第一缸正在排氣行程中，第四缸則是在點火前的壓縮行程，因此第四缸內的油滴數量會較正在進氣行程的第二缸來的少。本節進行往復式活塞引擎的計算，讀者在完成本節次的案例後可以了解到功計算與其他固定模型的計算差異，更認識內燃機的計算方式。

 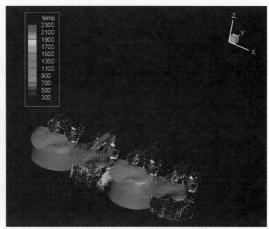

圖 8-21　四缸引擎油氣分佈圖　　　　　圖 8-22　四缸引擎溫度分佈圖

8.4.3　迴轉活塞式引擎分析案例

　　迴轉活塞式引擎又名為轉子引擎 (Rotary engine)，是由德國工程師 Felix Wankel 所主導設計出的引擎工作機制，因此也叫做 Wankel Engine。此引擎的運轉模式與往復活塞式引擎大大的不同，除了在活塞運動的形態不同，沒有氣門的設置也是一大特點。由於這些不同點，在計算模型的設定上需要一些特殊的方式來設定。圖 8-23 為一具簡易的轉子引擎模型圖，轉子引擎大致可分為活塞及汽缸壁面兩體。由於活塞是以擺線式的運動路

QR導覽

圖 8-21　　　　圖 8-22

 動　　　動

徑移動，因此缸壁的幾何型狀則可以用利用方程式 8-27 求出。其中 x 及 y 為座標值，e 為活塞中心點與汽缸壁中心點的偏移量，R 為轉子的半徑，n 是活塞的面數 (轉子引擎為 3)。以此方程式計算 0 ～ 360 度之間的所有座標點即可得到如圖 8-23 的汽缸外型曲線。

$$x = e\cos3\alpha + R\cos(\alpha + 2n\pi/3)$$
$$y = e\sin3\alpha + R\sin(\alpha + 2n\pi) \tag{8-27}$$

　　因為轉子引擎沒有氣門，因此在圖型的處理上相較往復式活塞引擎來的簡單，但也因為沒有氣門，所以在活塞與缸壁上的氣密則需要透過 SEAL 的功能來進行。在 CONVERGE CFD 中提供轉子引擎計算需要的設定參數，只要正確的設定好活塞的三個端線，系統即可自動協助生成汽缸壁面曲線，方便完成模型的建立。因此，在設定轉子引擎時需要注意以下幾項設定：

(1) 匯入轉子圖面時不可以轉子的中心作為系原點，需以汽缸壁面的中心為原點。並且活塞中心需在 X 軸或 Y 軸上。
(2) 進、排氣道需要設定正確的區域，否則無法計算。
(3) 活塞設定為移動牆面，並且確定移動的規則附合轉子引擎的運動。
(4) 使用 SEAL 中的功能將轉子與汽缸壁面進行密封。
(5) 從 SEAL 的功能中測試轉子的運動是否正常。(與汽缸壁面需無干涉)。
(6) 設定正確的邊界條件及初始條件。

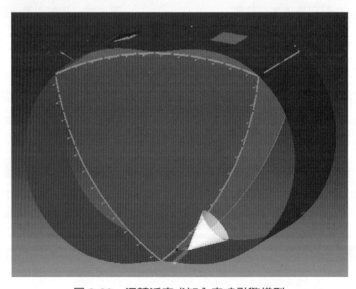

圖 8-23　迴轉活塞式缸內直噴引擎模型

　　在完成模型的設定後開始進行計算。計算結果如圖 8-24、圖 8-25 及圖 8-26 所示，三圖中的 (a) ～ (d) 圖之間相互間隔 270 度，因此可以看出四行程引擎在轉子引擎的運轉下的四個工作行程。三圖中的圖 (a) 在活塞的右側爲進氣行程末期，而左上側爲排氣行程末期的進排氣重疊時期，相當於氣門重疊的效果，因此在進氣側的細縫壁面上有會較高速的氣流通過，而在圖 8-25(a) 中則可以看到有部份的未燃氣，在圖 8-26(a) 的溫度分佈則是因爲排氣口連通而使壓力下降，所以溫度也下降到約 700K。圖 (b) 中的活塞下方則是點火初期的動力行程，因爲點火位置的關係，在活塞通過時會帶動一陣氣流，因此有流動的速度，在燃燒的期間則沒有太大量的未燃氣留存，但尚留有部份的油料在右側壁面。圖 (c) 中活塞右下爲壓縮行程，並且在壓縮行程內噴油。在速度的分佈上因爲是壓縮行程，因此沒有太大的速度變化產生，溫度也保持均溫的狀態，而因此時爲油料噴入時期，油料尚未蒸發，因此可以在活塞面上看到有油氣或是油滴附著。圖 (d) 中活塞上方爲進排氣重疊末期，也是進氣初期，因此在進氣道有氣流向缸內流動。

　　本節以轉子引擎爲例介紹迴轉活塞式內燃機引擎的數值計算分析結果，使讀著認識有別於往復式活塞引擎的計算方式，並透由計算結果的介紹，更進一步認識內燃機引擎運轉的過程及缸內產生的現象。

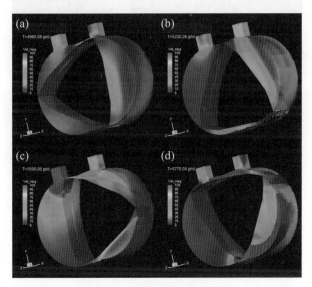

圖 8-24　速度絕對值分佈圖

── QR導覽 ────────────────────────────

圖 8-24

動

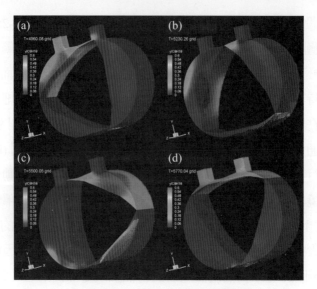

圖 8-25　燃料油氣場分佈圖

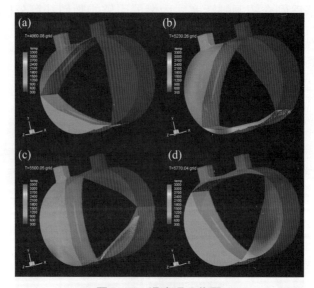

圖 8-26　溫度場分佈圖

── QR導覽 ──

圖 8-25　　　　圖 8-26

本章小結

　　在本章中介紹了使用數值計算的優缺點，並針對一維數值計算及三維數值計算進行多項案例的介紹。內容中除了介紹數值的計算法理論，在案例的介紹中使讀者認識到不同的計算需求需要使用不同的計算方式，以達到實際要求所需。配合書中前面章節的內燃機理論說明，讀者能夠更進一步的了解內燃機的工作原理，並在未來有機會能夠利用此項工具進行更深入的研究與分析。

作業

1. 請簡單列出三維數值計算時所需的系統基本統御方程式名稱。
2. 請說明以一維數值計算與三維數值計算分析內燃機引擎的差異。
3. 請列出設定邊界條件所需注意事項。若設定內燃機計算模型則需要注意事項為何。
4. 請比較往復式活塞引擎與迴轉活塞式引擎在計算模型建立上的差異。

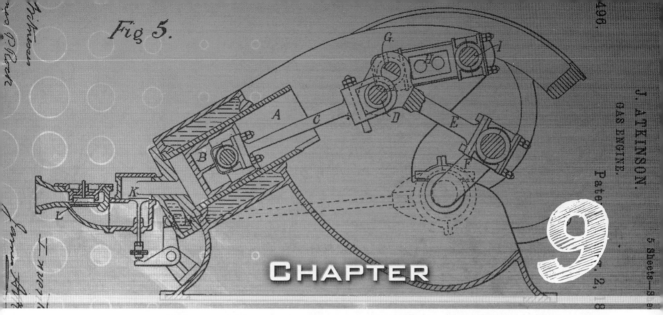

CHAPTER 9

先進內燃機診測裝置與設施

在本章中將介紹使用雷射光學科技所主導的內燃機流體量測，在先進內燃機開發的過程中，我們不能在將內燃機內部的狀態視為一個黑盒子，並且只把它當作一個能量轉換器或者燃料遇到空氣混合即燃燒的概念。根據目前最新的燃燒科學指出：唯有準確地控制燃料與空氣的混合並且使燃料與空氣混合物以最佳的流場在內燃機中運動時，才能使內燃機發會最高的性能並且擁有最低的油耗與污染排放，在本章中將介紹以雷射光學為基礎的各項量測，包含內燃機內部的空氣流場以及燃料噴霧的診斷等實務，相關內容由作者群作帶領研究團隊的成果中所擷取展示 (張學斌等人，2011；謝逸霖，2009；陳正暐，2009)，在本章末了也將介紹可用於內燃機探測燃燒狀態的離子探針技術。

學習重點

1. 理解雷射光學科技如何應用於內燃機研究開發的過程
2. 認識空氣視流法
3. 認識噴霧特徵診斷
4. 理解光學透明引擎的原理
5. 認識離子探針技術

9.1 先進雷射光學診測系統

9.1.1 雷射視流法科技

　　研究自然與科學時，如何將現象用人為的方式記錄下來並且用以闡述說明相關的原理是一門重要的學問，而『一張照片勝過千言萬語』這句話更能貼切地說明這一番道理。研究流體力學時，如何透過過科學方法將透明無色的流體恰當地觀察且呈現出來的學問稱之為視流法 (flow visualization)，視流法的目的就是要會增加我們對這些流體物理現象有更寫實的了解，也可以幫助我們能夠更快速地描述並且理解其中所蘊含的理論。早在 1508 年的時候李奧納多‧達文西 (Leonardo da Vinci, 1452 ～ 1519) 畫了一幅水流入一個水塘中所引發的紊流現象，另外在他的著作中也可以看到許多流體的流動現象，如圖 9-1 所示，李奧納多‧達文西雖然使用手繪的方式來紀錄大自然界的現象，與現今的科學方法比較起來雖然相當的原始，但不失為此門科學的起源。1905 年普朗特 (Ludwig Prandtl, 1875 ～ 1953) 建立了第一個人工操作的水洞 (圖 9-2)，並且用細小顆粒放置在水中搭配光源用以觀察流場的現象，此為科學方法從事視流法的濫觴。普朗特在邊界層理論、風洞實驗技術、機翼理論、紊流理論等方面有卓著的成就。

圖 9-1　李奧納多‧達文西對於水流的觀察

圖 9-2　普朗特的水洞觀察 (Röhle, 1997)

　　流體視流的方式相當的多，其中可以粗分成：顆粒追蹤法 (particle tracer methods) 與光學法 (Optical methods)。光學法 (Optical methods) 通常是利用不同流體或者同流體不同密度下折射率的不同而造成影像，例如紋影法 (schlieren photography) 與光影法 (shadowgraph) 等皆屬於此類。顆粒追蹤法是一種常見的視流方法，在透明的流場中欲進行流場觀測時必須加入一些可視化物質，也就是所謂的顆粒，流體外加材料來做視流的時候，必須考慮到顆粒的可視特性並且要足夠小而隨著流體移動，而這些顆粒可以是染料煙、或者是固體顆粒等。染料、煙、顆粒等材料通常在流體中觀察的上游加入，而隨著流體流動。爲了解釋視流法所看到的流體現象，在此將流體中描述流體的現象的方式在此分類：流線 (streamline)：在流場中，沿著連續性流動速度向量的切線方向各點軌跡所形成的一組線稱之爲瞬時流線；徑線 (pathline)：指某一特定流體質點在流動過程中行走過的痕跡；蹟線 (streakline)：亦稱爲煙線或者脈線，指某一瞬間，所有曾通過空間中某一特定位置的所有流體質點在目前的位置所連接而成的軌跡。視流法通常在流體中的某一點置入外加物質，所以視流法所看到的就是蹟線。

　　自從 1960 年紅寶石雷射發明以來，雷射在科學、軍事、工業，以及民生產業上均有很大的應用，雷射光具有單色性且高能量密度的特性，而且相當容易調製，對於流場觀測時所需的極薄光頁的需求可以輕易經過簡易光學元件調製而成。中文的雷射是 Laser 的譯音，而 Laser 是 (Light Amplification by Stimulated Emission of Radiation) 的簡寫，其意義爲藉由受激輻射放大光，就如同屬電磁波的無線電波放大一樣，將同一波長的能量放大。目前常見的雷射光源有：氦氖雷射波長：(633 nm)、銅蒸氣雷射波長：(510, 578 nm)、氬離子雷射波長：(514.5 nm, 488 nm)、半導體雷射、紅寶石雷射波長：(Cr3+, 694 nm)，與摻釹鐿鋁石榴石雷射 Nd：YAG Laser 波長：(532 nm)(圖 9-3)。其中摻釹鐿鋁石榴石雷射 Nd：YAG 雷射在粒子影像測速中屬於典型且常用的光源。在光源上來說，高單色性、高能量密度，且易調製使薄光面 (laser sheet) 的雷射特性讓我們在執行視流法時可以有效地提高空間二維解析度，所以雷射的發明對於視流法而言有莫大的助益，如圖 9-4 所示爲清晰的雷射技術噴霧視流。

圖 9-3　摻釹鐿鋁石榴石雷射 Nd：YAG Laser(532 nm)

圖 9-4 使用摻釹釔鋁石榴石雷射 Nd：YAG Laser 進行噴霧視流

9.1.2 雷射定量視流法量測

使用一般的視流法所取得的圖片稱之為定性視流法，如果將視流法圖片進行分析，取得更深一層的資訊或數字化結果時就稱之為定量視流法，數位化雷射影像測速技術 (Particle Image Velocimetry, PIV) 就是相當知名的定量視流法，該技術利用圖片上的顆粒影像移動來計算速度。由於測定流場與噴霧速度對於內燃機研究來說相當重要，因此在本節中將介紹數位化雷射影像測速技術的基本原理。在介紹以前，先請讀者看一下圖 9-5，如果有 (a) 與 (b) 兩張圖片，要如何才能找出這兩張上面的影像移動量？最簡單的方法就是把 (a) 與 (b) 重疊，然後經過移動比對後就可以辨識出移動量；如果 (a) 與 (b) 這兩張圖片拍攝的時間間隔為 Δt，則它們在光頁面上的速度就可以輕易的計算出來。

要進行數位化雷射影像測速技術可以購置完整量測套件，也可以自行組裝，基本的需求如表 9-1 所列：

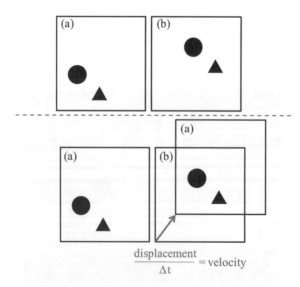

圖 9-5 如何辨識兩張圖片上面影像的移動

⊗ 表 9-1　數位化雷射影像測速技術設備需求表

設備	用途說明
雙管雷射或兩部單發雷射	流場照明用設備，若是要相位鎖定攝影則需要脈衝型雷射 (Dual Q-switched Nd：YAG)，須搭配具備 interfram 功能 CCD；如果使用連續式雷射則需要使用高速 CCD
訊號／延遲產生器	產生控制訊號的裝置
Interfram CCD 或高速 CCD	擷取影像的裝置
電腦	儲存數位化影像
分析軟體	有商業化軟體亦可自行撰寫
繪圖軟體	將向量資訊展現用軟體

基本方法係使用訊號／延遲產生器控制雙管雷射放射出具有時間差的兩道光，並使用具有分幅功能的 CCD 接受訊號／延遲產生器所產生的觸發訊號以分別取得上述兩道光的顯像，儲存後再使用軟體進行分析。分析時必須將影像進行分割，每個分割稱之為訪視窗 (interrogation window)，以計算出空間中各個分割下顆粒的移動特徵，其影像分析流程如圖 9-6 所示，訪視窗的取捨會影像到量測的空間解析度，而太小的訪視窗會導致分析結果的誤差。

在圖 9-6 之中所使用的分析基礎原理係使用關聯分析法 (correlation)，關聯分析的運算是一種用於訊號處理的數學，以二個相異的二維函數來說，此運算又稱之為交叉關聯分析 (cross-correlation)，如 (9-1) 與 (9-2) 所列分別為連續函數與離散化交叉關聯分析，相關理論說明在早期自行開發程式的學者著作中已經有所敘述 (Chih-Yung Wu, 2003)。

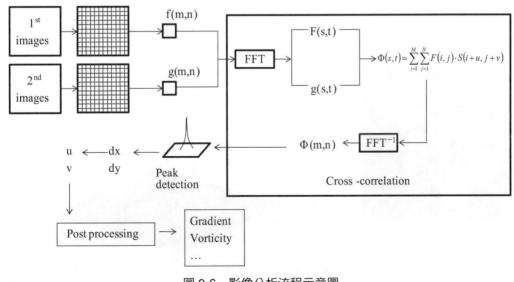

圖 9-6　影像分析流程示意圖

$$f(x,y) \circ g(x,y) = \int\limits_{-\infty}^{\infty}\int\limits_{-\infty}^{\infty} f(\alpha,\beta)g(x+\alpha,y+\beta)\,d\alpha\,d\beta \qquad (9\text{-}1)$$

$$f_e(x,y) \circ g(x,y) = \sum_{m=0}^{M-1}\sum_{n=0}^{N-1} f_e(m,n)g(x+m,y+n) \qquad (9\text{-}2)$$

當 $f = g$ 時稱之為自我關聯分析 (auto-correlation)，運用傅利葉轉換在計算機上可以有效地提升關聯分析的運算速度：

$$f(x,y) \circ g(x,y) \Leftrightarrow F^*(u,v)G(u,v) \qquad (9\text{-}3)$$

$$f^*(x,y)g(x,y) \Leftrightarrow F(u,v) \circ G(u,v) \qquad (9\text{-}4)$$

以實際的例子來說明較為清楚，如圖 9-7(a) 所示為 1 個 64×64 像素的訪視窗影像，如果這張影像定義為二維函數 f，當函數 f 與自己做自我關聯分析 (auto-correlation) 運算時可以得到一個尺度為 127×127 關聯矩陣，關聯矩陣的值繪製成立體圖時如圖 9-7(b) 所示，當訊號中不存在重複型樣時，關聯分析所得之關聯矩陣之最大值會座落在原點上，如果是顆粒影像測速的分析視窗所得的關聯矩陣就意味著顆粒的影像在圖片上無任何的移動。要注意的是，為了尋求運算的簡便，訪視窗通常設定為 2 的冪次方，例如 16×16、32×32、64×64、128×128 …，而計算出來的關聯方陣大小為原來大小的 2 被減 1，當訪視窗越大，訊號正確性越高，但是運算時間越久而且空間解析度也會跟著變差。

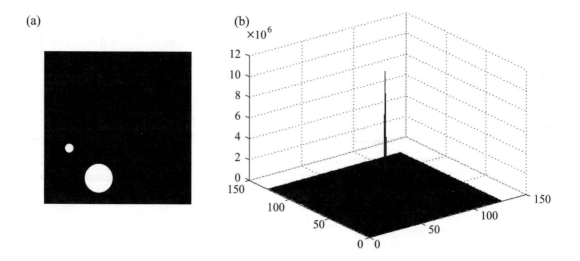

圖 9-7　影像分析流程示意圖

　　圖 9-8 所示為訊號中存在重複型樣之自我關聯分析結果示意圖，當訊號中存在重複型樣時，關聯分析所得之關聯矩陣之最大值會座落在原點上，另外會產生兩個等高的第二最大值座落在距離原點特定距離上，如果是顆粒影像測速的分析視窗所得的關聯矩陣，第二高值座落的位置距離原點的位置就意味著顆粒的影像圖片上所移動的距離，但是第二高值會有兩個位置，所以對於顆粒影像測速來說其顆粒移動的方向性難以判斷，如圖 9-9 所示。

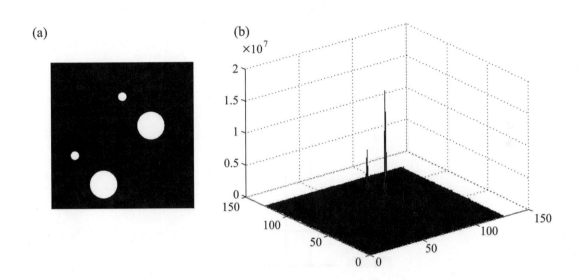

圖 9-8　訊號中存在重複型樣之自我關聯分析結果示意圖

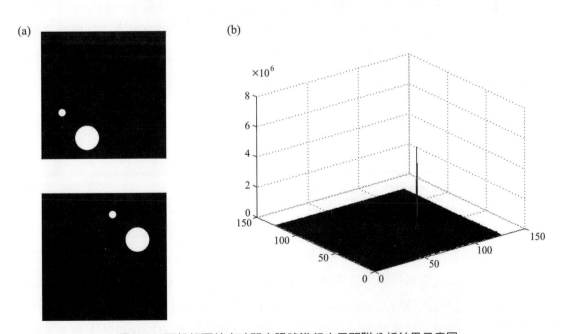

圖 9-9　兩組相隔特定時間之訊號進行交叉關聯分析結果示意圖

9.1.3 雷射誘發螢光

在內燃機的研究中，探討空氣與燃料的混合是一件很重要的任務，汽缸中燃料與空氣混合情況的量測可以利用兩種雷射診測技術來進行，其一為芮立散射 (Rayleigh Scattering) 影像，芮立散射是一種彈性散射，當某一特定波長的光子撞擊分子後會將此分子的能階躍遷至一虛擬的高能階，分子從高能階降回原來的能階時則釋放出相同波長的光子，其原理如圖 9-10 所示。

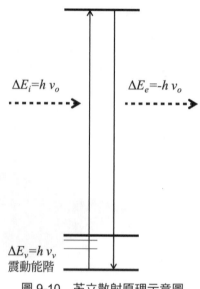

圖 9-10 芮立散射原理示意圖

不同的分子會有不同的芮立散射截面 (cross-section)，也就是說不同的分子受到相同強度雷射光激發後所釋放出來的能量則有所不同，因此可以利用散射光的強度來了解燃料與空氣的混合情況。對於芮立散射而言，因為光子對於分子沒有選擇性所以這種技術只能夠量測雙元混合物 (binary-mixture)，其量測訊號如 (9-5) 所示：

$$\begin{cases} R_{mix} = \eta I_i N \left[x_f \sigma_f + x_a \sigma_a \right] \\ x_f + x_a = 1 \end{cases} \tag{9-5}$$

其中 R_{mix}, η, I_i, N, x_f, x_a, σ_f, σ_a 分別代表測得知芮立訊號、光學元件常數、雷射射入強度、粒子密度、燃料莫耳分率、空氣莫耳分率、燃料芮立截面，與空氣之芮立截面。芮立散射技術運用於汽缸引擎之研究首見於 1985 年 (Arcoumanis et al., 1985)，在此研究中利用 Freon-12 來取代燃料作為汽缸中燃料與空氣混合之觀測。不管是汽油引擎 (Kadota et al., 19990) 或者是柴油引擎 (Arcoumanis et al., 1985) 都可以利用此種技術來分析汽缸內燃料與空氣的混合情況，這些結果可以做為汽缸頭與活塞表面幾何形狀設計之參考。雖然芮立散射的理論與量測的方式比較容易，但是卻必須面對許多缺點，這些缺點包括：空氣中塵埃所散發米散射 (Mie scattering) 的影響、透明引擎之石英視窗所造成的眩光、以及各種環境中雜光之影響。

　　第二種雷射診測技術為雷射誘發螢光 (LIF)，雷射誘發螢光屬於一種現代式的視流法 (flow visualization)，它可以提供一個高度平面空間解析的流場混合情況，透過適當的調校可以得到半定量 (semi-quantitative) 的資訊。雷射誘發螢光是由分子受到雷射激發後所散發出來的螢光，其原理如圖 9-11 所示：

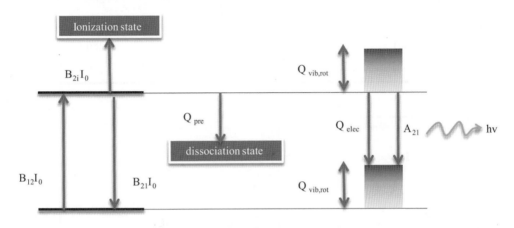

圖 9-11　雷射誘發螢光原理示意圖

　　分子受到適當波長的雷射光激發後會躍遷至高能階，處於高能階的分子有可能再度受到光子的激發而躍遷至解離態，有一部分會因為碰撞能量交換而產生預分解現象，還有一部分會與未激發的其他分子碰撞而產生冷熄現象 (Quench)，這種冷熄現象使得雷射誘發螢光難以準確定量待測分子的正確濃度，剩下的才有機會產生雷射誘發螢光。雷射誘發螢光可以運用火焰中量測火焰中部份主要成份 (major species) 與次要成份 (minor species) 的分佈與濃度，例如：氧 (O_2)(Nguyen and Paul, 1997)、氫氧分子 (OH)(Bergano et al., 1983)、碳氫分子 (CH)(Rensburger et al., 1988)、一氧化碳 (CO)(Everest et al., 1997)，或者氮氧化物 (NO_x)(Cattolica et al., 1989) 等，由上述的量測可以測得火焰的傳播與火焰存在的位置；而在冷流場中可以量測引擎內部燃料與空氣的混合情況。

　　欲從事雷射誘發螢光量測燃料與空氣混合分佈情況時，必須避免使用汽油，因為市售汽油中含有太多複雜且會吸收紫外線放出螢光的物質，因此必須使用純物質 (異辛烷或正庚烷) 並且在前述的物質中添加可以容易產生雷射誘發螢光的追蹤劑。選定產生螢光的物質後就必須挑選適當的雷射光源來加以激發，例如：KrF 准分子雷射搭配甲苯 (Reboux et al., 1994)、三倍頻摻釹鐿石榴石雷射搭配丁二酮 (Baritaud et al., 1992)、XeCl 准分子雷射搭配丙酮 (Knapp et al., 1997) 等數種組合，這種額外添加物質的方式稱之為追蹤劑雷射誘發螢光技術 (tracer LIF)。以實務面來說，不同的燃料會有對定應的追蹤劑，其組合如表 9-2 所列，另外如圖 9-12 所示為使用異辛烷為觀測燃料，由於異辛烷的鍵結都是飽和鍵，所以吸收譜線都小於 180 nm；甲苯的吸收線為 266 附近 (藍色線)，因此混入甲苯為追蹤劑後，經過 266 nm 波長雷射激發後會散發出如圖 9-12 所示的螢光波段 (紅色線)，266 nm 的雷射可以使用摻釹鐿鋁石榴石雷射 Nd：YAG Laser 的四倍頻輸出。

表 9-2 API 之潤滑相關等級與現狀規定規格表

理想燃料	追蹤劑	主要可激發波長 nm
甲烷 (Methane)	甲苯 (Toluene)	260
丙烷 (Propane)	丙酮 (Aceton)	280
正庚烷 (N-heptane)	丁二酮 (Biacetyl)	280
異辛烷 (Iso-octane)	3- 戊酮 (3-pentanone)	280

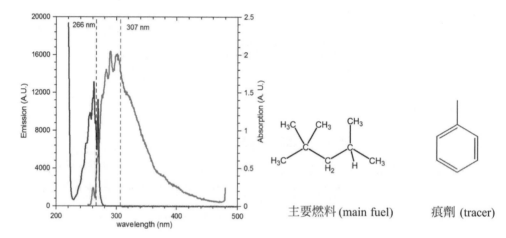

圖 9-12 以異辛烷為燃料並以甲苯為追蹤劑的雷射誘發螢光量測

9.1.4 雷射繞射粒徑分析技術

內燃機的燃料供應主要使用噴霧技術，噴霧所產生的微細液滴尺寸會進一步影響到燃料的蒸發與燃燒，也會影響到燃燒的效果以及引擎高轉速下的性能，因此大部分的噴嘴在應用時都必須要經過粒徑的驗證。所謂雷射繞射粒徑 (Laser diffraction particle sizing) 分析技術係指使用雷射繞射譜線去分析造成繞射的噴霧粒徑大小，其基本理論為夫朗和斐繞射 (Fraunhofer diffraction)，根據其理論，繞射光的強度與粒徑大小成正比而繞射角度會與粒徑大小成反比。一般雷射繞射粒徑分析儀由以下幾個重要的零件所構成，其基本架構如圖 9-13 所示：

(1) 氦 - 氖 (He-Ne) 雷射：光源。

(2) 校準用鏡片：使用該元件將雷射光速散開成直徑較大的平行光束。

(3) 噴霧：待測噴霧，當雷射光束通過噴霧區時產生繞射。

(4) 聚焦鏡：將未繞射的光再度聚焦使其通過針孔而到達光感測器的中間感測器。

(5) 呈現環狀的光感測元件：感測器以環狀排列，以收集不同繞射角的光。

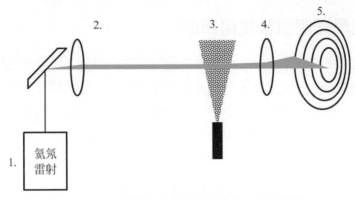

圖 9-13　雷射繞射力靜分析設備的內部架構圖

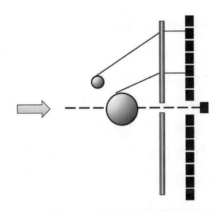

圖 9-14　不同粒徑大小顆粒之雷射繞射角度示意圖

　　在量測過程中，大顆粒的繞射角度會比較小而被較內圈的感測元件所偵測而小顆粒的繞射角度比較大而是被較外環的感測器所偵測，如圖 9-14 所示，雷射繞射利徑分析儀的配置以及其與其他系統的整合如圖 9-15 所示。

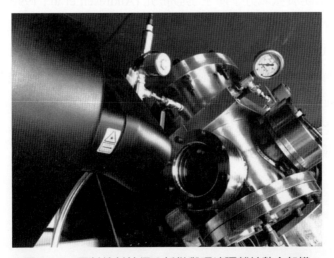

圖 9-15　雷射繞射粒徑分析儀與環境隔離艙整合架構

9.2 光學透明引擎

9.2.1 光學透明引擎使用目的

為了因應環境保護的需求以及日漸嚴格的環保法規規定，現今所使用的內燃引擎之設計必須採用新的方法來加以設計，尤其是噴油技術以及燃燒技術的雙方面研究。自從1960年代雷射問世以來，燃燒系統之研究就從肉眼的觀察分析、攝影、溫度、離子探針與光譜分析進入到非介入式火焰中分子分佈結構的雷射分析。現今透過雷射診測分析可以讓我們了解火焰與燃燒系統中成份、溫度、速度、反應速率與汙染排放等資訊(Katharina et al., 2005)。目前燃燒系統暨內燃機引擎之雷射診測技術主要是以探測汽缸中燃料與空氣的混合情況、噴霧油滴的產生與蒸發、燃燒與火焰傳播，以及污染排放。

為了讓非介入式的雷射診測技術可以應用於內燃引擎中，研究學者通常必須建造一可以使雷射光進入燃燒室，而且可以藉由專用攝影機將燃燒室中噴霧的形態以及流場的特徵記錄下來的平台，這個平台就是所謂的光學透明引擎 (Optical Access Engine)。光學透明引擎的建造必須根基於目前研究的對象而加以設計，無論是行程與汽缸直徑均與原引擎相同。光學透明引擎的目的是作為內燃引擎內部流場與噴霧特性觀測之用，本身無動力輸出，因此轉速甚低且需要外部馬達牽引。到目前為止，光學透明引擎的建立主要是用於研究目的而設定的，因此在學術界中可以看到光學透明引擎的蹤跡，然而光學透明引擎的建立與操作是一個相當精密而且隱含許多機械設計的機密於其中，所以目前世界上有能力建構此項平台並且運用雷射診測技術加以分析的研究單位非常稀少；在汽車業界方面，目前所收集到的資料僅有英國蓮花汽車有公開其光學透明引擎的研究。使用雷射診測技術並且配合光學透明引擎的研究大約啟始於90年代，Peter Andresen 團隊使用氟化氪准分子雷射誘發氫氧分子產生誘發螢光 (Andresen et al., 1990)，以觀測引擎內部燃燒火焰的分佈情況，如圖 3-1 所示，氟化氪准分子雷射的波長為 248nm，搭配 etalon 可調變極窄波長的選用也可用於汽缸內氮氧化物的分佈情形 (Knapp et al., 1996)。至今為止，從是透明引擎設計與研究最大且最深入的團隊，非美國加州聖地亞國家實驗室燃燒研究機構 (CRF, Sandia Lab.) 莫屬，無論是傳統柴油引擎、汽油引擎、勻像壓燃引擎的研究均可見到使用光學透明引擎來探討燃燒室內反應線向的方法。從以上可見光學透明引擎在實務發展與基礎研究用途上的重要性。

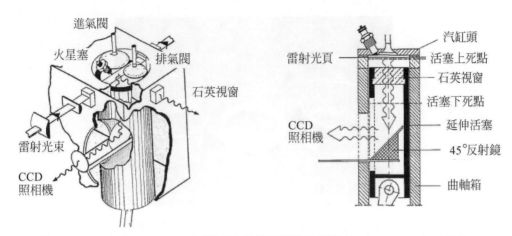

圖 9-16 90 年代 Andresen 團隊所使用的光學透明引擎 (Andresen et al., 1990)

9.2.2 光學透明引擎製造

　　光學透明引擎的建造必須按照待分析引擎進行解析，通常僅保留待觀測引擎的曲軸、連桿、汽缸頭以及汽缸頭內的相關零組件，至於引擎本體可以進行全面重製 (圖 9-17) 或者是部分改造 (圖 9-18)。光學透明引擎主要要將汽缸壁透明化並且選擇性地將活塞也透明化，汽缸壁與活塞透明化需要使用透明材質來製作汽缸與活塞，通常使用熔融石英 (fused silica) 或是熔融藍寶石 (Fused Sapphire) 來製作，如圖 9-19 所示為使用石英所製作透明汽缸並且搭配金屬防爆護套。透過堅固且的設計，熔融石英所製造的透明汽缸與活塞不僅僅可以讓雷射光透過而觀察流場，也可以經由搭配控制電路而進行點火以進行燃燒傳播之觀察，然而該光學透明引擎無法進行長時間的燃燒觀測，過度的操作會導致石英光學透明汽缸或活塞造成龜裂而損毀。

圖 9-17 引擎本體全面重製之光學透明引擎

圖 9-18 使用舊有引擎本體之光學透明引擎

圖 9-19 石英所製作透明汽缸搭配金屬防爆護套

🔩 9.2.3 簡易型整合雷射光學分析進氣與排氣設施 - 光學流量測試台

流量測試台 (air flow bench) 是一種內燃機開發時用來探討引擎進氣性能的設施，可以用來診斷進氣以及排氣零件的相關功能，除此之外，化油器、空氣濾芯裝置與進氣道設計等均可以透過本裝置進行分析。在流量測試台中，主要有孔口板 (orifice plate)、文氏管 (venturi tube)、溫度計 (thermometer) 以及皮托管 (pitot tube) 等裝置，其目的在於分析流量之多寡與壓力溫度的關係，其基本配置如圖 9-20(a) 所示；除此之外，若是搭配透明管之後可以進行視流以了解空氣進入的速度以及其渦流的特性，基本架構示意如圖 9-20(b) 所示而在圖 9-21 之中所顯示的是實際實施情形。

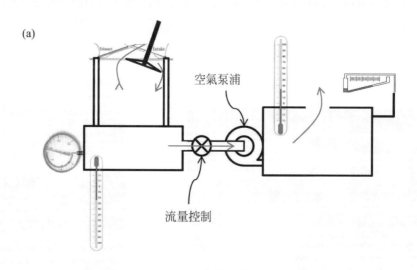

(a)

空氣泵浦

流量控制

圖 9-20 流量測視台基本架構：(a) 基本型

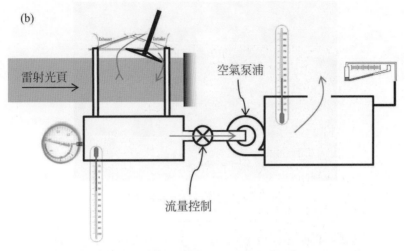

圖 9-20　流量測視台基本架構：(b) 雷射光學混合分析型 (續)

圖 9-21　搭配雷射光學視流技術之流量測視台

9.3 冷流場量測實務

9.3.1 光學流量測試台實務分析

　　如圖 9-22 所示為根據某引擎所進行改裝設置之快速成型汽缸頭，這種設備無法應用於實際引擎，使用快速成型製作塑料汽缸頭的目的在於快速地製作並且用來驗證設計參數所使用，其流場經由雷射診測進行解析所得的速度流場如圖 9-23 所示。

　　一般的流量測試台可以測定內燃機內氣動力學相關參數，包含內燃機各部零件的流量以及進氣係數等相關資料，搭配雷射光學可以進行流場的定量與定性解析，首先定義平均速度、滾轉比、渦漩比等缸內流場特性的指標，希望藉由這些參數指標，了解在進氣與壓縮過程中，汽缸頭與活塞頂所造成流場特徵與演化趨勢。

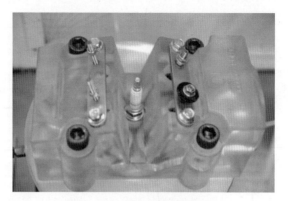

圖 9-22　快速成型塑料缸頭

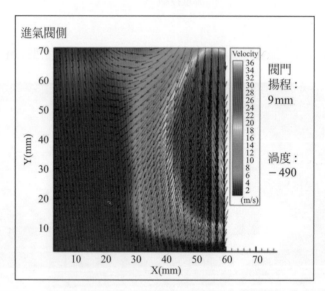

圖 9-23　缸頭於光學流量測試台測試過程中內部流場速度分布圖

(一) 平均速度 (mean velocity)

　　由平均速度可以了解到整體流場速度變化趨勢，可作爲評估噴油時機一參考指標。整體平均速度定義如下：

$$V_m = \frac{\sum_{i=1}^{n}\sqrt{(u_i^2 + v_i^2)}}{n} \tag{9-6}$$

　　其中 n 爲格點總數，u_i 與 v_i 爲格點 i 的速度分量。

──→ QR導覽 ──────────────────

圖 9-23

彩

(二) 滾轉比 (tumble ratio) 與渦漩比 (swirl ratio)

滾轉比 (tumble ratio) 與渦漩比 (swirl ratio) 主旨在於量化縱剖面與橫剖面上流場旋轉運動的程度，藉此定量可比較出各流場旋轉的狀態，其原始定義旋轉比 R_s 為流體旋轉渦度 Ω_f 除以曲軸旋轉渦度 Ω_c：

$$R_s = \frac{\Omega_f}{\Omega_c} \tag{9-7}$$

而在二維平面流動中，一個旋轉剛體的渦度值，為剛體本身兩倍的角速度值，故：

$$\Omega_c = 2 \times \omega_c \tag{9-8}$$

$$\omega_c = 2\pi N \tag{9-9}$$

其中 N 為曲軸轉速，Ω_f 可由 RPM/60 獲得。

流體旋轉渦度由渦度公式：

$$\Omega_f = \nabla \times \vec{V} = \begin{vmatrix} \vec{i} & \vec{j} & \vec{k} \\ \frac{\partial}{\partial x} & \frac{\partial}{\partial y} & \frac{\partial}{\partial z} \\ u & v & w \end{vmatrix} \tag{9-10}$$

由於觀測到資料屬於二維平面，由前述簡化為 XY 平面的面平均滾轉比 T_R 與 XZ 平面的面平均渦漩比 S_R，其定義如下：

$$T_R = \frac{\sum_{i=1}^{n}\left(\frac{\partial v_i}{\partial x_i} - \frac{\partial u_i}{\partial y_i}\right)}{2n\omega_c} \tag{9-11}$$

$$S_R = \frac{\sum_{i=1}^{n}\left(\frac{\partial w_i}{\partial x_i} - \frac{\partial u_i}{\partial z_i}\right)}{2n\omega_c} \tag{9-12}$$

其中 n 為格點總數，X_i、Y_i 為格點 i 在 X 與 Y 方向的位置，u_i、v_i 為格點 i 的速度分量，ω_c 為 $2\pi \times$ rpm/60。在本應用中，穩態流場無引擎轉速可代入計算，因此定義流場旋度僅使用 $\sum_{i=1}^{n}\left(\frac{\partial v_i}{\partial x_i} - \frac{\partial u_i}{\partial y_i}\right)$

🔧 9.3.2　光學透明引擎實務分析

在本節中將介紹三種使用光學透明引擎進行內燃機實務分析的展示：

(一) 流場高速攝影

連續式高速攝影使用連續半導體雷射為光源，經過柱狀透鏡組整理成光薄頁後進入光學透明引擎，如圖 9-24 所示，再使用高速攝影機加以錄影 (圖 9-25)。

圖 9-24　連續視雷射光路與透明引擎配置

圖 9-25　高速攝影機

空氣式透明無色的，所以在空氣中必須使用顆粒植入系統 (seeding device) 設計如圖 9-26 所示，主要藉由活塞進行進氣行程時所產生的負壓來吸入顆粒預混桶中懸浮滑石粉顆粒，顆粒預混桶留用原始引擎所用的空氣濾淨器系統，預混桶與空氣濾淨器相連接，藉此使預混桶與大氣相通，維持桶內常壓，並利用空氣濾淨器內藏的濾棉來防止滑石顆粒外流。系統設計三個開關球閥，一閥為預混桶與空氣氣源連接開關，一閥為光學引擎連通大氣開關，另一閥為光學引擎與顆粒預混桶連接開關，啟動前在僅開啟空氣氣源閥，導入氣流預混空氣與顆粒，而後開啟直通大氣閥再啟動光學引擎，先使引擎吸入純空氣，待運轉至指定轉速後關閉氣源閥與大氣閥，切換開啟預混桶連接閥，使光學引擎吸入桶內懸浮滑石粉顆粒。

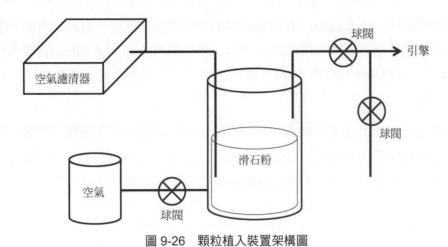

圖 9-26　顆粒植入裝置架構圖

　　因書面無法呈獻連續動畫因此提供動畫連結以觀察動畫現象，欲達到高速攝影的關係，本次展示試驗將影幅縮小成 1280×201，所以影像品質較差，但是作為定性的觀察是足夠的，透過這些連續影像可以顯示出汽缸正中央的渦流現象，如圖 9-27 所示。

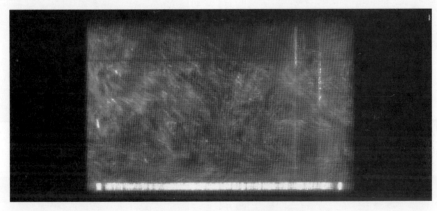

圖 9-27　壓縮行程連續圖片例

(二) 定曲軸角速度場量測

　　目前展示於本節的案例係應用於定性視流以及數位化粒子影像測速技術所量測，使用的雷射光源為專供粒子影像測速儀之專用雷射，其中含有雙管釹鎝石榴石雷射，並且由雙套閃光燈以及控制電路所激發，雷射之能量為 50 mJ/pulse，每一管雷射擁有獨立的觸發線路，可以分別受到不同訊號的控制，足以應付空氣流場中的數位粒子影像測速技術以及噴霧視流之用。雷射光使用四片柱狀透鏡加以調校成適當厚度且均勻之雷射光頁，

—→ QR導覽

圖 9-27

其雷射光頁的厚度約為 0.5 mm，雷射系統與光學元件均安置於一自動平衡之光學桌上。取像所使用的數位攝影機陣列為 1280×1024，並搭配 50 mm f1.4 Nikon 的標準鏡頭以及 532 nm 之窄頻通過濾片以取得 532 nm 波長之光訊號，而配合使用的顆粒植入系統方面如同前節所述。

　　在本節中所展示的成果是在進行多次改善後的汽缸頭性能作為展示範例，內容以兩個轉速為主：800 與 1000 rpm，而曲軸角則是以進氣行程 80、130 度；壓縮行程 230 與 280 度為變數。如圖 9-28 所示為轉速 800 rpm，曲軸角 80 度 (進氣行程)，從圖 9-28 與圖 9-29 中均可以清楚看到汽缸頭右側呈現幾乎完美的旋渦，這一股完整的漩渦會在壓縮行程中繼續存在，在壓縮行程中大部分小尺度紊流已消散的狀況下仍可存在較強的速度分佈以及渦度，有助於燃料混合與燃燒。另外一方面，使用光學透明引擎也可以從透明活塞的設計來觀察另外一個維度的速度流場分布狀況，如圖 9-30 所示。

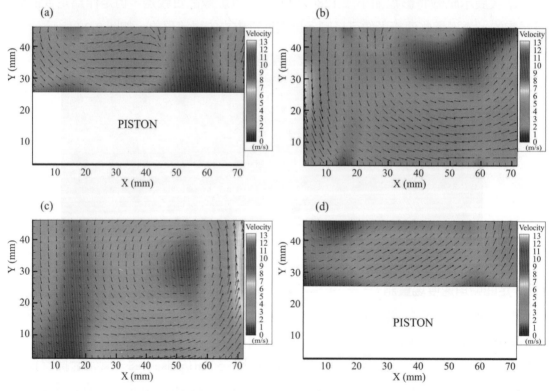

圖 9-28　800 rpm 在不同曲軸角：(a)80、(b)130、(c)230、(d)280 度下汽缸內流場狀況

圖 9-28

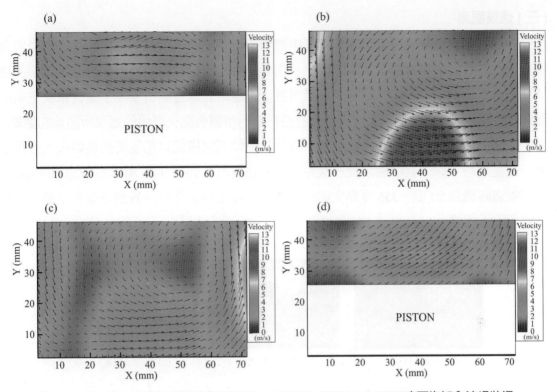

圖 9-29　1000 rpm 在不同曲軸角：(a)80、(b)130、(c)230、(d)280 度下汽缸內流場狀況

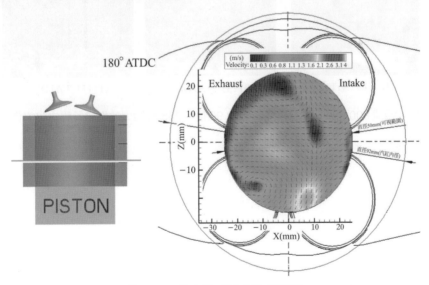

圖 9-30　藉由透明活塞進行觀測

QR導覽

圖 9-29　　　圖 9-30

(三) 燃燒觀測

　　內燃引擎之性能與污染排放與汽缸中燃料與空氣的混合情況、噴霧油滴的產生與蒸發，以及燃燒與火焰傳播有很大的關係。由其是近代對於缸內直噴引擎來說，火焰的傳播更是分層燃燒技術的重要關鍵，本節所展示為應用光學透明引擎除了進行冷流空氣的觀測、噴霧的演進之外，其設計更可以忍受汽缸內噴霧與點火燃燒的過程所造成的衝擊。光學透明引擎有別於一般的內燃引擎，因此其燃燒測試僅能以馬達帶動運轉後，待轉速至一定速度時，以一次噴油以及一次點火的方法進行。如圖 9-31 所示為轉速 600 rpm、燃料噴霧時機為 90 度、355 度點火的連續影像，從這些影像可以看到分層火焰被侷限在活塞頂附近燃燒。

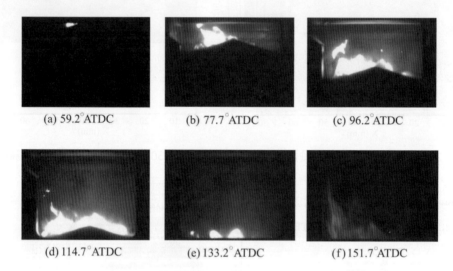

(a) 59.2°ATDC　　　(b) 77.7°ATDC　　　(c) 96.2°ATDC

(d) 114.7°ATDC　　　(e) 133.2°ATDC　　　(f) 151.7°ATDC

圖 9-31　轉速 600 rpm、燃料噴霧時機為 90 度、355 度點火的燃燒行程之火焰傳播狀況

—→ QR導覽 —

圖 9-31

動

9.4 噴霧量測實務

9.4.1 PFI 噴嘴量測

　　本節將介紹汽油引擎歧管噴射噴嘴的基本性能與特徵解析流程，相關解析流程對於內燃機燃料供應來說具有舉足輕重的角色，對於不同的噴嘴種類其要求的特徵探討也有所不同，可參考並且彈性應用。當我們欲探討某噴嘴時，噴嘴噴霧性能上有許多特徵必須加以釐清，包括：流量與噴注時間的關係、噴霧型樣等參數。歧管噴射的汽油必須使用油箱底下的泵浦加壓，使其工作壓力約為 3 bar，為了簡化系統與操作實驗的簡易性，可以使用高壓氮氣推動特製活塞於圓柱筒中將汽油的油壓推升至操作壓力，在實驗過程中不宜將高壓氣體與汽油接觸，因為氮氣會溶解至燃料中造成分析的困擾。至於噴霧時間的控制則自行設計一控制電路以實現前述噴嘴之需求，該控制電路可以接收一 TTL 訊號以為噴嘴之開啟時機與噴霧時間。在噴嘴的安裝上面來說，我們必須設計一新的噴嘴承座來固定噴嘴，而噴嘴實體接受顯微照相與噴嘴承座之實體如圖 9-32 所示。

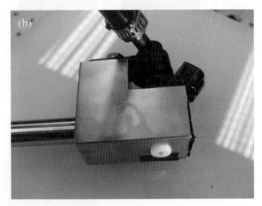

圖 9-32　(a) 使用顯微鏡觀察噴嘴孔；(b) 噴嘴與治具之結合

　　使用雷射光學進行噴霧特徵檢測的優勢可以在與中明顯展示，因為雷射可以藉由光學鏡片展成很薄的雷射光頁 (laser sheet)，所以對於空間解析有很大的幫助，無論是垂直與水平光頁均能將噴嘴的特徵進行詳細的解析。以一個四孔歧管噴射噴嘴來說，不同的雷射光頁配置可以看到不同方向的特徵，如圖 9-33 所示。

　　經過多樣本取樣分析可以獲得噴霧液滴的平均分佈情況，如圖 9-34 與圖 9-35 所示，圖 9-34 中所使用的雷射光頁之法向量與噴嘴軸心垂直；而圖 9-35 中所使用的雷射光頁之法向量則與噴嘴軸心垂直。

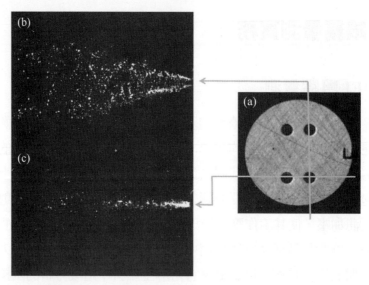

圖 9-33　噴嘴孔與不同方向雷射光頁之噴霧視流

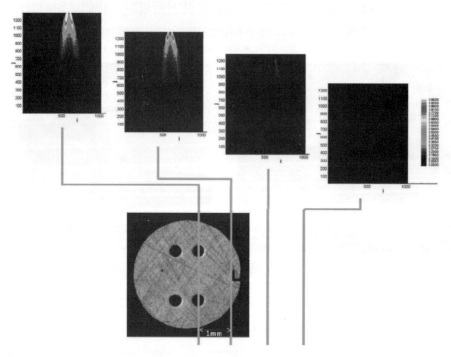

圖 9-34　平面法向量與噴嘴軸心垂直之空間中噴霧特徵

QR導覽

圖 9-33(b)　　圖 9-33(c)　　圖 9-34

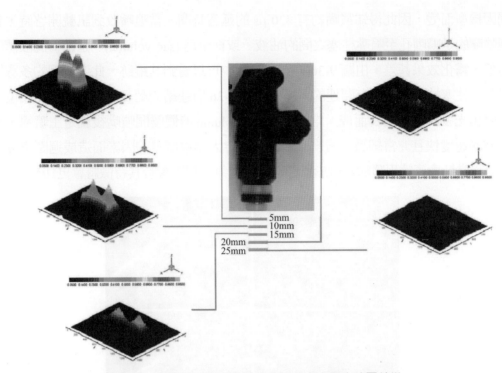

圖 9-35　平面法向量與噴嘴軸心平行之空間中噴霧特徵

9.4.2　GDI 噴嘴量測

　　缸內直噴噴嘴的噴霧速度與一般歧管噴射之噴嘴噴霧速度相比差異甚大，不僅僅會產生比一般歧管噴射噴嘴更細緻的噴霧，更會引起週圍空氣的捲動。缸內直噴噴嘴的操作要求相當高且其性能深受驅動線路所影響，此類噴嘴的啓動噴出油料之時間受到啓動電壓以及汽油壓力所影響，越高的啓動電壓會使噴嘴越快速的拉起柱塞而越早噴出，而越高的汽油壓力不僅僅會使噴出時間越早更會使噴霧的效果越佳。控制噴嘴的總開啓時間是車上電腦供應油料的方法，因此在操作壓力下進行汽油供應量的分析是必要的。在此所呈現的均是以固定操作壓力 (80 bar)、相同的驅動電壓波型，以及開啓 1 ms 爲展示的狀態。圖 9-36 所示噴柱開啓後不同時間的雷射可視化演進過程圖中的幾個典型現象，雷射的脈衝時間爲 3-5 ns，因此噴霧在不同時間下的物理特性可以透過雷射的輸出照明而固定。透過雷射視流發現該噴嘴接收到訊號啓動後約於雷射延遲 240 μs 時可以發現汽油噴出，其中還必須包含雷射內部的 Q-switch 開啓時間，其值爲 180 μs，Q-switch 開啓

—→ QR導覽

圖 9-35

彩

時間因機型而變，因此得知噴嘴約有 420 μs 的延遲時間。當噴嘴收到訊號開啟時，首先離開噴嘴的是噴嘴孔至噴嘴柱塞之間的油液，或稱至為 (sac volume)，這部份的液體因為壓力低，霧化效果甚差，由圖 9-36(d-g) 四張圖中可以看到其蹤跡，此液滴團的多寡與噴嘴設計、柱塞拉起速度是有關連的，另外在圖 9-36 所連結的動畫係在相同時間相位下鎖定雷射出光多次拍攝組合而成。當前述的 sac volume 液體離開噴嘴後就是主噴霧，主噴霧的液滴速度快且非常細緻，噴霧產生張角後會因為速度差的因素而造成週圍空氣的捲動，所以當缸內直噴用噴嘴安置於氣缸中時與進氣互相影響時其特徵將會更加複雜。

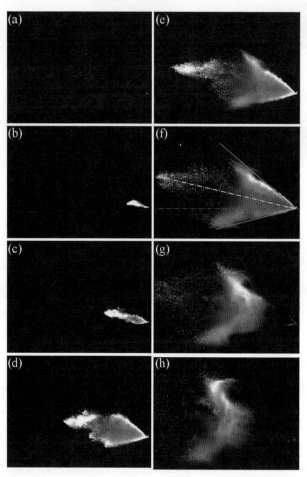

圖 9-36　噴柱開啟後不同時間的雷射可視化演進過程圖

⟶ QR導覽 ⟵

圖 9-36

動

　　透過圖 9-36 的影像資料可以進而分析噴嘴在前述的固定條件下之滲透距離以及噴霧張角，如圖 9-37(f) 中所標示，此噴嘴的油霧軸與其噴嘴的軸心約略夾 12.5°，所以噴霧端點滲透距離 (Spray tip penetration) 以及噴霧張角 (Spray cone angle) 係以油霧中心軸為參考軸來定義，其學理與方法必須遵照 SAE J2715 文件加以規範 (如圖 9-37 所示)，相關結果分別於圖 9-38 與圖 9-39 中所示。噴霧端點的滲透距離約略與時間成正比關係，而該噴嘴的主噴霧張角則為常數。噴霧端點的滲透距離 (spray tip penetration) 以及噴霧張角 (spray cone angle) 與汽油壓力以及環境壓力有很大的關係，當環境壓力上升時，滲透距離 (spray tip penetration) 以及噴霧張角 (spray cone angle) 均有縮小的趨勢。

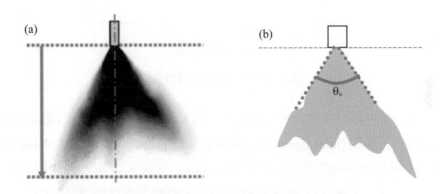

圖 9-37　噴霧滲透深度與噴霧張角圖解定義 (SAE J2715)

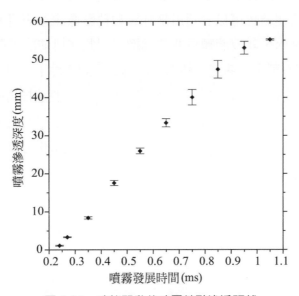

圖 9-38　噴柱開啟後噴霧端點滲透距離

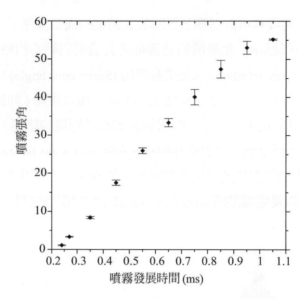

圖 9-39　噴柱開啟後噴霧張角

　　如圖 9-40～圖 9-43 分別為延遲時間 0.30、0.45、0.55，與 0.75 ms 的速度相量分佈圖，這些操作條件的訪視窗 (interrogation window) 為 64 pixels×64 pixels、兩發雷射間隔為 10 μs，而交叉關連分析的訪視窗移動為 16 pixels，從圖 9-40 可知油液離開噴嘴時的速度約略為 50 m/s 左右，圖 9-41 與圖 9-42 所顯示的噴霧尖端移動速度也約略在 50 m/s 左右。依照數位化粒子影像測速技術的相關文獻與技術資料的記載，當顆粒的投影比相素還小時則會造成嚴重的計算誤差，甚至無法求取速度。這種現象可以在圖 9-43 中見到，除此之外在圖 9-43 的連結也可以看到用來計算顆粒影像測速法用連許兩張影像動畫，圖 9-43 中的主噴霧區內，其液滴顆粒非常細緻，因此在目前的光學配置下無法解析，唯有提高空間解析度方可求取速度，然而提高解析度的條件下，可視範圍將大為縮小。很顯然地，粒子粒徑的差異過大時會造成數位化粒子影像測速技術的困難，典型缸內直噴噴嘴的粒徑分佈就會造成這種測速上的問題，如相關文獻中所記載，在 sac volume 的液滴尺寸可能高達 100-150 μm，而主噴霧中的粒徑則會大部份分佈在 20 μm 以下，其差距高達 5 倍以上。

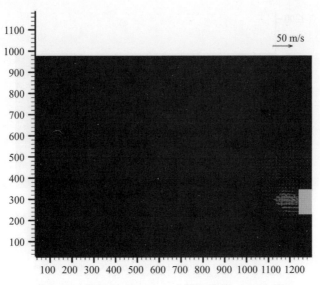

圖 9-40　延遲時間為 0.30 ms 的速度相量分佈

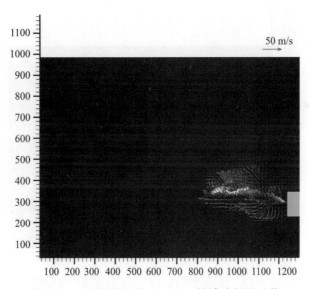

圖 9-41　延遲時間為 0.45 ms 的速度相量分佈

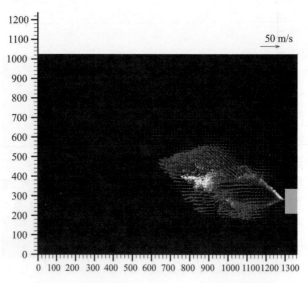

圖 9-42　延遲時間為 0.55 ms 的速度相量分佈

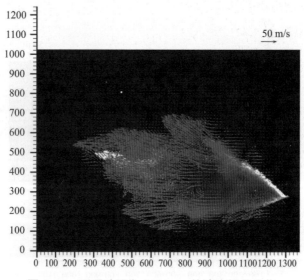

圖 9-43　延遲時間為 0.75 ms 的速度相量分佈

QR導覽

圖 9-43

動

9.4.3　柴油共軌噴嘴量測

　　與前節所敘述的相同原理也可以應用在共軌柴油噴嘴的分析上，唯燃料的壓力產生與監控變成較爲艱難的任務，不僅如此，柴油的噴射較爲危險，因此必須要在隔離艙中進行試驗，透過石英光學視窗進行相關診測。如圖 9-44 所示爲高壓燃料產生裝置，採用車用高壓泵浦使用馬達進行驅動並且使用壓力探測器自動監控燃料噴射壓力。試驗隔離艙如圖 9-45 所示，該隔離艙除了可以隔絕燃料噴射逸出之外也可以建立壓力以觀測在壓力環境下的噴霧行爲，在該試驗台中，可以採用一貫化全自動實驗流程，使用虛擬儀表與各種電磁閥以完成每次噴霧的試驗，其中包含了隔離艙清潔與掃氣或是增壓的程序，如圖 9-46 所示。

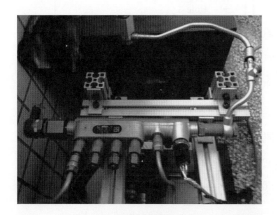

圖 9-44　使用馬達驅動之實驗用高壓共軌裝置

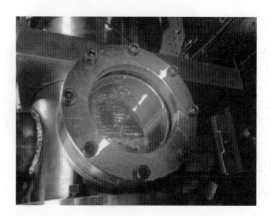

圖 9-45　配置光學視窗之試驗隔離艙

圖 9-46　噴嘴、雷射診測系統與試驗隔離艙整合一貫自動化實驗儀表

圖 9-47　共軌柴油噴嘴的噴霧演進圖

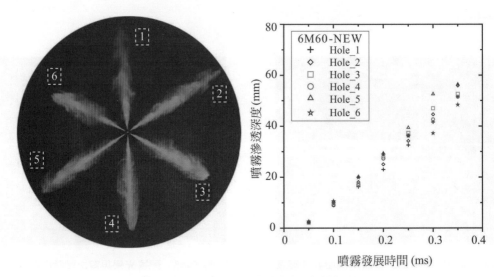

圖 9-48　六孔噴嘴之分類與個別特性分析

　　如圖 9-47 所示為一系列高壓柴油共軌的燃料噴射現象,其操作特性與前節汽缸內直噴汽油噴嘴一樣,噴嘴接收到訊號必須經過一段時間後才會出液,倘若將這一段延遲時間減去不考慮,則用來描述噴霧現象所用的時間軸標註為 SOI(start of injection),因為大部分柴油噴嘴多是採用多孔噴射,因此必須針對各孔的特性進行解析,如圖 9-48 所示,全新且優良的噴嘴之各孔特性必須相當類似;而圖 9-49 在所示為透過粒徑分析儀所分析粒徑特性分佈,由於高壓共軌柴油噴嘴的高壓噴射,使得粒徑可以降到 7 μm 之譜。

── QR導覽 ──────────────●

圖 9-47　　圖 9-48

動　　　彩

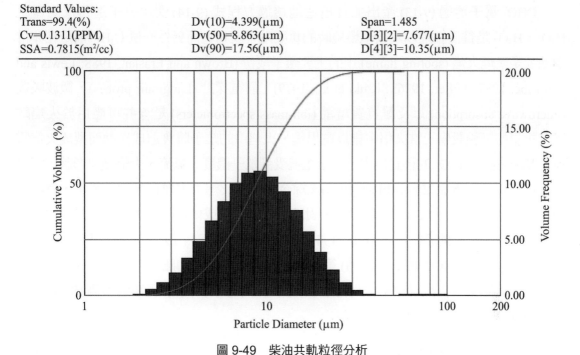

Standard Values:
Trans=99.4(%)　　　　　　　Dv(10)=4.399(μm)　　　　　Span=1.485
Cv=0.1311(PPM)　　　　　　Dv(50)=8.863(μm)　　　　　D[3][2]=7.677(μm)
SSA=0.7815(m²/cc)　　　　　Dv(90)=17.56(μm)　　　　　D[4][3]=10.35(μm)

圖 9-49　柴油共軌粒徑分析

9.5　離子探針

9.5.1　離子探針原理

　　早在西元 1600 年英國物理學家 W. Gilbert 向英國女皇伊麗莎白一世呈獻利用火焰中的電流可以對驗電器產生反應 (Wienburg, 1986)，在上一個世紀中期 Lawton(1969) 與 Gaydon(1979) 對於火焰中的離子多有所討論，Fialkov(1997) 的文獻中指出在碳氫火焰中的離子濃度約略有 10^9-10^{12} ions/cm³，由其是乙炔中的火焰更多 (Lawton and Wienburg, 1969)。火焰中熱力平衡中的離子濃度可以利用 Saha 方程式加以計算，研究中指出火焰中的離子濃度遠比熱力平衡時還要來得多許多 (Goodings et al., 1976)。實際上大部份離子的產生都與火焰的化學反應有關，Calcote(1994) 與 Brown(1988) 指出在碳氫火焰中的離子主要由以下的反應方程式產出：

$$CH + O \rightarrow CHO^+ + e^-$$　　　　　　　　　　(9-13)

$$CHO^+ + H_2O \leftrightarrow H_3O^+ + CO$$　　　　　　　　　　(9-14)

CHO$^+$ 離子透過 (9-13) 產出並且迅速地透過方程式 (9-14) 與水分子進行反應產生 H$_3$O$^+$，H$_3$O$^+$ 是貧油燃燒以及微濃燃燒時的重要離子產物，而另外一個 C$_3$H$_3$$^+$ 則是在非常濃油或是產煙火焰 (sooting flame) 中的主要離子成份 (Brown and Eraslan, 1988; Lewis and von Elbe, 1987; Miller, 1976; Suzuki et al., 1979)。靜電探針 (Langmuir probes)，微波吸收 (microwave absorption) 以及離質質譜儀 (ion-mass spectrometers) 是一些可應用於火焰離子分析用的實驗設備，當火焰中施以電場後，火焰中的離子將會造成移動而型成火焰電流，其中主要以 H$_3$O$^+$ 的移動為主，火焰電流受到離子濃度、氣流、火焰幾何形狀、電場強度與電極等因素而改變 (Miller, 1976)。綜合來說，火焰中主要存在的正離子，例如：CHO$^+$、CH$_3$$^+$、H$_3O^+$ 與 C$_3$H$_3$$^+$，這些離子對於火焰的擾動或傳播具有很高的響應，因此可以用以分析火焰的動態行為 (Suzuki et al., 1979; Ventura et al., 1982)。在內燃引擎研究方面，Yoshiyama(2000, 2002 and 2003) 等人使用各種不同型式的離子探針分析內燃引擎內的火焰電流訊號，更可以用來分析內燃機中 NO 以及引擎內自然現象的診測 (Stenlaas et al., 2003)。

🔩 9.5.2　火焰測試與量測實務

最簡易的離子探針設計如圖 9-50 所示，此行的離子探針只有兩根極為細小的白金絲所構成，其白金的直徑若為 50 μm 時其響應足以偵測 2 KHz 的火焰擾動行為，其電極為使用純白金製作，兩電極間施有電位差，當火焰面同時存在於兩電極間時，火焰中的離子會使得兩電級間變成閉路而產生火焰電流，該火焰電流將會透過 1MΩ 的電阻產生電壓訊號而輸出。

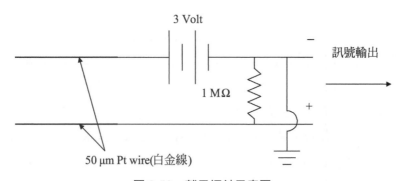

圖 9-50　離子探針示意圖

白金絲使用陶瓷管架持，如圖 9-51 所示，其另外一端接於電路板上，使用一電池作為純淨的電源供應，由其是捕捉火焰擾動頻率時，若使用含有雜訊的直流電源會造成訊號的干擾，其電壓視操作條件而定，使用較高的電壓時會擁有較佳的訊號雜訊比。使用白金作為電極須要考慮其熱輻射所產生的離子效應，不過只有在火焰溫度超過 2200 K 時才須

要考慮 (Hirano, 1972)，另外白金的觸媒效應也可以忽略 (Axford et al., 1991)。對於穩定的火焰來說，離子探針的訊號是流體速度、溫度與正離子濃度的函數，不過在內燃機研究中主要是利用其診測火焰的傳播，因此其函數關係可以提供參考的作用，其敏感度可以利用震盪火焰加以驗證。驗證完成後將使用螺絲作爲承套，使其可以安裝於汽缸頭上。

圖 9-51　簡易型火焰離子探針

開放空間之離子探針測試以擴散火焰爲測試對像，以浮力主導的擴散火焰會有自然的擾動行爲，其擾動現象稱爲 Kelvin-Helmholtz 不穩定，其週遭的空氣會受到浮力的影響而產生浮力渦流，其浮力渦流的產生頻率約略爲火焰溫度的函數，一般來說其頻率大約在 10-20 Hz 之間，其測試方法可以利用本生燈加以實現，如圖 9-52 所示爲一燃燒丙烷之本生燈，控制使其燃燒於微富油狀態，並將離子探針置於火焰與空氣界面擾動處，使用資料擷取系統擷取電訊號後進行富立葉轉換並計算功率頻譜，如圖 9-53 所示。

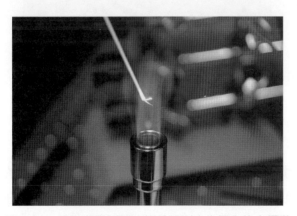

圖 9-52　使用簡易型離子探針量測本生燈火焰之燿動

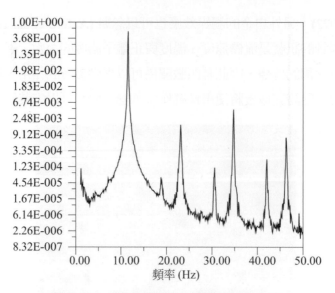

圖 9-53 噴流火焰週遭之不穩定頻率分析

9.5.3 火星塞型離子探針測試與量測實務

安裝於汽缸頭之離子探針必須使用火星塞加以製作,中間使用同電極銲接於火星塞之中央電極上,如圖 9-54 所示。銅電極的部份使用白金鍍層加以處理,處理後可以直接安置於引擎汽缸頭上,本離子探針適用於非點火型內燃引擎使用。

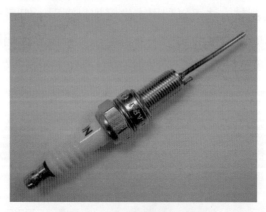

圖 9-54 火星塞型離子探針

由於火星塞點火引擎的火星塞點火電壓可能會造成離子探針的影響,因此實際的應用與比較是在單缸柴油內燃引擎中進行測試,測試的主要目的是在於驗證離子探針對於燃燒狀況的探測能力。本測試是以 CY190 單缸直噴式柴油引擎做為本實驗之研究載具 (圖 9-55),此引擎是單缸 1000 cc、壓縮比 (CR)16.3、燃油噴射壓力在 200-210 bar 之間,為傳統機械噴射系統。該引擎連結 AC 發電機,發電機所發出之電力由機械式負載進行消耗,藉此於引擎運作時加上負載阻力。

圖 9-55　應用單缸柴油內燃引擎設備測試離子探針性能

　　一般來說，內燃引擎中的燃燒分析可以透過壓力感測器所測得之壓力訊號進行推算，因此在內燃引擎中裝置壓電晶片型感測器可以有效地測得壓力的改變，另外一方面在內燃引擎中也裝置本計畫所研製之火星塞行離子探針進行燃燒室內火焰離子的濃度探測，以了解壓力變化以及火焰離子濃度變化的關係。圖 5-9 所示為離子探針與壓力感測器隨著曲軸角改變時之電訊號比較圖，此時之引擎操作條件為 2000 rpm，而負載為 30%，離子探針與壓力感測器的訊號差異甚大因此均須經過正規化處理方能比較其訊號之感測能力，由圖 9-56 的結果可以得知，本研究所製作的離子感測器之性能已經可以用來探測內燃引擎中的燃燒狀態，它的時間比壓力感測訊號來得慢的主要原因來自於火焰傳播至離子探針時方能測得訊號。

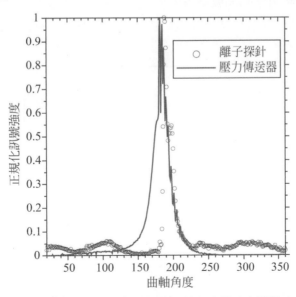

圖 9-56　離子探針與壓力感測器隨著曲軸角改變時之電訊號比較圖

本章小結

在本章中主要介紹應用在內燃機的新分析與量測技術，在量測方面主要是介紹使用雷射為量測基礎的各種軟硬體設施，介紹其概念並且舉出實務測試結果供讀者參考；內燃機是一個密閉裝置，欲探討內部發生的物理或是化學現象是非常不容易的事情，因此藉助新一代的分析儀器有助於讀者了解目前內燃機的研究方法與設備。在內容上主要是以雷射視流法、雷射顆粒影像測速技術、雷射繞射噴霧分析等。另外一方面，離子探針應用於內燃機的量測是近年來研究均相壓燃引擎 (HCCI) 可以使用的量測分析工具，因此在本章節中也特別加以介紹。

作業

1. 討論為何火焰會有導電的現象？
2. 收集資料並且討論雷射的發明對於流體分析技術的貢獻。
3. 連續式雷射與脈衝式雷射的差異為何？應用他們在噴霧診測時有何差異？
4. 光學透明引擎的使用可以讓我們更了解內燃機中哪些部份的重要參數，以作為潔淨節能引擎的開發參考。
5. 為何在內燃機的燃燒室中，高強度大型滾轉流場的存在對於內燃機燃燒有正面的幫助？

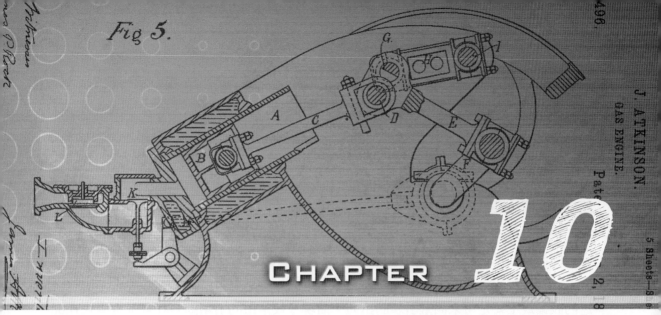

CHAPTER 10

內燃機性能測試

10.0 導讀與學習重點

本章屬於內燃機進階學習課程，因此建議欲閱讀本章節的讀者，應先閱讀完本書前半部內容以建立對內燃機運作的基本理論，或是原已知悉內燃機運作理論的讀者也可以直接參考本章。內燃機試驗是具有高複雜性與挑戰性的研究，除了對內燃機運作有所了解之外亦須對各項實驗設備應用特性要知悉。

學習重點

1. 認知內燃機運轉性能優劣的重要參數
2. 認識內燃機試驗所需之設備介紹
3. 認知內燃機試驗所獲得資料之分析方法介紹

10.1 引擎試驗重要觀念彙整

　　長久以來內燃機性能的優劣可以直接利用實驗結果予以驗證與呈現，因此實驗設備與相關流程及方法對於內燃機工程系統開發是非常重要的工具；然而實驗量測系統的建立亦非簡易之事。量測系統建立須針對實驗載具的排氣量、輸出功率大小與最大扭力發生轉速等近全盤的考量，並且針對未來實驗可能的量測範圍進行判斷與估計，以確立設備採購時之儀器量測範圍與其精確度 (儀器量測範圍與精確度大大地影響設備之售價)。內燃機的性能與排放污染試驗最重要量測設備為引擎動力計並搭配氣體分析儀，前述的設備最主要是用來測量引擎的扭力，而現今較常用的引擎動力計有渦電流式 (Eddy current)、電動馬達動力計 (AC/DC Dynamometer) 與水煞車式 (Hydraulic Dynamometer) 動力計等…，現代的動力計大都是利用磁場產生制動力來承受引擎的負載，而吸收單元在受轉矩作用或輸出轉矩時，其自由外殼會在軸承上輕微擺動，此時應變規會受力變形而改變電阻，並經由控制器內的計算分析模組將引擎輸出扭力計算出來。引擎動力計可以在定轉速並且定扭力或是定轉速且定油門的模式下操作，所以可以將引擎的可用轉速 - 負荷域，以格點的方式詳細地量測所有引擎相關數據，搭配周邊各種感測器後可以分析內燃機許多重要的資訊，例如：進氣負壓、排氣背壓、污染值、油耗值、容積效率、爆震情形與震動噪音等。而在引擎動力計上的測試用發動機，將會裝至上一堆溫度感測器、壓力感測器、廢氣取樣管等，就是為求精確的獲取引擎的各樣資訊，進而發展出適合並耐用的引擎。

　　引擎輸出功率的表示單位有兩種，其一為 " 馬力 "(Horsepower, hp)；另外一個是公制單位：瓦特 (Watt，這兩個內燃機功率常用的單位都與詹姆斯·瓦特 (James.Watt) 有關，他是 17 世紀末，18 世紀初蘇格蘭著名的發明家和機械工程師。他改良了紐科門蒸汽機，使得蒸汽機熱效率大幅提升也奠定了工業革命的重要基礎，而 " 馬力 " 這個概念就是由瓦特發展出來的，爾後在訂定功率的國際標準單位就以他的名字來命名。1 馬力的定義為 1 分鐘內拉 200 磅 (90.72 kg) 的重物達 165 呎 (50.3 m) 之遠 (如圖 10-1 所示)，如果換算成目前常用的公制單位則 1 馬力等於 0.746 kW。要注意的是馬力的單位又分成美制、日制與德制三種，我們平時在汽車相關的報章雜誌上閱讀引擎輸出馬力 - 扭力曲線圖時，需要特別注意其使用單位，因為不同的馬力規範彼此之間是有些微不同，除此之外德制、美制和日制馬力的引擎性能量測方式不盡相同，而且各家車廠的量測方式也曾一統，所以這些不同規範間的換算是沒有太大意義。

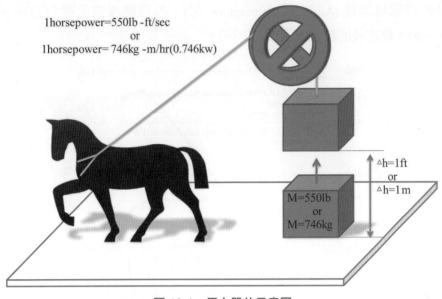

1horsepower=550lb -ft/sec
or
1horsepower= 746kg -m/hr(0.746kw)

Δh=1ft
or
Δh=1m

M=550lb
or
M=746kg

圖 10-1　馬力單位示意圖

10.2　引擎實驗規畫與重要參數訂定

　　引擎實驗常量測與監控項目包含：引擎轉速 (Engine Speed, rpm)、油門開度 (Throttle Opening, %)、制動扭力 (Brake Torque, N-m)、進氣溫度 (Air Temperature of Intake Charge,°C)、排氣觸媒前溫度 (Exhaust Temperature of Before Catalyst, °C)、排氣觸媒後溫度 (Exhaust Temperature of After Catalyst, °C)、進氣質量／流量 (Mass Flow Rate of Intake Charge)、空燃比 (Air Fuel Rate, A/F)、機油溫度 (Engine Oil Temperature, °C)、進／出水口處冷卻水溫度 (inlet/outlet water Temperature, °C) 與燃油消耗率 (Fuel Consumption Rate, kg/hr) 等。

　　實驗的目的是希望藉由上述量測資料進行下列引擎輸出參數計算，例如：制動功率 (Brake Power, kW)、制動平均有效壓力 (Brake Mean Effective Pressure, kPa)、制動比燃油消耗率 (Brake Specific Fuel Consumption, g/kW-h)、制動比排廢氣量 (Brake Specific Emission, g/kg-hr) 與容積效率 (Volumetric Efficiency, %) 等；然而依照各國或各公司的試驗標準必須對試驗量測出來的制動扭力／制動功率進行修正，其修正標準需要參考 SAE J1349，其修正因子如下：

$$C_f = 1.176 \frac{990}{P_d} \sqrt{\left[\frac{T_c + 273}{298}\right]} - 0.176 \tag{10-1}$$

其中 T_c 為環境溫度 (Ambient temperature, ℃)；P_d 為乾燥空氣壓力 (The pressure of the dry air, mb)，修正後的結果如圖 10-2 所示。

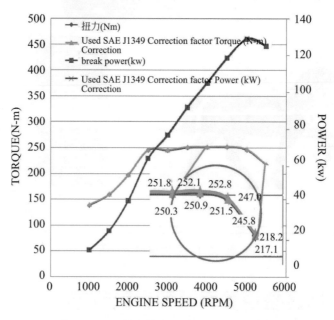

圖 10-2 引擎性能曲線修正前後的差異

10.3 引擎實驗設備介紹

10.3.1 引擎動力計 (DYNO) 原理與常用型式

早在 17 世紀中就有一位名為普羅尼 (Gaspard de Prony) 的法國數學家暨工程師的人，開發出一台名為普羅尼氏制動機，其作用原理是在引擎飛輪上配置了兩個半弧形的制動塊並將它們固定在一支壓力桿上的一端，而壓力桿的另一端則置於兩個限動塊之間，在限動塊這一方的壓力桿上繫上繩索，當引擎運轉帶動飛輪時在垂放的繩索上慢慢加上重物，在加載的過程中兩個半弧形的制動塊就會對引擎飛輪進行煞車，當引擎輸出力與放置重物的重量達到平衡時即為該引擎之最大輸出力，而引擎輸出扭力等於飛輪中心制繩索距離乘上砝碼重量。

$$T = M \times l \tag{10-2}$$

$$\text{Power} = \frac{2\pi NT}{4500} \text{ (watt)} \tag{10-3}$$

其中 M 為重量 (kg)；l 為力臂長度 (m)、N 為引擎轉速 (RPM)，T 為輸出扭力 (kgm)

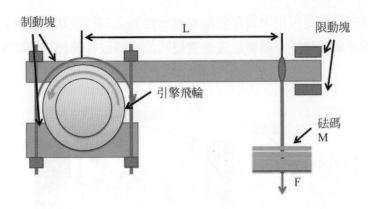

圖 10-3　普羅尼氏制動機 (Prony brake dynomometer)

　　動力計的主要功能是要用來吸收引擎輸出的動力，並藉此量測引擎輸出扭力 (Torque)，其型式除了上述的普羅尼氏制動機，還有西元 1858 年由凱爾文 (Lord Kelvin) 以普羅尼氏制動機為基礎所發展出來的繩制動動力計以及以風阻力來制動的風扇制動動力計，這些動力計技術較為老舊目前已被淘汰。尚有常用的動力計形式計有水煞車式 (Hydraulic Dynamometer)、渦電流式 (Eddy Current Dynamometer)、直流馬達式 (DC Dynamometer) 以及交流馬達式 (AC Dynamometer) 等；其中水煞車動力計是利用水流過葉片產生阻力來吸收引擎曲軸輸出的動力，而渦電流動力計是利用渦電流產生磁場來吸收引擎曲軸輸出的動力。各型式動力計的控制精確度不相同，控制誤差較大的是水煞車式動力計，渦電流動力計次之，而直流馬達及交流馬達式動力計控制精確度較佳，因此根據實驗目的可以選擇使用的動力計亦有所不同，例如：水煞車式動力計非常適合應用在轉速變化不大的重型內燃機，量測方式大多是在定轉速下進行引擎輸出功與污染排放的量測。直流或交流 (DC/AC) 馬達動力計具備自我驅動功能，因此適合應用在高變異性與高精準的單體部件或整機暫態試驗，例如：摩擦力分析與各種性能調教。至於渦電流動力計控制性能與價格成本均介於上述兩種動力計之間，因此適合中小型引擎耐久試驗與初期引擎發展的各項實驗，由於渦電流動力計是利用慣性飛輪模擬車輛之慣性重量，所以不適合應用於引擎暫態試驗之目的。

🔩 10.3.2　底盤動力計之工作原理

　　底盤動力計的裝置是可以用來模擬整車於加減速及定速時之慣性重量，因此適用於模擬道路行車模態下的各種法規試驗，例如：整車油耗、性能與污染排放，並且實際測得實車運行時所輸出動力 (扣除引擎摩差阻力與傳動損失) 之動力計。車輛動能傳遞路徑是由引擎輸出動力經扭力轉換器將動能傳遞至變速箱，再由變速箱經傳動軸輸出至車輛驅動輪，而車輛驅動輪接觸動力計之滾筒將引擎動能傳至動力計，最後再由動力計之力量吸收單元所量測。(如圖 10-4)

　　底盤動力計的優點是可用來實際模擬車輛於路面上的行駛狀況，並且測試時間不會因天候、人為誤差與各總外在環境造成之突發狀況而導致實驗終止或實驗數據不可參考的情況。

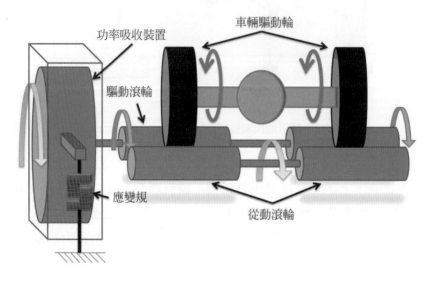

功率吸收裝置

車輛驅動輪

驅動滾輪

應變規

從動滾輪

圖 10-4　底盤動力計示意圖

10.3.3　水煞車式動力計之工作原理

　　水煞車動力計是一種運行穩定、可靠性高且易於維修的動力量測裝置，但是因其反應速度沒有電動機與渦電流動力計靈敏，因此主要應用在大型內燃機上，例如：大型乘用車輛、商用車輛、船舶引擎、飛機引擎與電廠渦輪機等或從事長時間的耐久測試之用，其作動原理是吸收單元的轉動軸上裝置許多經過特殊設計的半圓形葉片所組成，當轉動軸作動時，設置於軸上的葉片會將水導向至動力計殼上的定葉片，此時水在這些葉片周圍產生環形渦流式流動，使動力計外殼產生反作用力扭拒，經由負荷力測定機構將引擎輸出的扭力值讀出，動力計所吸收之動能也將轉變為熱能並經循懷冷卻水將熱能帶走。這種動力計的控制方式依照各家廠商的設計方式亦有所不同，例如：改變主動葉片與固定葉片之間反作用力面積進而改變負載或是針對出水或進水量進行控制以改變負載。

圖 10-5　水煞車動力計

🔩 10.3.4　渦電流式動力計之工作原理

　　渦電流動力計的優點為結構紮實、運作穩定可靠而且擁有易於維修的設計特點，渦電流動力計的阻力電磁場可以被精準地控制，因此本型式的動力計可以應用在各類型內燃機的發展測試以及引擎各部件發展測試，例如：正時機構控制系統、噴射系統、點火系統、磨潤系統測試與整機耐久性測試等。渦電流動力計的作動原理是由自由外殼內有配置一對電磁線圈，而該電磁線圈可以產生阻力電磁場並且抵銷引擎所傳入之扭矩，在此過程中會有大量的熱產生並經由冷卻水帶至熱交換設備發散至大氣中。對轉子來說吸收單元的定子就像是一個圓筒形狀，轉子上製作凹凸不平的圖形，在兩者之間的間隙有的地方比較小，有些地方比較寬，定子上有一粗線圈，通電後會造成磁場，使得磁力線在間隙小的地方很密，而在空間大的地方很疏，轉子轉動後在定子上造成磁通量急遽變化而產生渦電流，而負載的控制方法係改變磁場的激磁電流而達成 (如圖 10-6 所示)。

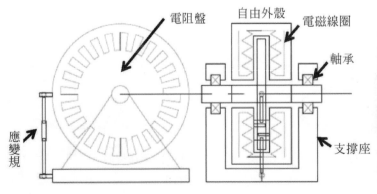

圖 10-6　渦電流動力計

🔧 10.3.5 電動機動力計

　　先今內燃機開發過程中的測試項目已有許多是傳統動力計所無法負荷,因此電動機動力計已經變成現代及未來先進車輛發展的利器,而電動機動力計又可以分為直流馬達動力計與交流馬達動力計兩種型式。直流馬達動力計在吸收內燃機的動力時就當成一部直流發電機,也可以藉由電力的輸入而當成馬達輸出動力來操作引擎的負荷,這是這種動力計最大的優點之一;當做直流發電機時經由動力控制器可將能量送回電力系統,而且在控制上的穩定性都非常好,低轉速的扭力吸收及輸出都保持性能優異。直流馬達動力計的缺點為價格很高,體積及重量都非常大,維護操作手續較為複雜,而且須要很大電源裝置,不僅如此這種動力計的轉速不能過高。另外一種形式為交流馬達式動力計,針對直流馬達式吸收單元而設計,其不同點為以交流感應馬達代替直流馬達,它一樣可當作感應發電機用,但是必須配合一交流變頻器使用;對於交流馬達式動力計來說,它的價格較直流馬達式吸收單元低,體積及容量也比較輕,但是對轉速的控制則比較不容易穩定。

(一) 直流馬達動力計之工作原理

　　直流馬達動力優點在於其可制動吸收引擎輸出扭力也可自主驅動引擎測量機件摩擦損失功,並且可執行在穩態,瞬態和動態測試範圍的所有任務,普遍使用在新機開發、整機和組件測試,其作動原理是當進行自主驅動時,在外部驅動器讓受到控制的直流電流流入電樞線圈,受到激磁線圈所產生磁場的影響,電樞受到磁力作用而轉動,其中電能被轉變為機械能,此時直流馬達的功能為電動機。電流、磁場、力三者間相互作用之方向關係,可以使用弗萊明左手定則加以說明(圖9-6(A));同理當電樞線圈受外力作用而轉動時,線圈因為切割磁力線而產生電流,此時直流馬達的功用為一個發電機,電流、磁場與力三者間之關係可用弗萊明右手定則加以說明(圖9-6(B)),整體直流馬達動力計的架構如圖10-8所示。

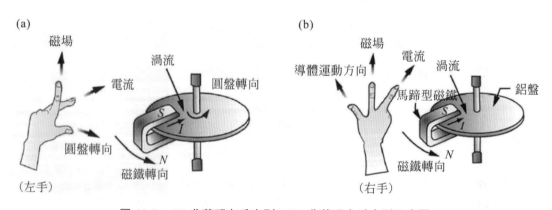

圖 10-7　(A) 弗萊明左手定則;(B) 弗萊明右手定則示意圖

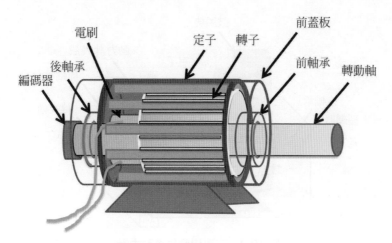

圖 10-8　直流馬達動力計結構示意圖

(二) 交流變頻馬達動力計之作用原理：

交流變頻馬達動力計具有動態響應速度快、控制精度高、驅動慣量低並具備高負荷承載能力，因此交流變頻馬達動力計具有從事暫態調教、品質驗證搭配污染排放試驗的能力。交流變頻馬達動力計作動基本原理如下：當磁鐵移動時金屬圓板上會感應而產生電流，圓板上有電流流動並受到磁鐵所產生的磁場作用，依照弗萊明左手定則，圓板將受到力的作用而開始轉動，與直流電動機相異之處為交流感應電機電樞線圈大多置於定子，而磁場線圈置於轉子上，當三相交流電源進入定子線圈，將在定子上產生一旋轉磁場，此旋轉磁場與轉子磁場相互作用，使轉子產生旋轉的效應。在驅動模式下，三相60Hz 交流電源經 AC/DC 轉換器整流成直流電源後，再將直流電源輸入至變頻器內產生不同頻率的交流電源使定子上形成不同頻率的旋轉磁場，藉此來控制感應電機轉速；在制動模式下，感應電動機產生不同頻率的交流電源，經過轉換器轉換成直流電源，此直流電流再轉換成 60Hz 三相交流電流送回原先之電力系統。該動力計可以採用兩種形式：一種形式是基座對心在一條線上，而以扭矩為中心的形式，其中間軸提供較高額外負荷的能力以緩解承載巨大負荷的傳動軸壓力；另一種是轉動式裝配方式，利用應力負荷測量機構反抗電動機外殼轉動產生讀數進行測量，交流變頻馬達動力計的基本架構如圖10-9 所示。

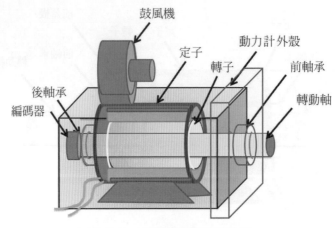

圖 10-9　交流變頻馬達動力計

🔩 10.3.6　引擎動力計校正方法與觀念

　　動力計校正要注意下列幾個重點，動力計能使用物理方法進行校正時，就優先使用物理方法進行校正，倘若物理校正程序無法回復至零點，則改使用電子校正方法進行歸零之動作。進行物理校正工作時先要在動力計的吸收單元上架設校正臂與砝碼托盤，其中所用的砝碼必須為校正過之標準砝碼。其中假設放置於砝碼托盤上的砝碼五種重量為 $m_0 = 0$、$m_1 = 5$ kg、$m_2 = 10$ kg、$m_3 = 15$ kg 與 $m_4 = 20$ kg，搭配校正用力臂後的動力計顯示器上的理論對應值應為 $T_0 = 0$ N-m、$T_1 = 75$ N-m、$T_2 = 150$ N-m、$T_3 = 225$ N-m 和 $T_4 = 300$ N-m。若 T_0 無法歸零則表示應變規有預應力之可能，須檢測動力計整體外在結構是否異樣，假設皆無異樣就必須檢測應變規是否處於自由空間中 (無受壓縮說或拉伸情況)，若有則須調整應變規的位置，假若沒有則可以進行控制器上的電子歸零。假若動力計顯示器上的扭力對應曲線有偏移 (Off-Set) 的情況，可對電路設備中的偏移校正之可變電阻進行調整，如果上述作為都不能將動力計特性曲線修正呈線性並且歸零時即表示必需更換新的應變規。

10.4　廢氣分析設備

　　內燃機之排放廢氣中較常檢測的項目有下列幾種：HC、CO、O_2 與 NO_x 等。其中常用的含氧量的檢測方法有順磁式 (Magnetopneumatic detection, MPD) 與氧化鋯 (ZrO_2) 傳感器式 2 種；HC 濃度常用的檢測方式有火焰離子探測器 (Flame ionization detector, FID) 與非分散型紅外線式 (Nondispersive Infrared, NDIR)，其中火焰離子探測器原理是當碳氫化合物 (HC) 與氫氣 (H_2) 及空氣 (Air) 燃燒時之火焰有大量離子產生，然後經由一可轉換成電壓訊號的電路換算出 HC 的濃度，這種量測方式最為準確。另外一種方法是可同時檢測 HC、CO、O_2 濃度的非分散型紅外線式診測器，而 NOx 則是使用化學發光測計

(Chemiluminescence detector, CLD)，此方法是利用紫外線照射臭氧 (O_3) 與一氧化氮 (NO) 反應成二氧化氮 (NO_2) 及氧 (O_2) 過程中測定 NO_3 變成 NO_2 時放射光的強度以作為 NO_x 濃度判定依據。經由取樣管吸取廢棄後保溫並輸入污染分析儀中進行分析，如圖 10-10 所示為一組整合式內燃機用綜合氣體分析儀以及相關校正用氣體。

圖 10-10　綜合氣體分析儀與校正氣體組

10.5　實際案例 - 引擎實驗暨實驗數據後處理方法

　　一般引擎測試方法大致可分為三種：

(1) 油門全開 / 節氣閥門全開 (Wide Open Throttle，WOT)- 變轉速變負荷測試。

(2) 部分油門 / 部分節氣閥門開啟 (Part Open Throttle，POT)- 變轉速變負荷測試。

(3) 定轉速 (Variable Throttle)- 變轉速變負荷測試。

　　由於轉動件危險的因素，內燃機的動力計分析實驗必須要在安全無虞的隔離實驗室中進行，如影片 (http：//drive.google.com/file/d/0B38Cg7d-49vwN190DT2xkWGIGQmc/view) 所示為四缸內燃機於動力計上進行油門全開 / 節氣閥門全開的試驗狀況。

—— QR導覽 ——

動

本文中展示的試驗方法是使用部分油門／部分節氣閥門開啟 (Part Open Throttle，POT)- 變轉速變負荷的測試方法，首先本試驗的載具為一單缸 0.5 L 自然進氣歧管噴射型式 (燃油壓力 3 bar) 之汽油引擎；另外本試驗是於一環境溫濕度 (室溫 20℃、濕度 50%) 接受監控的動力實驗室，除此之外，載具之冷卻水溫度與機油溫度也是受準確地監控，如此可確保引擎試驗過程數據之準確性與可重複性。

🔩 10.5.1　內燃機實驗所得基礎資料

本文中展示的試驗所使用設備有引擎動力計、燃油消耗計、空氣質量流量計、空燃比感測器、歧管壓力感測器、進氣溫度感測器等。試驗過程中擷取引擎轉速、節氣門開啟度 (TPS)、歧管壓力 (MAP)、進氣溫度 (JAT)、空燃比值 (AFR) 與空氣進氣質量 (Air flow rate) 等數據，並進行後處理求解引擎容積效率 (Volume efficiency)、燃油質量流率 (Fuel mass flow ratio)、引擎輸出功率 (Power)、平均有效壓力 (Mean effective pressure，MEP) 與制動比燃油消耗率 (Brake Specific fuel consumption, BSFC)，相關實驗參數與實驗後所得數據分別如表 10-1 與表 10-2 所示：

⊗ 表 10-1　試驗條件表

條件	引擎轉速 (rpm)	油門開啟狀態
1	1800	20%PD
2	4500	40%PD
3	6000	60%PD

⊗ 表 10-2　試驗所擷取之數值

條件	實際轉速 (rpm)	TPS (度)	MAP (kPa)	Torque (Nm)	AFR	Air flow rate (g/min)	IAT (℃)
1	1800.06	5.75	84.79	7.73	17.39	189.97	30
2	4497.80	22.58	91.35	16.39	14.59	534.78	31
3	6003.03	41.15	95.97	21.07	14.82	667.34	33

🔩 10.5.2　資料後處理與重要參數計算

在本文中將求解進氣空氣密度、容積效率、燃油質量流率、引擎輸出功率轉換 (動力計所吸收功率)、制動平均有效壓力 (Break Mean effective pressure, BMEP)、制動比燃油消耗率 (Brake Specific fuel consumption, BSFC)。密度可以使用理想氣體方程式或是查表內插加以計算，空氣在 1 大氣壓下不同溫度的密度如表 10-3 所列。至於容積效率、燃油質量流率、引擎輸出功率轉換、制動平均有效壓力與制動比燃油消耗率分別可以使用方程式加以計算，其結果如表 10-4 所列。

$$\eta_v = \frac{2\dot{m}_a}{\rho_{a,i} V_d N} \tag{10-4}$$

$$\dot{m}_f = \frac{\dot{m}_a}{AFR} \tag{10-5}$$

$$P = 2\pi NT \times 10^{-3} \tag{10-6}$$

$$mep = \frac{P n_R \times 10^3}{V_d N} \tag{10-7}$$

$$BSFC = \frac{\dot{m}_f}{P} \tag{10-7}$$

其中 $\dot{m}_a$、$\dot{m}_f$、$\rho_{a,i}$、N、n_R、T、V_d 分別為空氣流量、燃料流量、空氣密度、引擎轉速、每一汽缸每一動力行程的曲軸轉數、扭力與排氣量。待相關參數計算完成後即可以以引擎轉速為橫坐標,各項性能指數為縱座標製作內燃機性能圖 (如圖 10-11 所示)。

⊗ 表 10-3　空氣密度表

溫度	密度 (kg/m³)
40	1.127
35	1.145
30	1.164
25	1.183
20	1.204
15	1.225
10	1.246
5	1.269
0	1.292
−5	1.316
−10	1.341
−15	1.367
−20	1.394
−25	1.422

⊗ 表 10-4　試驗所擷取之數值經過後處理之結果

條件	空氣密度 (kg/m³)	容積效率 (%)	燃料流率 (g/min)	制動功率 (kW)	BMEP (kPa)	BSFC g/kW-hr
1	1.1640	36.37	10.92	1.456	3.2438	450.23
2	1.1620	41.04	36.66	7.718	6.8831	284.98
3	1.1545	38.63	45.02	13.236	8.8448	204.10

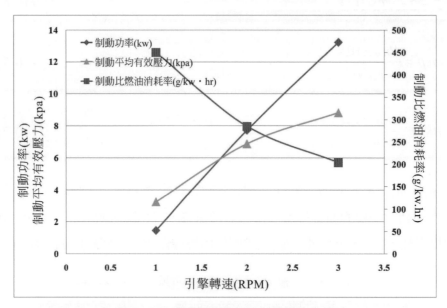

圖 10-11　後處理完成後之引擎性能曲線

本章小結

　　本章從動力計種類開始進行介紹，動力計是內燃機重要的量測工具之一，透過縝密的分析可以量得內燃機的重要參數，經過後處理計算可以獲得許多重要的內燃機指標，在本章中也提供一個內燃機量測分析的範例供讀者參考，使讀者可以進一步認知內燃機的測試與資料後處理的方法。

作業

1. 如表 10-5 所列為某次實驗所得之結果，請使用本章 10.5 節所敘述之方法計算出空氣密度、容積效率、燃油質量流率、引擎輸出功率轉換、制動平均有效壓力與制動比燃油消耗率，並且填入表 10-6 中。

⊛ 表 10-5　試驗所擷取之數值

條件	實際轉速 (rpm)	TPS (度)	MAP (kPa)	Torque (Nm)	AFR	Air flow rate (g/min)	IAT (°C)
1	1805.06	6	82.99	7.81	17.14	190.98	29
2	4496.85	23	90.15	17.33	14.63	536.43	30
3	6001.09	42	94.97	21.57	14.72	670.54	31

⊛ 表 10-6　後處理所得結果

條件	空氣密度 (kg/m³)	容積效率 (%)	燃料流率 (g/min)	制動功率 (kW)	BMEP (kPa)	BSFC g/kW-hr
1						
2						
3						

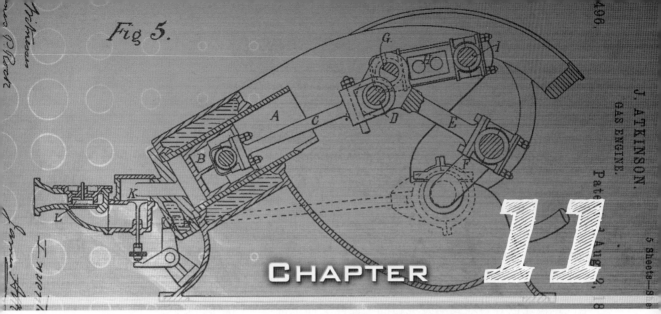

CHAPTER 11

先進動力系統

　　在本章中將介紹電動車、油電混合動力以及燃料電池,燃料電池是目前國內外車廠的共同發展目標,油電混合動力到插電式混合動力是達到此目標的過程與橋樑。在本章中將介紹這幾種現代的動力系統,使讀者可以擁有基礎的知識來銜接未來的新興科技。

學習重點

1. 認識電動車的原理
2. 了解不同油電混合動力的種類與發展
3. 認識燃料電池的原理

11.1 電動車

　　電動車或稱之為電池電動車 (Battery Electric Vehicle, BEV) 的歷史比內燃機車輛還要來得久遠，早在西元 1867 年湯瑪斯‧派克 (Thomas Parker) 就已經開發出第一部實用的電動車，如圖 11-1 所示。西元 1890-1910 年間是早期電動車的黃金時期，這一段時間有相當多的電動車被發表並且販售，在此時期基礎設施的建立依然是不足的，除此之外電動車的儲能設備的開發也是面臨道瓶頸而無法使電動車進一步地發展。西元 1885 年卡爾賓士 (Karl Benz) 發明第一部汽車，該車擁有 0.85 匹馬力並且配備三個輪胎，到了 1920年代以後在世界各地到處發現石油，從此交通車輛進入內燃機的輝煌時代。雖然汽車的發明足足比電動車晚了 18 年，但時至今日，內燃機依然是目前交通工具中主要的動力系統，而且根據美國能源部的資料指出，可能要到 2050 年，使用馬達驅動的車子才會再度主導世界上的交通工具。

圖 11-1　第一部實用的電動車

　　動力來源主要有牽引馬達以及電池儲電系統兩大部分，馬達是一種致動元件 (actuator)，是一種將電能轉變為機械能的裝置，馬達的旋轉是依據右手定則，如果一條導線放置在磁場內，當它通以電流時會受力而移動，其電流方向與受力方向如圖 11-2 所示，所謂的右手定則可以用拇指代表電流的方向、食指代表磁場方向而中指即代表導線的受力方向。實際應用在電動車的馬達可以分成兩種：永磁同步馬達 (permanent-magnet synchronous motor, PMSM) 以及感應馬達 (Induction motor)，歐美車廠所產製的電動車較常使用感應馬達，日系車則偏向使用永磁同步馬達。根據財團法人金屬工業研究發展中心發表於經濟部技術處產業技術知識服務計畫中的文件 (薛乃綺, 2009) 提到兩者的比較：永磁馬達的效率比較高，尤其是低速市區運轉時；相反地，在郊區行駛或是在土地較寬廣的國家應用時，感應馬達的效率比較高，從成本、效率、技術、維修與重量的各項評比如圖 11-3 所示。部分小型電動車種，因此尺寸空間限制，所以將馬達直接設計在輪轂內，這種馬達稱之為輪轂馬達 (Wheel hub motor)。

(Tesla) 所推出之電動跑車 Roadster 為例（圖 11-4），其無線行使的距離達 320 公里，而加速從 0 至 96 km/h 的時間只要 3.9 秒，而它的售價也高達約 430 至 500 萬台幣。

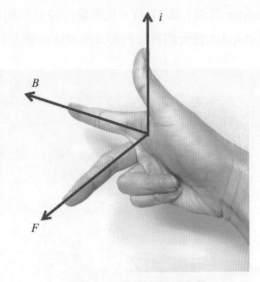

圖 11-2　右手定則示意圖

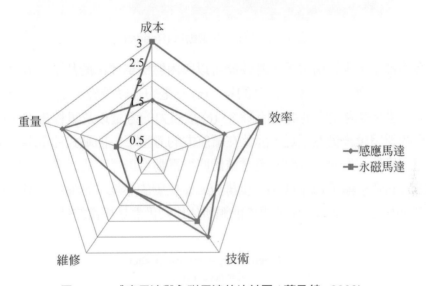

圖 11-3　感應馬達與永磁馬達的比較圖（薛乃綺, 2009）

　　大部分消費者對於純電動車的憂慮在於里程與充電的方便性，這一點的考量必須依照電池的特性與容量來決定。電池的發明比馬達還要來得早，1800 年亞歷山卓‧伏打 (Alessandro Volta) 發明了伏打堆 (Voltaic pile)，它是現代電池的鼻祖，由鋅片與銅片交叉堆疊而成，金屬片間使用含有鹽水的布或紙隔開，每個鋅銅電池組可以產生 0.76 伏特的電壓。現代的電池可以分成一次性電池與蓄電池，一次性電池用完儲電則報廢回收，這種電池不能充電，如果強行充電會發生漏液、發熱甚至爆裂等後果；蓄電池則可以在放電後進行充電再次使用，現今的純電動車可以使用鎳氫電池 (Ni-MH) 或是鋰電池 (Li-ion)，另外尚有已經接近成熟的磷酸鋰鐵電池可以應用。隨著馬達與電池的逐漸發展，今日的電動車已經不是昔日的電動車了，它已經以更貼近人們生活方式的型態出現，以特斯拉

(Tesla) 公司所生產的 Roadster 為例 (圖 11-4)，其理論行駛里程約可達 320 公里，而配備 85 kW-h 鋰電池的 S 型車 (Model S) 大約可以行駛 420-500 公里左右。

圖 11-4 Tesla 的電動車 (Roadster)

以現今的純電動車技術來說，其性能可以與內燃機車種比擬甚至有過之而無不及，然而目前仍有幾個讓消費者較為擔憂的是：(a) 充電的基礎設施不足、(b) 補充能源所需時間過久 (快速充電會使電池壽命下降)、(c) 續航力的考量以及里程焦慮。以台灣的環境來說，相關硬體設施仍然不足，因此在續航力的考量下，插電式油電混合車似乎暫時解決了問題。另外一方面，台灣的發電結構使得電動車仍然不能說是行駛零排放，根據國際能源總署的資料顯示 (圖 11-5)，會排放二氧化碳的燃煤、燃油與燃氣電廠所發的電量仍然主導國內的用電架構，至於再生能源所佔比例仍然是相當的低。

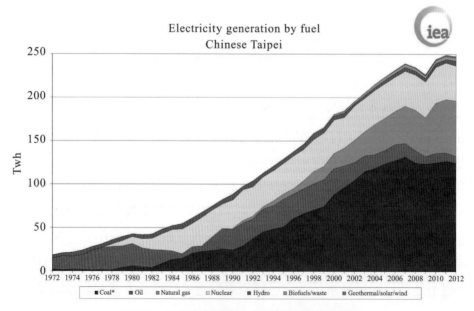

圖 11-5 國際能源總署 - 台灣的發電結構變化

11.2　油電混合車

　　混合動力的概念係指多重動力或能量來源的車種，可分別單一供應或者是一起整合動力輸出，目前市面上所謂的混合動力通常是指油電混合車，因此在本節中僅針對油電混合車進行介紹。油電混合車的種類依照其電力輔助的比例可以區分成微型混合動力、中度混合動力、全混合動力與插電式混合動力等四種，如果將各種類的混合動力與全電動車進行系統比較，其結果列於表 11-1 之中：

表 11-1　電動車與油電混合車系統比較

車種	馬達功率大小	儲電容量	市電連接	純電力行駛模式
微型混合動力	微小	微小	不需要	無
中度混合動力	小	低	不需要	無
全混合動力	中等	低	不需要	非常有限
插電式混合動力	中等	中等	需要	有限
純電動車	高	高	需要	全部

11.2.1　微型混合動力

　　微型混合動力 (Micro hybrid) 是一個比較生疏的名詞，不過這種技術目前廣被應用在各家車廠的高階車種中，這種車輛使用內燃機來驅動車輛的行駛，並且配備一個附加的馬達協助內燃機的起動、電力供應以及部分車種提供空調等功能，這種可以使車輛在停車後熄火並且在踩下油門後自動啟動內燃機的系統又稱之為惰速熄火系統 (start-stop system)。在車輛市場上主要有賓士集團的 MHD、PSA 集團的 e-Hdi 以及 Mazda 公司的 Skyactive 節能技術。

11.2.2　輕型混合動力

　　輕型混合動力 (Mild hybrid) 配備較小的驅動馬達，不僅僅可以提供前述的惰速熄火功能更可以在加速時提供部分動力來進行輔助，當駕駛者踩下煞車時也可以以煞車再生技術 (regenerative braking) 來產電回存。較為典型的上市車款有賓士集團的 S400 BlueHYBRID、BMW 7 系列 hybrids、本田 Insight 與美規 Civic Hybrid 等車種。

🔧 11.2.3 全混合動力

全混合動力 (Full hybrid) 指的是電動系統與內燃機系統的功率匹配相當，它可以單純以內燃機行駛也可以由馬達進行驅動，也可以透過車上電腦對於駕駛者的操作狀態而統整運用，這一類的系統通常擁有比較大的電池儲電裝置。依照其配置方式可以分成並聯式、串連式以及混聯式等三種。

(一) 並聯式

並聯式的基本架構如圖 11-6 所示，該架構配備有單一電動馬達與內燃機，它們可以個別單獨操作或者是藉由齒輪箱中的離合器使其混合操作，並且搭配啟動發電整合控制 (Integrated Starer-generator, ISG)，最典型的例子就是美規本田 Insight。並聯式油電混合車主要的操作模式計有：惰速熄火、純電動模式、內燃機驅動模式、混合模式加速、巡航充電與煞車再生等 5 個模式。

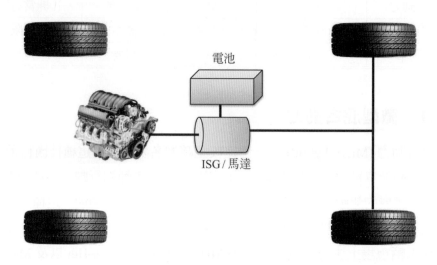

電池

ISG / 馬達

圖 11-6　並連式油電混合系統架構示意圖

(二) 串聯式

串聯式的基本架構如圖 11-7 所示，該架構配備有單一電動馬達與內燃機，當車上電池電量高於需要以上時，車輛的行駛時內燃機不會發動，待電池的蓄電量低於閥值時，內燃機自動啟動以驅動發電機發電機，當內燃機發動時以最佳油耗狀態下進行運作，發電機所發出來的電可以補充電池的儲電或是導引至馬達驅動車輛。這種配置方式最有名的就屬通用汽車集團的雪弗蘭伏特 (Chevrolet Volt) 車款，它也屬於插電式混合動力的範疇；另外德國 BMW 的 i3 車系也是運用相同的概念。串連式油電混合車主要的操作模式計有：惰速熄火、純電動模式、混合模式加速、巡航充電與煞車再生等 5 個模式。

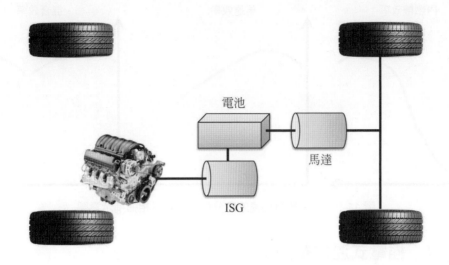

圖 11-7　串連式油電混合系統架構示意圖

(三) 混聯式

　　混聯式油電混合系統具有功率匹配的電動馬達與內燃機，電腦可以根據負載以調整使用適當模式，內燃機具有直接驅動車輪或是發電來進行充電或是驅動馬達，因為兼具並聯式與串聯式的概念，因此稱之為混聯式油電混合車系統其基本架構如圖 11-8 所示。該系統互相彌補馬達與內燃機的運轉特性 (圖 11-9)，使得整個系統的燃油效率達到最高的標準。

　　混聯式油電混合動力以豐田 (Toyota) 的 Hybid Synergy Drive 最為有名，它一共有 8 種操作模式：惰速熄火、純電動模式、內燃機驅動模式、混合模式、串聯模式、並連模式、巡航充電與煞車再生等 8 個模式。

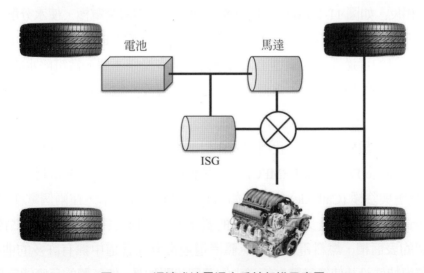

圖 11-8　混連式油電混合系統架構示意圖

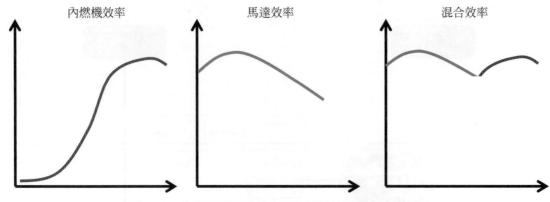

圖 11-9　內燃機與馬達效率分佈以及其互相彌補示意圖

11.2.4　插電式混合動力

插電式混合動力 (Plug-in Hybrid) 系統配備有較大的儲電電池，它配備額外的內燃機可以在電池消耗到某種程度時開始起動以進行驅動及充電的功能，當電池的蓄電量足夠時，車子可以以電動車的模式行駛特定里程。無論是何種型式的動力連結，均可以以增加電池為手段來達到插電式混合動力的目的，例如：豐田汽車的第三代 Prius、雪弗蘭伏特車種都屬於插電式混合動力的車種。

11.3　燃料電池

11.3.1　燃料電池的基本原理

1839 年威廉‧葛洛夫 (William Grove) 發表了第一個燃料電池的概念，他的理論剛好與水的電解相反，如圖 11-10(a) 所示為直流電通入水中的白金電極，使水分解成氧與氫；如果將電池組用微安培計取代時，可以在安培計上得到微弱的電流 (圖 11-10(b))，這顯示出水電解反應的可逆性，也闡述了燃料電池的基本操作原理。當電解水的實驗反轉時所產生的電流很小的原因在於：電極距離太遠，電解液的電阻過大，而且電極的接觸面積較小所導致。

燃料電池的種類相當繁多，我們首先介紹車輛最常見的質子交換膜燃料電池 (Proton Exchange Membrane Fuel Cell, PEMFC)，其電解質為酸性，其架構如圖 11-11，在陽極 (Anode) 的反應與陰極 (Cathode) 的反應如 (11-1) 與 (11-2) 所示，在兩個電極間使用交換膜作為電解質，其中 H+ 是交換膜中移動的質子，所以稱之為質子交換膜燃料電池。為了增加氣體的表面積，燃料電池中的氣體流道通常會在管道中擁有許多的曲折 (圖 11-12)，或是經過特殊設計使得氣體在管道中的滯留時間加長，使氣體的反應能夠更加完全，多餘的燃料排出後會再度回收使用；另外一方面再氧化劑側的出口除了沒有反應完的氧化劑之外，尚有產物水分的排出，要注意的是排水的性能會影響到整個燃料電池的特性，因此擁有良好的排水也是燃料電池設計的重點。

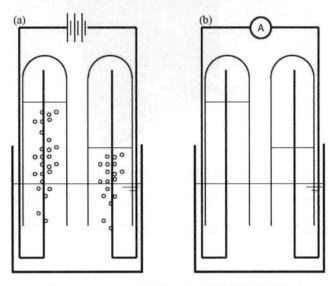

圖 11-10　(a) 水的電解；(b) 燃料電池示意圖

$$2H_2 \rightarrow 4H^+ + 4e^- \tag{11-1}$$

$$O_2 + 4e^- + 4H^+ \rightarrow 2H_2O \tag{11-2}$$

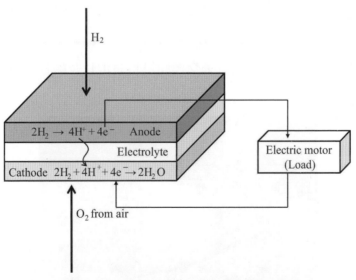

圖 11-11　質子交換膜燃料電池單體示意圖

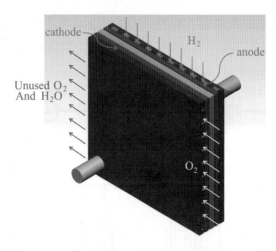

圖 11-12 燃料電池單體的氣體通道示意圖

太空系統中所使用的鹼性燃料電池 (Alkaline fuel cell, AFT) 早在美國雙子星計畫中即已實際應用，在鹼性交換膜電解質中移動的是氫氧根離子 (OH⁻)，因此在陽極與陰極的反應會變成 (11-3) 與 (11-4) 所示。

$$2H_2 + 4OH^- \rightarrow 4H_2O + 4e^- \tag{11-3}$$

$$O_2 + 4e^- + 2H_2O \rightarrow 4OH^- \tag{11-4}$$

無論是質子交換膜燃料電池或是以氫氧根在電解質中交換的鹼性燃料電池，它們的總合反應是均為氫與氧的反應而生成水，如 (11-5) 所示：

$$2H_2 + O_2 \rightarrow 2H_2O \tag{11-5}$$

其他形式的燃料電池與前述的質子交換膜燃料電池以及鹼性燃料電池之比較如表 11-2 所列。

圖 11-13 美國雙子星計畫

表 11-2　各式燃料電池系統比較

燃料電池種類	離子種類	操作溫度	應用範圍
鹼性燃料電池 (AFC)	OH^-	50-200°C	太空用途
質子交換膜燃料電池 (PEMFC)	H^+	30-100°C	車輛應用或小型熱電共伴系統
直接甲醇燃料電池 (DMFC)	H^+	20-90°C	低功率長時間運作的可攜式電子產品
磷酸燃料電池 (PAFC)	H^+	～ 220°C	大型 200kW 以上熱電共伴系統
熔融碳酸鹽燃料電池 (MCFC)	CO_3^{2-}	～ 650°C	中大規格以上熱電共伴系統，規模可達百萬瓦
固態氧化物燃料電池 (SOFC)	O^{2-}	500-1000°C	2kW- 數百萬瓦的熱電共伴系統

11.3.2　燃料電池的性能評價

為了評價燃料電池的性能並且與其他發電裝置進行比較時，我們必須先定義兩個重要的參數：功率密度 (power density) 與比功率 (specific power)，功率密度代表該燃料電池系統的輸出功與整個系統體積的比值，其單位大多使用 kW/m^3；至於比功率則是燃料電池系統的輸出功與整個系統重量的比值，其單位為 W/kg。無論是功率密度還是比功率，其數值越大越佳，除此之外，尚有另外一個參數對於應用時也有很大的參考依據，那就是每單位功率的價格。如果與內燃機相比較，燃料電池每單位功率的價格大約是內燃機的一百倍以上。

11.3.3　燃料電池的優缺點與車輛動力系統之應用

燃料電池主要有幾個優點：

甲、高效率：燃料電池的熱效率比一般內燃機還要來得高，而且其效率也不因尺寸的大小而有太大的影響，由其是在熱電共伴系統中，燃料電池的熱效率可以達到 80-90% 左右。

乙、機構簡易：燃料電池中不像內燃機擁有許多的動件 (moving parts)，因此其可靠度較高。

丙、低污染：以質子交換膜燃料電池來講，其燃料為氫，當氫與氧反應後會生成水，因此可以說是無污染的動力來源；然而，以現今氫最經濟實惠的製造方式是來自於碳氫燃料，因此二氧化碳排放的事實依然存在。

丁、無噪音：燃料電池的運作不似內燃機有許多的噪音，因此在分散式發電概念以及熱電共伴系統應用中是很重要的考量。

　　若是以將來運用於車輛動力系統供電的質子交換膜燃料電池來說，有幾個相當重要的課題需要加以考量：

(一) 成本：在質子交換膜燃料電池中需要使用鉑作為觸媒，使得整個燃料電池的成本居高不下，根據美國能源部的估計，車用燃料電池的成本目前大約控制在每千瓦 67 美元左右，只要將鉑的用量降低就可以繼續壓低燃料電池的成本，但是其性能考量也是必須加以維持。

(二) 壽命：以車輛系統來說，動力系統的壽命至少要達到 4000 小時以上，這個數字與內燃機壽命有關係，以內燃機的基本壽命來說，一般車輛每天使用 1 小時並使用 10 年來計算，內燃機的壽命均長達 4000 小時，換算成當量里程約為 24 萬公里。

(三) 溫度管理：氫與氧的反應是一個放熱反應，因此燃料電池的散熱與熱管理變成相當重要的課題，維持溫度的恆定是增加燃料電池壽命的不二法則。

(四) 排水系統：燃料電池的排放物為水蒸汽，如果蒸發排放過快會使薄膜乾掉甚至碎裂，如果鉑膜破裂的話會使兩個電極互相接觸而短路，氫與氧也會直接在燃料電池中相遇而直接反應並造成電池極大的傷害；如果蒸發速度過慢則會使管道內積水而導致反應終止，因此排水控制也是使燃料電池可以增長壽命、維護使用安全以及確保輸出穩定的重要參數。

(五) 燃料純度：燃料電池中的鉑很容易吸附一氧化碳而毒化，目前來自於石化燃料的氫氣或是生質能進行製氫的過程中，都會有微量的一氧化碳存在，提高氫氣純度避免觸媒發生毒化是燃料準備過程中的重要步驟。

　　燃料電池車輛是利用燃料電池發電，驅動馬達而行駛的車種，其氫燃料攜帶的困難性可以回顧到本書第 5.4.1 節所說明，唯燃料電池效率較高，因此行駛里程會有明顯的變佳，但是缺乏氫氣供應站的基礎設施仍然會影響到未來燃料電池車的擴展。

本章小結

　　本書主要的重點在於內燃機的教學，隨著時代的進步，許多車輛動力系統的新概念紛紛出爐，雖然根據美國能源部的分析指出內燃機還是繼續主導車輛動力系統至 2040 年，但是其角色逐漸由動力系統的主力變成動力系統的輔助裝置，這一項趨勢可以在插電式混合動力車種中逐漸明朗，因此在本書中特別針對油電混合車系統、純電動車以及未來燃料電池作概略性的介紹與說明，讀者可以依據興趣閱讀專書以進一步了解其原理與特性。

作業

1. 車用薄膜式燃料電池使用的限制有哪些因素？
2. 請敘述電動車難以普及的原因。
3. 電動車是否真的是零排放？請以供電系統的狀況來加以敘述。
4. 為何插電式油電混合車是邁向電動車的前哨站？
5. 使用氫的燃料電池車與燃燒氫的內燃機，請進行它們之間的異同的比較。
6. 收集資料討論目前氫的主要來源，並用以說明為何現今使用氫仍然會造成二氧化碳的排放。

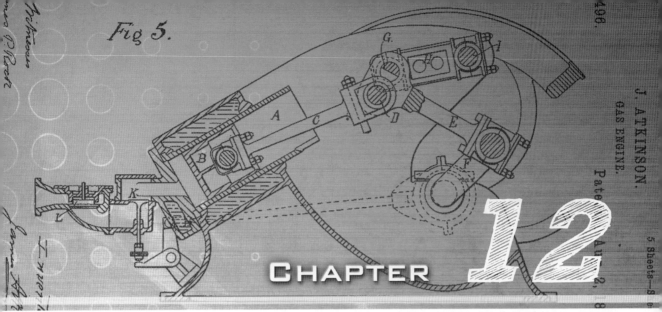

先進燃機實驗範例

12.0　導讀與學習目標

　　在本章中將介紹幾種大學程度可進行實驗的單元,這些試驗均與內燃機有直接或間接的關係,各大專院校的實驗設施均有所不同,可彈性設計並應用。有些實驗較為簡易而有些實驗的成本相當高昂,因此在課程設計上可以採用分組輪流操作的方式進行,不僅成本較低也可以增加實驗的多樣性。

學習重點

1. 理解並且認知內燃機各領域研究的相關軟硬體設施
2. 認識汽油引擎與柴油引擎性能實測
3. 火星塞點火與噴油嘴電路試作
4. 生質柴油試作與後處理器暨觸媒性能體驗
5. 汽油成份簡易分析流程

12.1 汽油引擎實驗

⚙ 背景與原理

內燃機發展已有百年以上的歷史,然而其主要使用能源石油為供應全球能源約 50%,交通運輸部門又佔全球石油消費的一半以上。但這些燃料經燃燒釋放出的化學能轉換成機械功並用傳輸至車輪來驅動車輛前進功之平均效率卻不到 20%,而內燃機為此能源轉換系統之關鍵裝置。在本實驗中將使用動力計與內燃機連結,藉此測試內燃機性能並且分析廢氣污染排放。

⚙ 實驗目的

操作汽油引擎試驗,進而使參與學生了解汽油引擎運轉原理以及運轉特性,並學習探討引擎試驗所測得之 HC、NO、CO、CO_2、O_2 與輸出功率等數據分析能力。

⚙ 實驗設備

1. 230 kW 引擎動力計
2. 直列四缸 2200 cc 汽油引擎
3. 秤重式燃油消耗計
4. 廢氣分析儀
5. 空氣質量流量計
6. 燃燒分析系統
7. 引擎控制系統

⚙ 實驗流程與方法

本實驗方法將使用一顆安裝於 230 kW 引擎動力計之直列四缸 2200 cc 汽油引擎作為本試驗之測試載具,搭配秤重式燃油消耗計、空氣質量流量計、燃燒分析系統與引擎廢氣分析儀等設備進行試驗數據的取得,參考設備如圖 12-1 所示。

(a) 按照實驗前檢查標準程序進行實驗前之檢察，確認引擎機台與連軸器螺絲有無鬆脫。

(b) 引擎正極 (紅色) 與負極 (黑色) 電線接上電瓶正負端頭 (有標示 +or-)。

(c) 確認油箱內是否還有足夠的燃料 (於燃油不足時，補充量不得超過規定量)。

(d) 開啓進排氣系統、廢氣抽氣系統、引擎冷卻水循環系統 (溫度設定爲 80℃)、動力計冷卻系統與各儀器電源 (空氣質量流量計、秤重式燃油消耗計、煙度計、資料擷取系統) 等電源。

(e) 確認環境溫濕度計、電瓶電壓 (高於 12 V)、低壓燃油供應系統 (馬達是否有異音、回油量是否正常)、空氣質量錶頭歸零、廢氣分析儀測漏與濾材清潔度等。

(f) 啓動渦電流動力計 (DYNO) 控制面板電源，並確認控制系統與領卻系統是否正常後設定引擎操作轉速。

(g) 啓動控制程式後於資料擷取程式上之數據檔案名稱設定爲當日日期。

(h) 發動汽油引擎，並將控制節氣門開啓度至預定負載。

(i) 將引擎調至所需的負載 (TPS 20%、25%、30%) 與轉速 (1500 rpm、2500 rpm、3500 rpm)。

(j) 於每個操作點時須觀察引擎數據之穩定性，代數據穩定時 (廢氣分析儀上之數值不在有大幅變動) 即可進行資料解取 (至少需取得 300 筆資料點以上)。

⚙ 問題與討論

1. 請填寫各種污染物的量測原理並填寫在表格中 (表 12-1)。

● 表 12-1　污染量測原理

	量測原理
NO	
HC	
CO、CO_2、O_2	

2. 請將所量測的數據製成下列表格 (表 12-2)。

⊗ 表 12-2　柴油引擎實驗數據填寫表

轉速	1500			2500			3500		
 　　　　污染項目 負載	20	25	30	20	25	30	20	25	30
CO(%)									
CO$_2$(%)									
O$_2$(%)									
NO(ppm)									
HC(ppm)									
P_{max}(bar)									

<註：若無安裝壓力感測器則無需量測 P_{max}>

3. 請由上圖表繪製成 x 軸為 φ 值、y 軸為各種污染物排放成份 (%、ppm) 的關係折線圖。

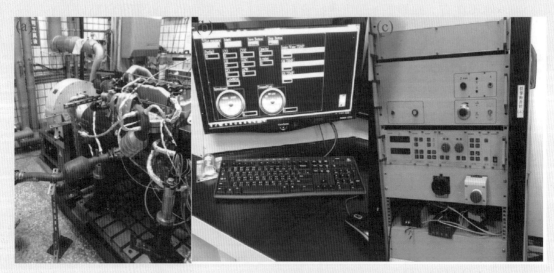

圖 12-1　汽油引擎實驗設施參考圖：
(a) 引擎與動力計、(b) 數據擷取與引擎操控系統、(c) 動力計控制器

12.2　柴油引擎實驗

⚙ 背景與原理

　　內燃機發展已有百年以上的歷史，然而其主要使用能源石油為供應全球能源約 50%，交通運輸部門又佔全球石油消費的一半以上。但這些燃料經燃燒釋放出的化學能轉換成機械功並用傳輸至車輪來驅動車輛前進功之平均效率卻不到 20%，而內燃機為此能源轉換系統之關鍵裝置。本實驗規畫由學生操作柴油引擎，串連發電機與負載進行試驗，由試驗中體會柴油引擎的特性。

⚙ 實驗目的

　　操作柴油引擎試驗，進而使參與學生了解柴油引擎運轉原理以及運轉特性，並學習探討引擎試驗所測得之 HC、NO、CO、CO_2、O_2 與輸出功率等數據分析能力。

⚙ 實驗設備

1. 單缸 1000 cc 柴油引擎
2. 功率消耗器 (最大消耗功率 12 kw)
3. 直接驅動之發電機 (最大發電功率 12 kw)
4. 秤重式燃油消耗計
5. 廢氣分析儀
6. 煙度計
7. 空氣質量流量計
8. 燃燒分析系統

參考設備如圖 12-2 所示。

圖 12-2　汽油引擎實驗設施參考圖：(a) 單缸柴油引擎與發電機、(b) 負載系統、(c) 污染分析儀

⚙️ 實驗流程與方法

本實驗方法將使用一顆單缸 1000 cc 柴油引擎作為本試驗之測試載具，搭配耗功計、秤重式燃油消耗計、空氣質量流量計、燃燒分析系統與引擎廢氣分析儀等設備進行試驗數據的取得。

1. 確認引擎機台螺絲有無鬆脫。
2. 引擎正極 (紅色) 與負極 (黑色) 電線接上電瓶正負端頭 (有標示 +or -)。
3. 確認油箱內是否還有足夠的燃料 (於燃油不足時，補充量不得超過燃料筒之極限)。
4. 開啟進排氣系統、廢氣抽氣系統、引擎冷卻水循環系統 (溫度設定為 80°C)、動力計冷卻系統與各儀器電源 (空氣質量流量計、秤重式燃油消耗計、煙度計、資料擷取系統) 等電源。
5. 確認環境溫濕度計、電瓶電壓 (高於 12 V)、低壓燃油供應系統 (馬達是否有異音、回油量是否正常)、空氣質量錶頭歸零、廢氣分析儀測漏與濾材清潔度、煙度計校正等。
6. 啟動柴油引擎並將開啟耗功計開關。
7. 將資料擷取程式上之數據檔案名稱設定為當日日期。
8. 將引擎調至所需的負載 (20%、40%、60%) 與轉速 (1400 rpm、1600 rpm、1800 rpm)。
9. 每個操作點時須觀察引擎數據之穩定性，代數據穩定時 (廢氣分析儀上之數值不再有大幅變動) 即可進行資料解取 (至少需取得 300 筆資料點以上)。

問題與討論

1. 請將所量測的數據製成下列表格 (表 12-3)。

● 表 12-3　柴油引擎實驗數據填寫表

轉速	1400			1600			1800		
負載 ＼ 污染項目	20	40	60	20	40	60	20	40	60
CO(%)									
CO$_2$(%)									
O$_2$(%)									
NO(ppm)									
HC(ppm)									
Opacity(%)									
P_{max}(bar)									

< 註：若無安裝壓力感測器則無需量測 P_{max} >

2. 請由上圖表繪製成 x 軸為 φ 值、y 軸為各種污染物排放成份 (%、ppm) 的關係折線圖。

12.3　火星塞點火電路實驗

背景與原理

　　火星塞是火花點火式引擎相當重要的關鍵性零件，準確地點火是內燃機性能油耗、污染排放與性能的重要參數，因此對讀者而言，火星塞的驅動是一個必須要清楚了解的課題。

實驗目的

　　使用麵包板組裝電子零件並且完成火星塞驅動，使用高壓探棒擷取火星塞驅動時的電壓訊號。

⚙ 實驗設備

1. DC 直流供應器或 12 V 蓄電池。
2. 示波器與高壓探棒。
3. 機車用高壓線圈。
4. 電子零件 1 批如表 12-4 所列。

⊗ 表 12-4　電子零件表

零件項目	規格	數目
電阻	1kΩ	2
	100Ω	1
	10Ω	1
電容	0.1μF	2
	330μF	2
電晶體	IRFP250	1
	7805	1
光耦合 IC	TLP250	1
MOS-IC	74HC14	1

⚙ 實驗流程與方法

1. 依照所示於麵包板上接線。
2. 將高壓碳棒連接至高壓待測端。
3. 將高壓線圈一次線圈電源開啓。
4. 啓動訊號輸入裝置。
5. 觀察火星塞點火。
6. 觀察並記錄示波器波形。

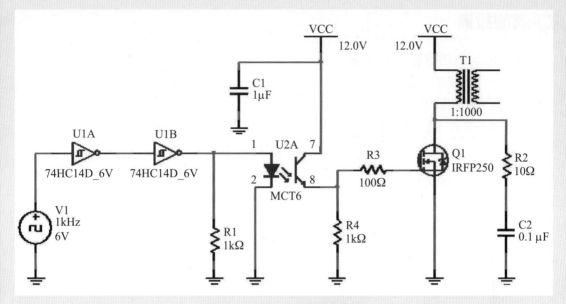

圖 12-3　火星塞驅動電路圖

⚙ 問題與討論

1. 透過本實驗，最大的收穫是？要如何透過修改來增加點火能量？
2. 何謂冷型與熱型火星塞，它們之間在應用面上有何不同？

12.4　噴油嘴噴油實驗

⚙ 背景與原理

　　隨著引擎性能與污染排放控制的需求，目前所有市售的車輛均為電子噴射引擎，因此燃料噴嘴是內燃機中提供正確燃料量的重要零件，透過電子訊號的驅動可以使噴嘴開啟特定時間而供給引擎所需要的燃料量，因此燃料噴嘴的驅動原理是學生學習的一環。

⚙ 實驗目的

　　了解噴油嘴原理，並且進行電路組裝，理解其作動程序。

實驗設備

1. DC 直流供應器或 12 V 蓄電池。
2. 波型訊號產生器。
3. 機車用歧管噴嘴。
4. 電子零件 1 批如表 12-5 所列，注意本實驗的驅動電路與火星塞驅動電路類似。

表 12-5 電子零件表

零件項目	規格	數目
電阻	1kΩ	2
	100Ω	1
	10Ω	1
電容	0.1μF	2
	330μF	2
電晶體	IRFP250	1
	7805	1
光耦合 IC	TLP250	1
MOS-IC	74HC14	1

實驗流程與方法

1. 依照所示於麵包板上接線。
2. 將波型訊號產生器設定觸發頻率。
3. 觀察噴油嘴之作動聲響。

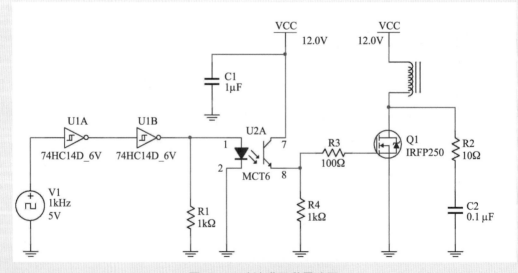

圖 12-4 噴油嘴驅動電路圖

⚙ 問題與討論

1. 為何電控噴嘴可以達到省油的好處？
2. 收集資料比較岐管式噴嘴與缸內直噴噴嘴的差異？

12.5　生質柴油製作

⚙ 背景與原理

　　生質柴油一直是近年來重要的能源課題，是用未加工或者使用過的廢棄食用油通過化學反應製備出來的一種被認為是環保的生質燃料，這種生物燃料可以像柴油一樣使用。

⚙ 實驗目的

　　生質柴油最常見的製造方法為轉酯化反應，由生質油中佔主要成分的三酸甘油酯與醇在催化劑(鹼)存在下反應，生成脂肪酸酯類；本實驗即是以製作生質柴油為主要的目的，使同學能夠熟悉生質柴油的製備過程。

⚙ 實驗設備

1. 500CC 錐形瓶。
2. 樣本瓶。
3. 分液漏斗。
4. 攪拌加熱器。
5. 溫度計。
6. 氫氧化鈉。
7. 甲醇。
8. 植物油。

⚙ 實驗流程與方法

1. 量取 200 CC 植物油放置於錐形瓶中，放入磁石攪拌子，放在加熱攪拌器上加熱至約 50 度 C。

2. 使用燒杯量取 0.7 克氫氧化鈉，另外取 40 CC 甲醇加到前述燒杯中，攪拌均勻
3. 將氫氧化鈉與甲醇溶液倒入錐形瓶中與植物油一起攪拌 30 分鐘後移入樣本瓶中靜置。
4. 隔週觀察樣本瓶中的狀況並且拍照敘述。
5. 放入分液漏斗將生質柴油與甘油分離。
6. 分離出之生質柴油置入另一樣本瓶中加入 20 CC 逆滲透水後蓋緊輕晃清洗生質柴油中殘存的鹼與皂。
7. 放入分液漏斗將水分分離即完成，如圖 12-5 所示。

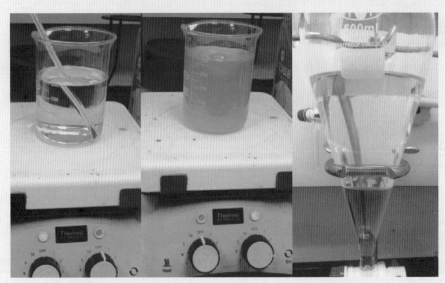

圖 12-5

彩

圖 12-5　植物油加熱、混入甲醇及鹼攪拌與靜置分離

⚙ 問題與討論

1. 撰寫至少 300 字關於製作生質柴油的感想。
2. 網路搜尋肥皂的製作方式，比較其與生質柴油製造的不同。

12.6　後處理器暨觸媒實驗

⚙ 背景與原理

　　車輛後處理器上的有效成分稱為催化劑或是觸媒，催化劑可使化學反應物在不改變的情形下，經由只需較少活化能 (activation energy) 的路徑來進行化學反應。而通常在這

種能量下，分子不是無法完成化學反應，不然就是需要較長時間來完成化學反應。但在有催化劑的環境下，分子只需較少的能量即可完成化學反應。

⚙ 實驗目的

　　氫氣與空氣混合時是不會自動引火燃燒，因此透過本實驗可以深刻地加強同學對於觸媒反應的認識，因此於本實驗中測試氫氣在後處理器中自動點火的現象，並且分析不同濃度時的點火狀況以及其觸媒床出口溫度。

⚙ 實驗設備

1. 浮子式流量計 2 支。
2. 氫氣鋼瓶。
3. K 型熱電偶。
4. 數據紀錄裝置 (若無電子數為數據紀錄裝置可以使用馬錶與熱電偶錶頭進行抄寫替代)。
5. 球狀觸媒反應器 (含觸媒顆粒)。

⚙ 實驗流程與方法

實驗系統組立如圖 12-6 所示
1. 於球狀觸媒反應器中通入每分鐘 14 公升的空氣。
2. 將 K 型熱電偶安置於觸媒床出口。
3. 依照調整氫氣量。

⊗ 表 12-6　實驗條件表

氫流量 (L/min)	氫的體積百分率 %
0.6	
0.8	
1.0	
1.2	
1.4	

4. 記錄溫度變化，供後續分析。

5. 分析時比較不同氫氣流量時的溫度上升狀況，畫出溫度隨時間變化圖。

6. 當溫度趨勢趨向穩定時，擷取穩定區資料分析穩定後的平均溫度，畫出橫坐標為氫的體積百分率，而縱座標為溫度的圖。

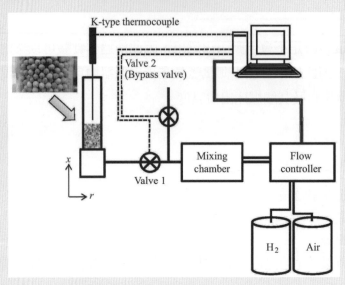

圖 12-6　後處理器實驗設備架構圖

🔧 問題與討論

1. 何為活化能？
2. 敘述觸媒轉換器在排氣管中的角色為何？

12.7　汽油成份分析實驗

🔧 背景與原理

　　汽油是一種混合物，本實驗將讓學生體驗氣相層析質譜儀來分析混合物的成分。氣相層析法的原理為係將樣品溶液注射進入汽化室氣化，然後在載氣的傳送作用下進入層析管柱 (大部分使用氦氣)，不同成分在管柱中會被分離，而後依次流出層析管柱，由檢測器檢測，得到其含量。

實驗目的

體驗氣相層析技術初級操作並且練習 92 無鉛汽油成分分析

實驗設備

1. 注射針。
2. 樣本液 (含正庚烷、異辛烷與甲苯)。
3. 92 無鉛汽油。
4. GCMS。

實驗流程與方法

1. 遵照指導人員指導使用樣本注射針吸取樣本液。
2. 啟動 GCMS 分析流程，並將注射針插入氣化室中將樣本注入，如圖 12-7 所示。
3. 等待分析時間 (依機組、管柱與流程而有所不同)，讓所有的流程結束。
4. 印出報表。
5. 將 92 無鉛汽油使用注射針吸取並插入氣化室中將樣本注入。
6. 等待分析時間終止，讓所有的流程結束。
7. 印出報表。
8. 使用網路查詢所測得可能分子的中文名稱。

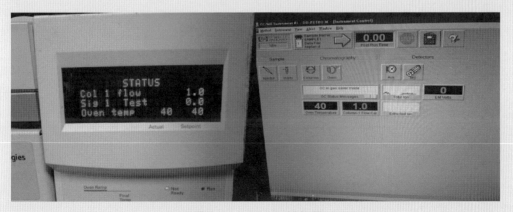

圖 12-7　GCMS 設施圖

⚙ 問題與討論

1. 根據所探得成分，述說自己對於汽油成分的感想。
2. 網路搜尋氣相層析質譜儀的原理資料。

附錄 A　空氣性質表

T(°C)	u(kJ/kg)	h(kJ/Kg)	s_0	P_0	v_0	C_P(kJ/KgK)	C_v(kJ/KgK)	λ
−200	52.32	73.33	5.2906	0.0101	20,488.00	1.0025	0.7152	1.4016
−150	88.09	123.46	5.8128	0.0624	5,592.10	1.0025	0.7153	1.4015
−100	123.85	173.58	6.1544	0.2051	2,391.50	1.0026	0.7153	1.4015
−50	159.65	223.74	6.409	0.4979	1,269.60	1.003	0.7158	1.4013
0	195.46	273.92	6.6119	1.0095	766.52	1.0041	0.7169	1.4007
25	213.4	299.03	6.6999	1.3715	615.8	1.0051	0.7179	1.4001
50	231.36	324.18	6.7808	1.8186	503.36	1.0065	0.7193	1.3993
100	267.42	374.6	6.9259	3.0147	350.63	1.0107	0.7235	1.397
150	303.74	425.28	7.0533	4.6998	855.05	1.0169	0.7296	1.3937
200	340.42	476.32	7.1673	6.9913	191.71	1.0249	0.7376	1.3894
250	377.54	527.8	7.2707	10.024	147.85	1.0345	0.7472	1.3844
300	415.17	579.79	7.3656	13.952	116.37	1.0452	0.758	1.3789
350	453.36	632.34	7.4535	18.95	93.152	1.0568	0.7695	1.3732
400	492.13	685.48	7.5356	25.218	75.617	1.0687	0.7815	1.3675
450	531.51	739.22	7.6126	32.977	62.12	1.0808	0.7935	1.362
500	571.49	793.56	7.6852	42.475	51.563	1.0927	0.8054	1.3566
550	612.06	848.49	7.754	53.987	43.192	1.1042	0.817	1.3516
600	653.19	903.98	7.8195	67.812	36.475	1.1154	0.8281	1.3468
650	694.87	960.02	7.8819	84.28	31.028	1.126	0.8388	1.3424
700	737.07	1,016.60	7.9415	103.75	26.571	1.136	0.8488	1.3384
750	779.75	1,073.60	7.9987	126.61	22.892	1.1455	0.8583	1.3346
800	822.89	1,131.10	8.0536	153.28	19.883	1.1544	0.8672	1.3312
850	866.47	1,189.10	8.1063	184.21	17.271	1.1628	0.8756	1.328
900	910.45	1,247.40	8.1571	219.89	15.113	1.1706	0.8834	1.3251
950	954.81	1,306.10	8.2062	260.84	13.284	1.1779	0.8907	1.3225
1,000	999.52	1,365.20	8.2535	307.6	11.725	1.1848	0.8976	1.32
1,100	1,088.60	1,483.00	8.3436	420.98	9.24	1.1973	0.9101	1.3156
1,200	1,181.50	1,604.60	8.4281	565.19	7.3836	1.2083	0.921	1.3118
1,300	1,274.10	1,726.00	8.5078	746.01	5.9736	1.218	0.9308	1.3086
1,400	1,367.70	1,848.20	8.5831	969.91	4.8867	1.2267	0.9395	1.3057
1,500	1,462.00	1,971.30	8.6546	1,244.00	4.0377	1.2345	0.9473	1.3032
1,600	1,557.10	2,095.10	8.7225	1,576.10	3.3666	1.2416	0.9544	1.301
1,700	1,652.90	2,219.60	8.7872	1,974.90	2.8302	1.248	0.9608	1.2989
1,800	1,749.30	2,344.70	8.8491	2,449.80	2.3972	1.2539	0.9667	1.2971
1,900	1,846.20	2,470.40	8.9083	3,011.00	2.0446	1.2593	0.9721	1.2955
2,000	1,943.70	2,596.60	8.965	3,669.40	1.7549	1.2644	0.9771	1.2939
2,100	2,041.70	2,723.30	9.0196	4,437.20	1.515	1.269	0.9818	1.2925

參考資料

- 中國廣播公司新聞,2014/12/9,軍民皆可用中科院展示無人機研發成果。
- 美國石油協會 (API),http://www.api.org
- 美國勞倫斯利物摩爾國家實驗室,https://www-pls.llnl.gov/
- 美國能源部 (Department of Energy)(2012), *2013 年全球能源展望 (Annual Energy Outlook 2013)*, Early Release.
- 美國機械工程師學會網站 (ASME), http://www.asme.org/
- 美國國家再生能源實驗室 (NREL), http://www.nrel.org/
- 美國環境保護署生質柴油資訊 http://www.epa.gov/otaq/models/biodsl.htm
- 美國加州聖地亞國家實驗室燃燒研究機構 http://public.ca.sandia.gov/crf/index.php
- 財團法人工業技術研究院,經濟部能源科技發展計畫執行報告,「生質燃料技術開發與推廣計畫」,民國 97 年。
- 張學斌,趙怡欽,吳志勇,謝逸霖,陳正暐 (2011) 先進小型單缸潔淨節能引擎動力系統技術開發三年計畫總技術報告.
- 謝逸霖 (2010),以透明引擎研究缸內流場特性,國立成功大學航空太空工程系碩士論文.
- 陳正暐 (2010),缸內直噴噴嘴在壓力環境之噴霧特性研究,國立成功大學航空太空工程系碩士論文.
- 薛乃綺 (2009), "電動車 - 為傳統馬達產業創造另一片藍海," 產業評析,經濟部技術處產業技術知識服務計畫.
- Al-Farayedhi AA, Al-Dawood AM, Gandhidasan P. (2004) "Experimental investigation of SI engine performance using oxygenated fuel," Journal of Engineering for Gas Turbines and Power, 126:178-191.
- Andresen P, Meijer G, Schlüter H, Voges H, Andrea K, Hentschel W, Oppermann W, Rothe E (1990) "Fluorescence imaging inside an internal combustion engineusing tunable excimer lasers," Applied Optics, 29(16): 2392-2404.
- Arcoumanis C, Green HG, Whitelaw J H (1985) "A laser Rayleigh scattering system for scalar transport studies," Experiments in Fluids, 3:270-276.
- Atkinson J, Gas Engine, *US Patent*, no. US337493.
- Axford SDT, Cai W, Hayhurst AN, Collings N (1991) "Chemi-Ionization Produced by the Catalytic Combustion of a Hydrocarbon," Combustion and Flame, 87: 211-216.
- Baritaud T, Heinze T (1992) "Gasoline distribution measurements with PLIF in a SI engine," SAE Paper 922355.

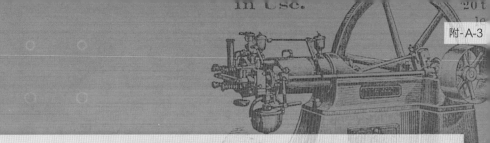

- Bergano NS, Jaanimagi PA, Salour MM, Bechtel JH (1983) "Picosecond laser-spectroscopy measurement of hydroxyl fluorescence lifetime in flames," Optics Letter, 18:2093-2094.

- Bernton H, Kovarik W, Sklar S (1982) The Forbidden Fuel. Power Alcohol in the Twentieth Century, Boyd Griffin, New York.

- Bizon K, Lombardi S, Continillo G, Mancaruso E, Vaglieco BM (2013) "Analysis of Diesel engine combustion using imaging and independent component analysis," Proceedings of the Combustion Institue, 34:2921-2931.

- Bowman CT (1992) "Control of Combustion-Generated Nitrogen Oxide Emissions: Technology Driven by Regulation," Proceeding of the Combustion Institute, 24:859-878.

- Brown RC, Eraslan AN (1988) "Simulation of ionic structure in lean and close-to-stoichiometric acetylene flames," Combust and Flame, 73(1): 1–21.

- Calcote HF, Gill RJ. Development of the kinetics for an ionic mechanism of soot formation in flames, Eastern section of the Combustion Institute, Fall Technical Meeting, 1994.

- Cantera Project website: http://code.google.com/p/cantera/

- Cattolica RJ, Mataga TG, Cavolowsky JA (1989) "Electronic quenching and vibrational relaxation of NO $A^2\Sigma$ (v' = 1 and v' = 0) by collisions with H_2O," Journal of Quantitative Spectroscopy and Radiative Transfer, 42: 499-508.

- Chaudhuri S, Wu F, Zhu Delin, Law CK, "Flame Speed and Self-Similar Propagation of Expanding Turbulent Premixed Flames," *Physical Review Letters*, 108:044503.

- Chemical-Kinetic Mechanisms for Combustion Applications, San Diego Mechanism web page, Mechanical and Aerospace Engineering (Combustion Research), University of California at San Diego (http://combustion.ucsd.edu)

- Chih-Yung Wu (2003) Characterization of the Behavior and Instablility of Transient Blowout Process of Jet Flames, Ph.D. Dissertation, Department of Aeronautics and Astronautics, National Cheng Kung University.

- Clements RM, Smy, PR (1968) "Electrostatic-Probe Studies in a Flame Plasma," Journal of Applied Physics, 40(11): 4553-4558.

- Díaz-Ballote L, López-Sansores JF, Maldonado-López L, Garfias-Mesias LF (2009) "Corrosion behavior of aluminum exposed to a biodiesel," Electrochemistry Communications 11:41–44.

- Everest DA, Shaddix CR, Smyth KC (1997) "Quantitative two-photon laser-induced fluorescence imaging of CO in flickering CH4/air diffusion flames," Proceeding of the Combustion Institute, 26:1161-1169.

- Fazal MA, Haseeb ASMA, Masjuki HH (2010) "Comparative corrosive characteristics of petroleum diesel and palm biodiesel for automotive materials," Fuel Processing Technology 91:1308–1315.

- Filakov AB (1997) "Investigation of ions in flames," Progress in Energy and Combustion Science, 23:399-528.

- Furey RL, Jackson MW (1977) "Exhaust and evaporative emissions from a Brazilian Chevrolet fuelled with ethanol-gasoline blends," SAE paper no.779008.

- Fosseen manufacturing and development (1995) "1000 h durability testing DDC 6V-92TA DDEC II engine," Final Report to National Biodiesel Board Contract No.214-1.

- Gaydon, A.G., Wolfhard, H.G., Flames Their Structure Radiation and Temperature, fourth ed., Halsted Press, USA, pp. 340–370, 1979.

- Goodings JM, Bohme DK, Sugden TM (1976) "Positive io probe of methane-oxygen combustion," Proceedings of Combustion Institute, 16:891-902.

- Kadota T, Zhao FQ, Miyoshi K (1990) "Rayleigh scattering measurements of transient fuel vapor concentration in a monitored spark ignition engine," SAE paper 900481.

- Katharina K, Barlow RS, Aldén M, Wolfrum J (2005) "Combustion at the focus: laser diagnostics and control," Proceeding of the Combustion Institute, 30: 89-123.

- Kato A, Yamashita H, Kawagoshi H, Matsuda S (1987) "Preparation of lanthanum beta alumina with high surface area by co-precipitation," The American Ceramic Society 70(7):C157-C161.

- Kawahara N, Tomita E, Sakata Y (2007) "Auto-ignited kernels during knocking combustion in a spark-ignition engine," Proceedings of the Combustion Institue, 31:2999-3006.

- Killingsworth NJ, Rapp VH, Flowers DL, Aceves SM, Chen JY, Dibble R (2011) "NOx emission control in SI engine by adding argon inert gas to intake mixture," Proceedings of the Combustion Institute, 33(2): 3141-3149.

- Knapp M., Luczak A., Schlüter H, Beushausen V, Hentschel W, Andresne P (1996) "Crank-angle-resolved laser-induced fluorescence imaging of NO in a spark-ignition engine at 248 nm and correlations to flame front propagation and pressure release," Applied Optics, 35(21):4009-4017.

- Knapp M, Grünefeld G, Beushausen V, Hentschel W, Andresen P (1997) "In-Cylinder Mixture Formation Analysis for Different Engine Operating Conditions with Spontaneous Raman Scattering Applied to a Production SI Engine," SAE Paper 970827.

- Kummer J (1980) "Catalysts for automobile emission control," Progress of Energy and Combustion Science, 6:177-199.
- Hirano T (1972) "Effects of Probe Dimensions on the Ion Density Measurements in Combustion Gas Flows," Bulletin of the JSME, 15(80) 255-263.
- Lawton J, Weinberg FJ (1969) Electrical Aspects of Combustion, Clarendon Press, UK.
- Leanhardt AE, Pasquini TA, Saba M, Schirotzek A, Shin Y, Kielpinski D, Pritchard DE, Ketterle W. (2003). Cooling Bose–Einstein Condensates Below 500 Picokelvin. Science 301 (5339): 1513–1515.
- Lee S, Park K, Park JW, Kim BH (2005) "Characteristics of reducing NO using urea and alkaline additives," Combustion and Flame 141:200-203.
- Lewis B, Guenther von Elbe (1987), Combustion, Flames and Explosions of Gases, third ed., Academic Press, USA, p. 423, 579.
- Ma F, Hanna MA (1999) "Biodiesel production: a review," Bioresource and Technology, 70:1–15.
- Maas U, Warnatz J (1988) "Ignition Processes in Hydrogen-Oxygen Mixtures," Combustion and Flame, 74:53-69.
- Miller JA and Bowman CT (1989) "Mechanism and Modeling of Nitrogen Chemistry in Combustion," Progress of Energy and Combustion Science, 15:287-338.
- Miller R. Supercharged Engine, *US Patent*, no. US2817322.
- Miller W J (1976) "Charged Species Diagnostics for Combustion Systems," American Institute of Aeronautics and Astronautics paper, no.76-135.
- Nguyen QV, Paul PH (1997) "KrF laser-induced photobleaching effects in O2 planar laser-induced fluorescence signals: experiment and model," Applied Optics, 36(12):2675-2683.
- Ohyama Y, Nogi T, Ohsuga M (1992) "Effects of fuel/air mixture preparation on fuel consumption and exhaust emission in a spark ignition engine," IMechE Paper, No. 925023, C389/232, 59–64.
- Olah GA., Goeppert A, Prakash GKS (2006) Beyond Oil and Gas: The Methanol Economy, Wiley-Vch Verlag GmbH & Co. KGaA, Weinheim.
- Ortech Corporation (1995) "Operation of cummins NI4 diesel on biodiesel: performance, emissions and durability," Final report for Phase 2 to National Biodiesel Board. Report No.95 El I-B004524, Mississauga, Ontario.

- Outdet F, Vejux A, Courtine P (1989) "Evolution during thermal treatment of pure and lanthanum doped Pt/Al2O3 and Pt-Rh/Al2O3 automotive exhaust catalysts," Applied Catalyst 50:79-86.
- Raffel B, Warnatz J, Wolfrum J (1985) "Exerimental study of laser-induced thermal ignition in O2/O3 mixtures," Applied Physics B, 37:189-195.
- Reboux J, Puechberty D, Dionnet F (1994) "A new approach of planar laser induced fluorescence applied to fuel/air ratio measurement in the compression stroke of an optical SI engine," SAE paper 941988.
- Rensburger KJ, Dyer MJ, Copeland RA (1988) "Time-resolved CH (A2$\triangle$ and B2Σ-) laser-induced fluorescence in low pressure hydrocarbon flames," Applied Optics, 27: 3679-3689.
- Reynolds WC (1986) The Element Potential Method for Chemical Equilibrium Analysis: Implementation in the Interactive Program STANJAN, Department of Mechanical Engineering, Stanford University.
- Röhle I (1997) "Three-dimensional Doppler global velocimetry in the flow of a fuel spray nozzle and in the wake region of a car," Flow measurement and Instrumentation, 7:287-294.
- Schwartz SE, Tung SC, McMillan ML (2003), "Automotive Lubricants," ASTM Manual 37 on Fuels and Lubricants, chap. 17, pp. 465–495,West Conshohoken, PA (ASTM Headquarters).
- Smith GP, Golden DM, Frenklach M, Moriarty NW, Eiteneer B, Goldenberg M, Bowman CT, Hanson RK., Song S, Gardiner WC, Lissianski Jr. VV., and Qin Z http://www.me.berkeley.edu/gri_mech/
- Stenlaas O, Einwall P, Egnell R, Johansson, B (2003) "Measurement of Knock and Ion Current in a Spark Ignition Engine with and without NO Addition to the Intake Air," SAE 2003-01-0639.
- Suzuki T, Hirano T, Tsuji M (1979) "Flame front Movements of a Turbulent Premixed Flame," Proceeding of Combustion Institute, 17: 289-297.
- Takagi Y (1996) "The role of mixture formation in improving fuel economy and reducing emissions of automotive S.I. engines," FISITA Technical Paper, No. P0109.
- Ventura JMP, Suzuki T, Yule A J, Ralph S, Chigier NA (1982) "The Investigation of Time Dependent Flame Structure by Ionisation Probes," Proceeding of Combustion Institute, 18: 1543-1551.

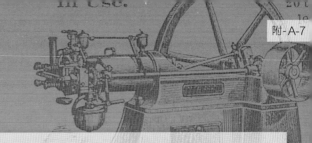

- Yang SI, Wu MS, Wu CY (2014A) "Application of biomass fast pyrolysis part I: Pyrolysis characteristics and products," Energy, 66:162-171.

- Yang SI, Hsu TC, Wu CY, Chen KH, Hsu YL, Li YH (2014B) "Application of biomass fast pyrolysis part II: The effects that bio-pyrolysis oil has on the performance of diesel engines," Energy, 66:172-180.

- Wan CZ, Dettling JD (1986) "High temperature catalyst and compositions for internal combustion engines," US Patent 4,624,940.

- Warnatz J (1981) "Chemistry of stationary and instationary combustion processes," Modelling of Chemical Reaction Systems, Springer, Heidelberg, 162.

- Watson N, Janota MS (1982) Turbocharging the International Comustion Engine, Palgrave Macmillan.

- Wienberg FJ (1986), Advanced Combustion Methods, Academic Press (London), UK, pp. 334.

- West JB (1995) Respiratory Physiology -the Essentials, 5th Ed. Williams & Wilkins, p. 76.

- Wortberg T (1965) "Ion-Concentration Measurements in a Flat Flame at Atmospheric Pressure," Proceeding of Combustion Institute, 10: 651-655.

- Wu CY, Chen KH, Yang SI (2014), "Experimental study of porous metal burners for domestic stove applications," Energy Conversion and Management, 77:380-388.

- Wu CY, Chen KH (2014) "Characterization of hydrogen triple flame propagation in vitiated laminar coaxial flow," International Journal of Hydrogen Energy, 39:14109-14119.

- Yoshiyama S, Tomita E, Homamoto Y (2000) "Fundamental Study on Combustion Diagnostics Using a Spark Plug as Ion Probe," SAE 2000-01-2828.

- Yoshiyama S, Tomita E (2002) "Combustion Diagnostics of a Spark Ignition Engine Using a Spark Plug as an Ion Probe," SAE 2002-01-2838, 2002.

- Yoshiyama S, Tomita E, Tabuchi N, Matsumoto K, Matsuki K (2003) "Combustion Diagnostics of a Spark Ignition Engine by Using Gasket Ion Sensor," SAE 2003-01-1801.

- Zhao F, Lai MC, Harrington DL (1997) "A review of mixture preparation and combustion control strategies for spark ignited direct-injection gasoline engines," SAE Technical Paper, No. 970627.

- Zhao F, Lai MC, Harrington DL (1999) "Automotive spark-ignited direct-injection gasoline engines," Progress in Energy and Combustion, 25:437-562.

- Zeldovich J (1946) "The Oxidation of Nitrogen in Combustion and Explosions," Acta Physicochimica USSR, 21(4):577-628.

歡迎加入 全華會員

● 會員獨享

會員享購書折扣・紅利積點・生日禮金・不定期優惠活動…等。

● 如何加入會員

掃 QRcode 或填妥讀者回函卡直接傳真 (02) 2262-0900 或寄回，將由專人協助登入會員資料，待收到 E-MAIL 通知後即可成為會員。

如何購買 全華書籍

1. 網路購書

全華網路書店「http://www.opentech.com.tw」，加入會員購書更便利，並享有紅利積點回饋等各式優惠。

2. 實體門市

歡迎至全華門市（新北市土城區忠義路21號）或各大書局選購。

3. 來電訂購

(1) 訂購專線：(02) 2262-5666 轉 321-324
(2) 傳真專線：(02) 6637-3696
(3) 郵局劃撥（帳號：0100836-1　戶名：全華圖書股份有限公司）

※ 購書未滿 990 元者，酌收運費 80 元。

OpenTech 全華網路書店
OpenTech.com.tw

全華網路書店 www.opentech.com.tw
E-mail: service@chwa.com.tw

※ 本會員制如有變更則以最新修訂制度為準，造成不便請見諒。

讀 書 回 函 卡

掃 QRcode 線上填寫 ▶▶▶

姓名：_____ 生日：西元_____年_____月_____日 性別：□男 □女

電話：(　　)_____ 手機：_____

e-mail：_____ (必填)

通訊處：□□□□□

註：數字零，請用 Φ 表示，數字1與英文L請另註明並書寫端正，謝謝。

學歷：□高中·職 □專科 □大學 □碩士 □博士

職業：□工程師 □教師 □學生 □軍·公 □其他

學校/公司：_____ 科系/部門：_____

· 需求書類：

□A. 電子 □B. 電機 □C. 資訊 □D. 機械 □E. 汽車 □F. 工管 □G. 土木 □H. 化工 □I. 設計

□J. 商管 □K. 日文 □L. 美容 □M. 休閒 □N. 餐飲 □O. 其他

· 本次購買圖書為：_____ 書號：_____

· 您對本書的評價：

封面設計：□非常滿意 □滿意 □尚可 □需改善，請說明_____

內容表達：□非常滿意 □滿意 □尚可 □需改善，請說明_____

版面編排：□非常滿意 □滿意 □尚可 □需改善，請說明_____

印刷品質：□非常滿意 □滿意 □尚可 □需改善，請說明_____

書籍定價：□非常滿意 □滿意 □尚可 □需改善，請說明_____

整體評價：請說明_____

· 您在何處購買本書？

□書局 □網路書店 □書展 □團購 □其他_____

· 您購買本書的原因？(可複選)

□個人需要 □公司採購 □親友推薦 □老師指定用書 □其他_____

· 您希望全華以何種方式提供出版訊息及特惠活動？

□電子報 □DM □廣告 (媒體名稱_____)

· 您是否上過全華網路書店？ (www.opentech.com.tw)

□是 □否 您的建議_____

· 您希望全華出版哪方面書籍？_____

· 您希望全華加強哪些服務？_____

感謝您提供寶貴意見，全華將秉持服務的熱忱，出版更多好書，以饗讀者。

填寫日期：　　/　　/

2020.09 修訂

親愛的讀者：

感謝您對全華圖書的支持與愛護，雖然我們很慎重的處理每一本書，但恐仍有疏漏之處，若您發現本書有任何錯誤，請填寫於勘誤表內寄回，我們將於再版時修正，您的批評與指教是我們進步的原動力，謝謝！

全華圖書　敬上

勘　誤　表

書　號	頁　數	行　數	書　名	作　者
			錯誤或不當之詞句	建議修改之詞句

我有話要說： (其它之批評與建議，如封面、編排、內容、印刷品質等⋯)

_____
_____
_____
_____
_____